华罗庚-吴文俊数学出版基金资助项目

组合优化导论

（第二版）

越民义　李荣珩　著

U0790002

科学出版社

北　京

内 容 简 介

这是一本介绍组合优化这门学科的书，本书可看成三个部分，第一部分包括第 1 章、第 2 章和第 3 章，通过排序问题中较典型的例子介绍什么是组合优化中的可解问题. 第二部分即第 5 章，是启发式算法方面的，这主要是韩继业教授的工作. 第三部分由第 4 章、第 6 章和第 7 章组成，是近似算法方面的，其中第 4 章主要叙述装箱问题的一些经典结果，包括了作者在这方面的工作；第 6 章是关于 Steiner 比猜想的进展报告；第 7 章介绍 Coffman 等提出的多重算法. 后两章的结果都是作者给出的.

本书适合高等院校数学、管理、信息处理等有关专业的学生、教师和研究人员阅读.

图书在版编目（CIP）数据

组合优化导论/越民义，李荣珩著. —2 版. —北京：科学出版社，2014. 5

ISBN 978-7-03-040540-1

Ⅰ.①组… Ⅱ.①越… ②李… Ⅲ.①组合数学 Ⅳ.①O157

中国版本图书馆 CIP 数据核字(2014) 第 089899 号

责任编辑：徐园园 赵彦超／责任校对：桂伟利
责任印制：吴兆东／封面设计：耕者设计工作室

科学出版社 出版
北京东黄城根北街 16 号
邮政编码：100717
http://www.sciencep.com
北京中科印刷有限公司印刷
科学出版社发行 各地新华书店经销
*
2001 年 12 月浙江科学技术出版社第一版
2014 年 5 月第 二 版 开本：720 × 1000 1/16
2025 年 8 月第五次印刷 印张：15 1/2
字数：296 000

定价：98.00 元

（如有印装质量问题，我社负责调换）

第二版前言

严格说来，本书的内容与书名不是很相称．“导论”一词，顾名思义，是要将读者引入一个新的领域，使其通过本书可以对“组合优化”这门学科有一较为全面的了解．但本书在这一点上仍有欠缺之处．相对说来，组合优化是一门较为新颖的学科．它要研究的主要对象是哪些？它用来解决问题的主要工具是哪些？一个问题得到了解决指的是什么？(图灵机虽然在概念上可以用来将问题分类，但却无法用于处理具体问题，例如，是否可用它来决定“求圆周率”是否属于 P 类)？限于作者的水平，我们所能做的是：从文献中寻找一些已经公认解决了的问题，让读者明白，这一类的问题就是组合优化问题．所谓解决，就是指对于一个给定的问题，找到一个算法，当问题的有关参数已经给定之后，就可根据算法得出问题的解．此外，本书中还列举一些求近似解的问题，它们主要来自本书几位作者的工作．因此本书的内容是很局限的．好在 Korte 与 Vygen 所著的《组合最优化：理论与算法》(第四版) 的中文译本已于近日在科学出版社发行．该书是一本全面地、系统性地介绍组合优化的书．两书内容没有覆盖重复之处．

本书第一版于 2001 年由浙江科学技术出版社出版．本书出版后就没有重印过，其间，有读者来信欲购此书而不可得．我曾与出版社的周伟元同志联系过，希望售我一些，可以赠送读者．周随即寄来几本，并告诉我，这是书库中仅存的．未能满足某些读者的需求，我深感内疚．现在科学出版社希望出版此书，我自然感到高兴．

不言而喻，第一版问世已经十几年，书中内容自应修改．前面三章，除 2.4 节外，其余均未作更改，至于 2.4 节，由于第一版所根据的文章唐国春教授等发现有错，需要改正．现书中所载即出自他们之手．第 4 章大部分是新的．定理 4.6.1 的结论改进到 $\mathrm{FFD}(L) \leqslant \frac{11}{9}\mathrm{OPT}(L) + \frac{6}{9}$，这是最终的结果，是由 Dósa 和李荣珩等得出的．对于 $\mathrm{FFD}(L)$ 的估计是组合优化理论中一个得到深入研究的问题．在 1973 年，首先由 D. S. Johnson 经过复杂的计算证明了 $\mathrm{FFD}(L) \leqslant \frac{11}{9}\mathrm{OPT}(L) + 4$．据说全文长达 100 多页 (未发表)，其后经 Baker, Yue 等将式中的 4 改成 1．中间不少人曾在这个问题上作过努力，现在得到完全解决，这是难能可贵的．第 4 章中还载有徐开红同志的一个很好的成果，她考虑的问题是：设 L 中的物体 G_i 皆满足 $G_i \leqslant a < 1$，其中 a 是给定的常数．第 6 章中关于 Steiner 比猜想的证明，主要部分是全新的．作者原稿中存在不少计算的错误，经李荣珩教授仔细审查，做了不少

改正. 本书所载皆经笔者看过, 若有谬误与不妥之处, 自应由作者负责. 若发现谬误, 祈来函指正, 使之得以改正, 当真诚感谢.

越民义

2013 年 11 月

第一版前言

本书所讨论的是组合优化中的几个著名问题：即排序问题、装箱问题、Steiner 树问题. 对于这些问题的讨论, 一般分为以下三个方面：① 计算复杂性的研究, 也就是论证所讨论的问题是否具有 NP 完备性. ② 寻求有效算法. ③关于近似算法的研究. 限于作者的研究工作范围, 本书只讨论有效算法和近似算法. 本书第 1 章是排序问题的概述, 第 2 章和第 3 章是排序问题的有效算法, 第 5 章是排序问题的启发式算法. 第 3 章原是韩继业教授和作者在 20 世纪 80 年代共同工作时的一些结果, 其中一部分是整理国外一些作者的工作, 一些启发式算法则是韩继业教授的研究成果. 1988 年作者在奥地利 Graz 大学工作时, 曾将这三章作为教材使用了一段时间. 当时我们计划将此部分内容扩写成书, 但由于各自的兴趣很快转移到别的问题, 写书的计划无法完成. 时至今日, 这些材料所涉及的理论和方法尚未在已出版的书中出现, 而且这个领域的研究还在不断深入地发展, 应用范围也在不断地扩大, 因此, 花费一些精力, 将上述排序问题的材料加以整理, 写入本书, 是很有必要的. 第 4 章的 4.6 节和 4.7 节, 第 6 章和第 7 章介绍作者近年来的一些研究成果. 主要是处理几个著名的组合优化问题的近似算法. 也就是说, 用一些简单易行的算法对这些问题求解, 得到的解答一般不是最优的, 必须对与这样得出的解答相应的目标函数的值和真正的最优解相应的值之差作出估计, 以判定这些方法的优劣. 由于绝大多数组合优化问题是 NP 完备的, 因此对近似算法的研究看来是一个很有前途的方向. 本书各章内容基本上是相互独立的, 读者可根据自己的需要阅读有关的章节.

越民义

2001 年 8 月

目　　录

第1章　概　　述

组合优化 (Combinatorial Optimization) 是运筹学中最重要的分支之一, 在这个领域内存在着大量在生产实际中急需解决而又极其困难的问题. 组合优化 (或称组合规划、离散优化) 是指研究决策变量只取某些离散数值 (通常为有限个) 的优化问题的一门学科. 设施选址 (Facility Location) 问题、装箱 (Bin-Packing) 问题、排序 (Sequencing 或 Scheduling) 问题、网络流 (Network Flow) 问题、旅行售货商 (Traveling Salesman) 问题、集合的覆盖 (Set Covering) 问题、可满足性 (Satisfiability) 问题、背包 (Knapsack) 问题等是组合优化中著名问题的 "代表". 本书主要讨论的是排序问题、装箱问题及 Steiner 树问题.

1.1　组合优化问题的算法

1.1.1　算法

组合优化中的实际问题都是大规模的, 不存在求解的公式, 因而需要设计出求解的程序. 求一个问题的解的程序称为算法. 本书讨论的算法大致可分为三个方面: 多项式时间算法、启发式算法和近似算法.

1. *多项式时间算法* (Polynomial Time Algorithm)

我们说一个组合优化问题是多项式时间问题或 P- 问题, 是指存在多项式时间算法求得这个问题的任何实例的最优解. 本书中关于排序理论中已经解决了的问题, 即已经找到了求解这类问题的有效方法 —— 多项式时间算法, 是我们从 20 世纪 80 年代开始, 对文献中有关这方面的研究成果加以挑选、整理所得到的. 其中包括单台机器和两台机器方面的成果, 以及对同顺序的三台机器的某些特殊情况的处理. 对同顺序的三台机器的某些特殊情况的研究工作主要是由韩继业教授完成的. 同顺序的三台机器的排序问题已在 1976 年被 Garey 等证明是 NP 完备的.

2. *启发式算法* (Heuristic Algorithm)

组合优化问题大都没有找到能求最优解的多项式时间算法, 因而启发式算法是解决排序理论中某些典型问题的常用方法. 这类算法, 一般说来, 其计算量是指数的, 但在实际应用场合却显得相当有效. 本书这部分工作主要也是由韩继业教授完成的.

3. *近似算法* (Approximation Algorithm)

在没有有效方法求得最优解的情况下, 近似算法是目前解决组合优化中大量实际问题的主要方法. 本书这方面的内容可分为两个部分：一部分是讨论排序问题, 所介绍的内容主要是由 R. L. Graham 在 20 世纪 70 年代和 80 年代做出的一些结果; 另一部分所介绍的则是作者近年来在排序问题、装箱问题、Steiner 树方面所得到的一些结果. 本书所讨论的几个问题都是组合优化近似算法中的著名问题. 由于近似算法是组合优化理论的一个重要组成部分, 因此这里的介绍或许会对一些感兴趣的读者提供帮助.

1.1.2 算法的评估

实际上, 组合优化中的绝大部分问题都是 NP 完备问题. 对于这种问题, 从计算量的角度看, 不大可能存在有效的求解方法 (所谓的多项式时间算法), 除非有 NP=P. 但这类问题在实际中常会遇到, 对于这类问题, 虽然一般不可能求到最优解, 但有希望找到某种方法求出它的近似解. 近似算法理论所研究的就是要对于一种给定的算法 (一般是简单易行的), 估计出由它所产生的解与问题的真正的最优解所对应的目标函数的值之间的差异程度. 因而在某种给定的标准之下, 它可以评估几种给定的算法之间的优劣. 通常评估算法优劣的标准有两个：一个标准是计算时间, 另一个标准是性能比.

本书介绍的数学理论和方法, 无论是从文献中收集来的, 还是作者自己提出的, 我们都尽量给出严格的论证.

1.2 排序问题的记号和模型描述

排序理论 (时间表理论) 是组合优化的一个重要组成部分, 近年来, 这方面无论是在决定性的情况还是在随机性的情况, 都得到了迅速的发展. 本书所讨论的只限于决定性的情况, 虽然这一领域的工作只是在 20 世纪 50 年代初期才开始, 但有关的文献在数量上却多得惊人. 由于它的应用范围逐渐扩大, 新的问题不断出现, 因而从事这一领域研究的人与日俱增, 其内容也越来越丰富, 应用也越来越广泛. 本书将对排序理论的几个典型的问题及算法作些介绍. 生产实际中存在大量的、不同类型的排序问题, 为了叙述简便, 人们使用了一些简便的描述排序问题的记号和方法. 我们在这里先做一个简略的说明, 下面所使用的记法来自 Lawler 等 (1993) 和唐国春等 (2003).

1.2.1 排序问题的记号

设有 n 个给定的工件 (Job)$J_1, \cdots, J_n$ 要在 m 台机器 $M_1, \cdots, M_m$ 上加工, 每

一机器 M_i 在任一时刻只能处理一个工件. 这种加工要受到某些给定条件的限制, 例如, 工件的发放时间 (即开始送到指定的机器上加工的时间), 必须交货的时间 (即工件必须加工完毕的最后期限), 工件之间由于工艺上的需要必须满足的先后顺序, 又如一些工件在某一台机器上加工, 要求这项加工必须一次完成 (即不能中断), 而在某些情况下则允许在加工过程中可以中断, 转为加工别的工件, 之后再恢复对原来工件的加工; 某一工件随其加工时间的长短需要付出一定的费用, 这项费用一般假设是时间的非降函数, 等等. 现在的问题是要求一种关于工件的排序, 使得某种给定的指标达到最优. 本书中所考虑的工件数据如下.

对每一给定的工件 J_j, 以下一些数据需要详细给出说明:

(1) 加工时间 p_{ij}, 即 J_j 在 M_i 上加工所需的时间, 若 $m=1$, 则令 $p_{ij}=p_j$.

(2) 工件准备就绪时间 (Release Time)r_j.

(3) 应交货时间 d_j, 即根据某种要求, 规定 J_j 必须加工完毕的时间, 我们总假定 $d_j \geqslant \sum\limits_{i=1}^{m} p_{ij}$.

(4) 权 w_j, 表示 J_j 的相对重要性.

(5) 价格函数 f_j, 是用来测量当工件 J_j 在时刻 t 完成时所需投入的费用 $f_j(t)$.

这里, 一般假定 p_{ij}, r_j, d_j, w_j 为整数.

1.2.2 排序问题的模型描述

1. **机器环境** (Machine Environment)

机器环境常见的 7 种类型是: 单台机 1 种、平行机 3 种和串联机 3 种. 平行机 (Parallel Machine) 是指所有机器的功能是一样的, 每一个工件只有一道工序且可以在任何一台机器上进行. 串联机是指一个工件有多道工序, 不同的工序需在不同的机器上进行.

(1) 我们用 m 表示机器台数, 单台机是指 $m=1$.

(2) P 表示所给 m 台机器 $M_1, \cdots, M_m$ 是同一型号且是平行的同型机 (Identical Parallel Machine), 即 $p_{ij}=p_j, j=1,2,\cdots,n$, 每一个工件 J_j 的加工只有一道工序 O_j, 它可以在任一机器 M_i 上完成.

(3) Q 表示 m 台机器 $M_1, \cdots, M_m$ 是速度一致且平行的同类机 (Uniform Parallel Machine), 它与 P 不同的是每一台机器 M_i 有自己的速度 q_i, 且对工件 J_j 满足 $p_{ij}=\dfrac{p_j}{q_i}$.

(4) R 表示 m 台机器 $M_1, \cdots, M_m$ 是速度不一致但平行的非同类机 (Unrelated Parallel Machine), 它与 Q 不同的是每一台 M_i 的速度 q_{ij} 是与工件 J_j 相关联的, 满足 $p_{ij}=\dfrac{p_j}{q_{ij}}$.

(5) O 表示所给的问题为自由作业型串联机 (Open Shop), 这里每一个工件 J_j 的加工有 m 道工序 $O_{1j},\cdots,O_{mj}$, 其中 O_{ij} 表示 J_j 必须在 M_i 加工 p_{ij} 个单位时间, 但这 m 道工序的次序是可以任意选定的.

(6) F 表示所给的问题为流水作业型串联机 (Flow Shop), 这里每一个工件 J_j 的加工是一串工作 $O_{1j},\cdots,O_{mj}$, 其中 O_{ij} 表示 J_j 的第 i 道工序必须在 M_i 加工 p_{ij} 个单位时间, 即所有工件在 m 台机器上的加工次序是固定且一致的.

(7) J 表示所给的问题为异序作业型串联机 (Job Shop), 这里每一个工件 J_j 的加工是一串工作 $O_{j(1),j},\cdots,O_{j(m_j),j}$, 其中 m_j 是工件 J 所要加工的工序的总道数, $O_{j(i),j}(i=1,2,\cdots,m_j)$ 表示 J_j 的第 i 道工序必须在机器 $M_{j(i)}$ 上加工 $p_{j(i),j}$ 个单位时间, 且 $j(i)\neq j(i+1), i=1,2,\cdots,m_j-1$, 即相邻两道工序不能在同一台机器上完成, 但不相邻的两道工序可以在同一台机器上完成.

2. **工件的特性** (Job Characteristics)

(1) pmtn(Preemption) 表示允许中断, 即任何一道工序的加工过程容许中断, 在以后的时间再继续加工.

(2) online(Semi-Online) 表示在线 (半在线) 排序.

(3) prec(Precedence) 表示工件之间有特定的先后加工顺序.

(4) r_j(Release Time) 表示工件到达或准备就绪时间, 即 J_j 可以开始在机器上进行加工的时间.

3. **最优准则或目标函数**

对排序问题, 通常我们做如下约定:

约定 1.2.1　(i) 机器一旦开始工作, 它就不能停下来, 除非已经无工件可以用来加工.

(ii) 任何一个工件 J_j 一旦在机器 M_i 上加工, 则在 p_{ij} 这段时间内, 这项加工一直继续, 除了在允许中断的情况, 且这种情况必须加以说明.

对于一组工件给定的一个排序, 我们有下面的记号:

C_j: 表示工件 J_j 的完工时间;

$L_j=C_j-d_j$: 表示工件 J_j 的延迟时间, 延迟时间可以为正也可以为负, 为负表示提前完工;

$T_j=\max\{0,C_j-d_j\}$: 表示工件的误工时间, 误工时间不能为负.

函数 $\sum\limits_{j=1}^{n}C_j,\sum\limits_{j=1}^{n}w_jC_j,C_{\max}=\max\{C_j|1\leqslant j\leqslant n\},\sum\limits_{j=1}^{n}T_j,\sum\limits_{j=1}^{n}w_jT_j$ 是最常见的几个目标函数. 本书中其他最优准则或目标函数将根据具体问题给出相应的说明.

在没有特别说明的情况下本书将采用三参数 $\alpha|\beta|\gamma$ 来表示所给的问题类型, 这

里的 α, β 和 γ 是三个参数组, 分别表示机器环境、工件特征和目标函数. α 用数字表示机器台数, P, Q 和 R 分别表示三类平行机 (Parallel Machine): 同型机、同类机和非同类机. F, O 和 J 分别表示流水作业、自由作业和异序作业这三类串联机 (Shop Machine). 参数 β 表示工件特性, 这里有 r_j 表示工件的就绪时间可以不相同, 否则表示所有 r_j 为零; pmtn 表示加工允许中断, prec 表示工件之间有加工优先序. γ 表示最优准则或目标函数, 比如 $C_{\max}$ 表示最大完工时间 (Makespan), $\sum\limits_j C_j$ 表示总完工时间, $\sum\limits_j w_jC_j$ 表示带权总完工时间. 例如: $F2|\text{pmtn}|C_{\max}$ 或 $F2|\text{pmtn}|\text{makespan}$ 表示所讨论的模型是两台机器的流水作业, 允许中断, 工件之间无任何先后加工顺序, 工件无准备时间, 目的是要寻求一种排序, 使得整个加工过程所耗的时间最短. $1|\text{prec}, r_j|\sum\limits_j w_jT_j$ 表示所讨论的模型是单台机, 工件有优先序和准备时间, 目标是使带权总误工时间最小.

本书中, 对于排序 (Sequencing) 和时间表 (Scheduling) 这两个术语, 我们将不加区分地使用.

第2章　一台机器上的排序

本章将讲述关于在一台机器上排序的结果, 所讲的模型都是已有方法解决的, 有的比较简单, 有的则相当困难, 我们假定机器是从 $t=0$ 这一时刻开始工作的.

2.1　$1||\sum_{j=1}^{n} a_j C_j$

设有 n 个工件 $J_j(j=1,2,\cdots,n)$ 需要在一台机器 M 上加工, J_j 在 M 上的加工时间为 p_j, 设对于所有的 j, J_j 的发放时间 (即工前准备时间)$r_j=0$, 又设 a_j 为 J_j 在其完工之前每单位时间的损失, C_j 为 J_j 的完工时间, 显然, $C_1,\cdots,C_n$ 的值取决于所给的排序, 我们的目的是要寻求一种排序, 使总的损失 $\sum_{j=1}^{m} a_j C_j$ 为最小.

2.1.1　算法

将 $J_1,\cdots,J_n$ 排成 $J_{i_1},\cdots,J_{i_n}$, 使得

$$\frac{p_{i_1}}{a_{i_1}} \leqslant \frac{p_{i_2}}{a_{i_2}} \leqslant \cdots \leqslant \frac{p_{i_n}}{a_{i_n}},$$

则排序 $J_{i_1} \to J_{i_2} \to \cdots \to J_{i_n}$ 即为最优.

例 2.1.1　设有关的数据由表 2.1.1 给出.

表 2.1.1　数据

J_j	J_1	J_2	J_3	J_4
p_j	4	6	7	9
a_j	0.5	1	0.8	1.2
p_j/a_j	8	6	8.75	7.5

由表 2.1.1 可知最优排序为 (J_2,J_4,J_1,J_3).

2.1.2　最优性证明

引理 2.1.1　令 $I=(i_1,i_2,\cdots,i_n)$ 为任一给定的 $(1,2,\cdots,n)$ 的排序, 若存在 r, 使得

$$\frac{p_{i_r}}{a_{i_r}} > \frac{p_{i_{r+1}}}{a_{i_{r+1}}}, \tag{2.1.1}$$

则由 I 经过 i_r 和 i_{r+1} 相互交换所产生的排序 $I' = (i_1, \cdots, i_{r-1}, i_{r+1}, i_r, i_{r+2}, \cdots, i_n)$ 所引起的损失必小于由 I 所引起的损失.

证明 对于 I, J_{i_j} 的完工时间为 $C_{i_j} = p_{i_1} + \cdots + p_{i_j}$, 相应的损失为 $a_{i_j}C_{i_j}$, 总的损失为

$$F = \sum_{j=1}^{n} a_{i_j}C_{i_j} = \sum_{j=1}^{n} a_{i_j} \sum_{k=1}^{j} p_{i_k},$$

对于 I', 总的损失为

$$\begin{aligned} F' =& \sum_{j=1}^{r-1} a_{i_j} \sum_{k=1}^{j} p_{i_k} + a_{i_{r+1}}(p_{i_1} + \cdots + p_{i_{r-1}} + p_{i_{r+1}}) \\ & + a_{i_r}(p_{i_1} + \cdots + p_{i_{r-1}} + p_{i_{r+1}} + p_{i_r}) + \sum_{j=r+2}^{n} a_{i_j} \sum_{k=1}^{j} p_{i_k}. \end{aligned}$$

由 F, F' 的表达式及 (2.1.1) 式, 有

$$F - F' = p_{i_r}a_{i_{r+1}} - p_{i_{r+1}}a_{i_r} > 0. \tag{2.1.2}$$

定理 2.1.1 对于我们的模型 $1||\sum_{j=1}^{m} a_jC_j$ 来说, 上述算法产生最优排序.

证明 设 $I = (J_1, J_2, \cdots, J_n)$ 为给定的排列, 若 $\frac{p_i}{a_i} > \frac{p_{i+1}}{a_{i+1}}$, 则称 $(i, i+1)$ 为非正则对, 设 I 中非正则对的数目为 m, 在 m 上施行归纳法, 则由引理 2.1.1 即可得证. □

2.1.3 另一个问题

下述例子所表达的问题在外表上与上述问题不同, 但 2.1.2 节的算法仍适用于此.

例 2.1.2 设有一台设备 E 是由 n 个单元 $J_1, \cdots, J_n$ 组成, 如果其中有一个 J_i 出了问题, 则 E 停止运行, 一旦 E 因故停止工作, 修检人员必须找出造成事故发生的 J_i. 令 p_i 表示修检人员检查出此 J_i 出了事故所需的时间, 假定此 p_i 通过经验可以知道, 又假定对于所有的 i, J_i 发生事故的概率 a_i 为已知, 假定检修人员所采用的检查方法是序贯性的, 也就是说, 他是用某种给定的排序对诸 J_j 逐一检查, 直至查到失效的 J_j 为止. 我们的问题是: 假若他希望用于检查的时间的数学期望值达到最小, 应该采取什么样的排序.

显而易见, 对于排序 $(i_1, i_2, \cdots, i_n)$, 检查者用于查出失效的 J_{i_k} 的时间是 $p_{i_1} + \cdots + p_{i_k}$, 根据初等概率论, 我们知道, 上述的数学期望为

$$\sum_{k=1}^{m} a_{i_k}(p_{i_1} + \cdots + p_{i_k}).$$

这就是引理 2.1.1 证明中的 F, 由引理 2.1.1 可知, 使得 $\frac{p_i}{a_i}$ 成一非增序列的排序具有最小的期望值.

2.1.4　$1||\frac{1}{n}\sum_{i=1}^{n}C_i$

寻出一种使完工时间的平均值为最小的排序仍是 2.1.1 节所考虑问题的一种特殊情况, 此时对于所有的 $i, a_i = \frac{1}{n}$.

2.2　$1||\sum_{i=1}^{n}v_i$

在本节所讨论的问题中, 我们假定 J_j 的发放时间 $r_j = 0, j = 1, \cdots, n$, 应交货时间 $d_j (j = 1, \cdots, n,)$ 已经给定, 我们定义

$$v_j = \begin{cases} 1, & 若\ C_i > d_j, \\ 0, & 若\ C_i \leqslant d_j. \end{cases}$$

我们的问题是寻求一种排序方法, 使得延期交货的工件数为最小, 即 $\sum_{j=1}^{n}v_j$ 为最小.

2.2.1　算法

该算法由 J. M. Moore 于 1968 年提出.

第一步: 将 $J_1, \cdots, J_n$ 排成 $J_{i_1}, \cdots, J_{i_n}$, 使得 $d_{i_1} \leqslant d_{i_2} \leqslant \cdots \leqslant d_{i_n}$, 我们称 $(i_1, i_2, \cdots, i_n)$ 为初始排序.

第二步: 在初始排序中找出第一个使 $C_i > d_i$ 的 J_i, 设其为 J_{i_l}, 若此种 J_i 不存在, 初始排序即为最优排序.

第三步: 取一 i_k, 使得 $p_{i_k} = \max\{p_{i_1}, \cdots, p_{i_l}\}$, 将 i_k 从排序 $(i_1, \cdots, i_n)$ 中除去, 然后对于留下来的排序 $(i_1, \cdots, i_{k-1}, i_{k+1}, \cdots, i_n)$ 使用同样的方法, 如此继续, 直至没有使得 $C_i > d_i$ 的 J_i 为止, 这时遗留下来的排序即是一最优排序, 从 $(i_1, \cdots, i_n)$ 所除去的诸 J_i 即为不可能如期交货的工件.

例 2.2.1　考虑表 2.2.1 给出的数据排序问题.

表 2.2.1　数据排序

J_i	J_1	J_2	J_3	J_4	J_5	J_6	J_7	J_8
p_i	10	6	3	1	4	8	7	6
d_i	35	20	11	8	6	25	28	9

它的初始排序为 $(J_5, J_4, J_8, J_3, J_2, J_6, J_7, J_1)$, 见表 2.2.2.

表 2.2.2 初始排序

J_i	J_5	J_4	J_8	J_3	J_2	J_6	J_7	J_1
p_i	4	1	6	3	6	8	7	10
d_i	6	8	9	11	20	25	28	35
C_i	4	5	11	—	—	—	—	—

因 $C_8 = 4 + 1 + 6 = 11 > 9$, J_8 即为第一个不能如期完工之工件, 在 J_5, J_4 及 J_8 中, J_8 具有最长之加工时间, 将 J_8 从序列中除去, 我们转而考虑表 2.2.3 的第二步排序.

表 2.2.3 第二步排序

J_i	J_5	J_4	J_3	J_2	J_6	J_7	J_1
p_i	4	1	3	6	8	7	10
d_i	6	8	11	20	25	28	35
C_i	4	5	8	14	22	29	—

J_7 是和一个不能如期完工者, 在 J_5, J_4, J_3, J_2, J_6 和 J_7 中, J_6 具有最长之加工时间, 将 J_6 从序列中除去, 我们转而考虑表 2.2.4 的第三步排序.

表 2.2.4 第三步排序

J_i	J_5	J_4	J_3	J_2	J_7	J_1
p_i	4	1	3	6	7	10
d_i	6	8	11	20	28	35
C_i	4	5	8	14	21	31

在此问题中, 无工件需延期, 迭代亦即停止, 最优排序为 $(J_5, J_4, J_3, J_2, J_7, J_1, J_8, J_6)$, 不能按期交货的工件为 J_8 和 J_6.

2.2.2 最优性证明

我们假设 $J_1, \cdots, J_n$ 已经是按 $d_1 \leqslant d_2 \leqslant \cdots \leqslant d_n$ 的顺序安排, 具体见表 2.2.5.

表 2.2.5 数据顺序安排

J_i	J_1	$\cdots$	J_i	J_{i+1}	$\cdots$	J_n
p_i	p_1	$\cdots$	p_i	p_{i+1}	$\cdots$	p_n
d_i	d_1	$\cdots$	d_i	d_{i+1}	$\cdots$	d_n
C_i	C_1	$\cdots$	C_i	C_{i+1}	$\cdots$	C_n

下面我们将以数学方式来描述 2.2.1 算法所说的方法.

定理 2.2.1 对于问题$1||\sum_{i=1}^{n} v_i$, 我们令 $N=\{1,2,\cdots,n\}$, 并对 $k\leqslant n$ 定义

$$S_0=\varnothing,$$

$$S_k=\begin{cases} S_{k-1}\cup\{k\}, & \text{若} \sum\limits_{j\in S_{k-1}} p_j+p_k\leqslant d_k, \\ S_{k-1}\cup\{k\}\backslash\{r\}, & \text{其他}, \end{cases}$$

其中, $p_r=\max\{p_j|j\in S_{k-1}\cup\{k\}\}$, 则排列 $(S_n, N\backslash S_n)$ 即为一最优排序.

证明 根据假设, 对于排序 $(J_1,\cdots,J_n)$, J_i 的完工时间为 $C_i=\sum\limits_{j=1}^{i}p_j$, 设 $L(J_1,\cdots,J_n)$ 为在最优排序之下能如期交货的那种 J_i 的个数; 若在排序 $(J_1,\cdots,J_n)$ 时所有的 J_i 都能如期完工, S_n 显然就是初始排序, 且为最优, 否则, 必存在 i, 使得 $C_1\leqslant d_1, C_2\leqslant d_2,\cdots,C_i\leqslant d_i, C_{i+1}>d_{i+1}$, 即是说, J_{i+1} 是第一个不能如期完工的工件, 按照 1.2.2 节关于 d_j 的假设, 我们有 $i\geqslant 1$, 令

$$p_h=\max_{1\leqslant j\leqslant i+1} p_j, \quad h\leqslant i+1,$$
$$N_k=\{1,\cdots,k\}, \quad k=1,\cdots,n,$$
$$G_k=\{1,\cdots,k-1,k+1,\cdots,n\}, \quad k=1,\cdots,n.$$

设 $L(G_k)$ 表示指标属于 G_k 而又能在其一最优排序中可以如期完工的那种工件的个数, 对于指标属于 N_{i+1} 的那种工件, 我们考虑排序 $(1,\cdots,h-1,h+1,\cdots,i+1,h)$, 令 $C'_k(k\leqslant i+1)$ 表示在此排序下 J_k 的完工时间, 显然有

$$C'_k=C_k<d_k, \quad k=1,\cdots,h-1,$$
$$C'_k=C_k-p_h\leqslant d_k, \quad k=h+1,\cdots,i,$$
$$C'_{i+1}=C_{i+1}-p_h\leqslant C_i+p_{i+1}-p_h<C_i\leqslant d_i\leqslant d_{i+1},$$
$$C'_h=C_{i+1}>d_{i+1}\geqslant d_h.$$

于是, 在此排序之下, 工件 $J_1,\cdots,J_{h-1},J_{h+1},\cdots,J_{i+1}$, 都能如期完工, J_h 则要延期, 这一排序恰好就是将 2.2.1 节算法运用于 N_{i+1} 所得的排序, 我们的证明相当复杂, 分成下列 5 步:

第一步: 对于 $J_1,\cdots,J_n$ 的任一排序, 在 $J_1,\cdots,J_{i+1}$ 中必有一工件要延期.

事实上, 设 $(i_1,\cdots,i_n)$ 为 $\{1,\cdots,n\}$ 的一个排列, 令 k 为 $\{1,\cdots,i+1\}$ 在 $(i_1,\cdots,i_n)$ 中的最后一个, 也就是说, 在排列 $(i_1,\cdots,i_n)$ 中, 指标属于 $\{1,\cdots,i+1\}\backslash\{k\}$ 的每一个工件都要排在 J_k 之前, 令 $k=i_t$, 由

$$\sum_{j=1}^{t}p_{i_j}\geqslant\sum_{j=1}^{i+1}p_j>d_{i+1}\geqslant d_k$$

可知工件 J_k 在排序 $(i_1, \cdots, i_n)$ 中不可能如期交货.

第二步: $J_1, \cdots, J_n$ 的任一排序 S 总可改排成 $S' = (A, R)$ 的形式, 其中 $A = (a_1, \cdots, a_p)$, $R = (a_{p+1}, \cdots, a_n)$(若 $p = n$, 则 $R = \varnothing$), 使得 A 中的每一个工件无论是在 S 还是在 S' 中都可以如期完工, 而 R 中的所有工件则在 S 中或在 S' 中必须延期.

事实上, 若 S 不是 (A, R) 的形式 (即可以及时完工的工件都放在前面), 则在 S 中必存在相邻的工件 i_j 和 i_{j+1} 使得 i_j 不能如期完工, 而 i_{j+1} 则可以完工, 也就是说, $C_{i_j} > d_{i_j}, C_{i_{j+1}} \leqslant d_{i_{j+1}}$ 将 i_j 与 i_{j+1} 交换, 即得一新的排序 $S_1 = (i_1, \cdots, i_{j-1}, i_{j+1}, i_j, \cdots, i_n)$, 因为

$$p_{i_1} + \cdots + p_{i_{j-1}} + p_{i_{j+1}} < p_{i_1} + \cdots + p_{i_{j-1}} + p_{i_j} + p_{i_{j+1}} = C_{i_{j+1}} \leqslant d_{i_{j+1}},$$

故 i_{j+1} 在 S_1 中可以如期完工, 显然, 工件 i_j 在 S_1 中的完工时间为 $C_{i_{j+1}}$, 因 $C_{i_{j+1}} > C_{i_j} > d_{i_j}$, 所以 i_j 在 S_1 中不可能如期完工, 由于 n 为一有限数, 经过有限次交换后, 可将 S 排成 (A, R) 的形式, 它具有命题所述的性质.

第三步: 在序列 (A, R) 中, 设 $A = (a_1, \cdots, a_p)$, 若将所有 a_i 重新排列, 使得相应的应交货期形成一非降序列, 则这些工件仍能如期交货.

事实上, 若 $d_{a_i}(i = 1, \cdots, p)$ 不是一排降序列, 则存在 j, 使得 $d_{a_j} > d_{a_{j+1}}$, 将 a_j 与 a_{j+1} 换位, 由第二步, 可知 a_{j+1} 仍可如期完工, 因 a_i 在此换位后, 其完工时间为 $C_{a_{j+1}}$, 而 $C_{a_{j+1}} \leqslant d_{a_{j+1}} < d_{a_j}$, 故 a_i 仍能如期完工, 于是, 经有限步如此的交换后, 可将 A 排成命题中所说的形式, 其中每一个工件都可以如期完工.

第四步: 不等式 $L(G_h) \geqslant L(G_k)$ 对所有的 $k = 1, 2, \cdots, i+1$ 都成立.

事实上, 将第一步与第三步中的结论用于 $G_k(k = 1, 2, \cdots, i+1)$, 可假定, 对每一 G_k, 存在一形如 (A_k, R_k) 的最优排序, 这里, $A_k = (\beta_1, \cdots, \beta_g)$, 其中 $d_{\beta_i} \leqslant d_{\beta_{i+1}}, i = 1, \cdots, g-1$, 且每一个工件 J_{β_i} 都能如期完工; R_k 则是 G_k 中在此排序下必然要延期的那些工件所成的集合, 不等式 $L(G_h) \geqslant L(G_k)$, 显然对 $k = h$ 成立, 当 $k \neq h$ 时, 证明如下:

(1) $h \in R_k$, 因而 $A_k \subset G_h$, 在此情况之下 $(A_k, R_k \cup |k| \backslash |h|)$ 为 G_h 的一个排序, 显而易见, 在此排序中能如期完工的工件数大于 g, 由此即得

$$L(G_h) \geqslant g = L(G_k).$$

(2) $h \in A_k$, 将 A_k 写作 $(\beta_1, \cdots, \beta_s, \cdots, \beta_r, \beta_{r+1}, \cdots, \beta_g)$, 其中 $\beta_s = h$,

$$\beta_j \in \{1, \cdots, i+1\}, \quad j = 1, \cdots, r,$$
$$\beta_j \notin \{1, \cdots, i+1\}, \quad j = r+1, \cdots, g.$$

在 A_k 中用 k 代替 h, 并将 k 放在 A_k 中某个位置, 使得 A_k 中所有可以如期完工的工件的应交货期成一个非降排序, 则得一排序 $\bar{A}_h$. 若 $k < i+1$, 则 k 及 $\beta_1, \cdots, \beta_{s-1}$ 都属于 $\{1, \cdots, i\}$, 显然, 它们在 $\bar{A}_h$ 中可以如期完工, $\bar{A}_h$ 中遗留下的工件, 由于 $p_k \leqslant p_h$, 也可如期完工, 若 $k = i+1$, k 在 $\bar{A}_h$ 中必位于 β_r 与 β_{r+1} 之间, 因所有的 $(\beta_1, \cdots, \beta_{s-1}, \beta_{s+1}, \cdots, \beta_r)$ 都属于 $\{1, \cdots, i+1\}$, 它们都可以如期完工, 由于 $p_k \leqslant p_h$ 且 $d_{\beta_r} \leqslant d_k$, k 和 $\beta_{r+1}, \cdots, \beta_g$ 在 $\bar{A}_h$ 中亦可如期完工.

于是, 已经证明了不等式 $L(G_h) \geqslant L(G_k)$ 对于 $h \neq k, h \in A_k$ 成立.

第五步: 由 2.2.1 算法所产生的序列是一个最优排序.

令 m 表示在 $\{J_1, \cdots, J_n\}$ 的一个最优序列中不能如期完工的工件数, 我们现在对 m 用归纳法来证明上述命题.

设存在 $\{J_1, \cdots, J_n\}$ 的一个最优排序, 使得所有的工件都能如期完工, 即 $m = 0$, 由假设, 对于排序 $(1, 2, \cdots, n), d_i \leqslant d_{i+1}$, 对所有的 i 成立, 由第三步, 在排序 $(1, 2, \cdots, n)$ 中, 所有工件能如期完工, 即 $(J_1, J_2, \cdots, J_n)$ 是一个最优排序, 也就是说, 当 $m = 0$ 时, 2.2.1 算法产生了一最优排序, 即 $(1, 2, \cdots, n)$, 现设当 $\{J_1, \cdots, J_n\}$ 中不能如期完工的工件数少于 $m(m \geqslant 1)$ 时我们的命题成立, 现要证明它对于 m 亦成立.

设 S 为 $\{J_1, \cdots, J_n\}$ 的一个最优排序, 由第二步, 我们可设 S 为 (A, R) 的形式, 其中 R 由 m 个工件组成, 且包含 $\{1, 2, \cdots, i+1\}$ 中至少一个工件, 设此工件为 k, 因 $(A, R\backslash\{k\})$ 是 G_k 的一个排序, 我们有 $L(G_k) \geqslant |A|$ (即 A 中元素的个数), 令 (A_k, R_k) 为 G_k 的一个最优排序, 因 $(A_k, R_k \cup \{k\})$ 是 $N = \{1, \cdots, n\}$ 的一个排序, 我们有 $|A| \geqslant |A_k| = L(G_k)$, 所以 $|A| = L(G_k)$, 即 $(A, R\backslash\{k\})$ 为 G_k 的一个最优排序, 由第四步, 对 G_h 的任一最优排序 (A_h, R_h), 我们有 $|A_h| = L(G_h) \geqslant L(G_k) = |A|$, 因此 $(A_h, R_h \cup \{h\})$ 也是 $\{J_1, \cdots, J_n\}$ 的一个最优排序, 因 R_h 中共有 $m-1$ 个工件, 由归纳法假设, 将 2.2.1 算法用于 G_h, 我们即得 G_h 之一最优排序, 换言之, 通过将 2.2.1 算法的第一步、第二步和第三步方法应用于 $\{1, \cdots, n\}$, 从中除去 h, 再将同一算法施用于 G_h, 我们最终可得到 $\{J_1, \cdots, J_n\}$ 的一个最优排序.

2.3 在某些工件必须按时交货的条件下的模型 $1|T|\frac{1}{n}\sum_{i=1}^{n} v_i$

设有 n 个工件 $J_1, \cdots, J_n$ 要在一台机器上加工, 它们各自的加工时间 $p_1, \cdots, p_n$ 和应完工期限 $d_1, \cdots, d_n$ 事先都已知道, 并且要求某些指定的工件必须按期完工, 以 T 表示指定必须按期完工的工件的集合, 试问: 应如何将 $J_1, \cdots, J_n$ 安排一个加工顺序, 使得那些指定的工件都能按期完工, 又使延期完工的工件数最少?

这种排序问题可用符号 $1|T|\sum\limits_{i=1}^{n} v_i$ 来表示.

这里除了沿用约定 1.1.1 之外, 我们再补充以下约定.

约定 2.3.1 如果仅考虑必须按期完工的那些工件, 把它们按应完工期限的先后次序加以排列, 此时它们都能按期完工.

对 T 中工件要求它们满足这一约定是必要的, 假设这一约定不成立, 则只考虑 T 中工件, 且把它们按应完工期限的先后加以排列时, 至少有一个工件不能按期完工, 利用定理 2.2.1 的证明中第一步, 可证明 $J_1,\cdots,J_n$ 的任何一个加工顺序都不能使得 T 中工件都能按期完工, 也就是说, 如果约定 2.3.1 不成立, 则排序问题 $1|T|\sum\limits_{i=1}^{n} v_i$ 无解.

2.3.1 算法

本节介绍的算法由 J. B. Sidney 于 1973 年提出, 是为了解决某些带约束条件且以误工工件个数为目标函数的排序问题而提出的, 这种算法具体做法如下:

第一步: 将工件按应完工期限的先后加以排列, 若有几个工件的应完工期限相同, 则将其中必须按期完工的工件排在这几个工件的后面, 然后将工件依次重新编号, 并将必须按期完工的各个工件都标上星号 $(*)$.

第二步: 以 T 表示带星号 $(*)$ 的所有工件的标号所成之集, 令 m 表示 T 中的最大标号, 计算一列新的完工期限 $d'_1,\cdots,d'_n$ 如下: 首先计算 d'_n, 再依次计算 $d'_{n-1},\cdots,d'_1$, 当 $i\geqslant m$ 时, 令 $d'_i=d_i$, 当 $i\leqslant m-1$ 时, 若 J^*_r 是 J_i 后面第一个必须按期完工的工件, 也即 $r>i, r\in T$ 且 $\{i+1,\cdots,r-1\}\cap T=\varnothing$, 则令

$$d'_i=\min\{d_i, d'_r-p_r\}. \tag{2.3.1}$$

第三步: 定义一列工件集 $S_0,S_1,\cdots,S_n$, 令 $S_0=\varnothing$, 若 $S_{k-1}(k\geqslant 1)$ 已经定义好, 则定义 S_k 为

$$S_k=\begin{cases} S_{k-1}\cup\{k\}, & \text{若 } P(S_{k-1})+p_k\leqslant d'_k,\\ S_{k-1}\cup\{k\}\backslash\{r\}, & \text{若 } P(S_{k-1})+p_k> d'_k,\end{cases} \tag{2.3.2}$$

其中 $r\in S_{k-1}\cup\{k\}\backslash T$, 且满足

$$p_r=\max\{p_j|j\in S_{k-1}\cup\{k\}\backslash T\},$$

$P(S_{k-1})$ 表示 S_{k-1} 中所有工件的加工时间之和, 当得到 S_n 后, 计算终止, $(S_n, N\backslash S_n)$ 就是最优排序, 显然 $T\subset S_n$.

例 2.3.1 考虑表 2.3.1 工件加工数据.

表 2.3.1　工件加工数据

工件	J_1	J_2	J_3	J_4	J_5	J_6	J_7	J_8
p_i	4	1	6	3	6	8	7	10
d_i	6	8	9	11	20	20	28	35

根据第一步, 将工件按应完工期限的先后次序加以排列, 并重新编了号, $T=\{6\}, m=6$, 根据第二步, $d'_8=35, d'_7=28, d'_6=20$ 当 $i\leqslant 5$ 时, $r=6$, 由 (2.3.1) 式, $d'_5=\min\{20,20-8\}=12, d'_4=\min\{11,20-8\}=11, d'_3=9, d'_2=8, d'_1=6$, 得到表 2.3.2 数据排序.

表 2.3.2　数据排序

工件	J_1	J_2	J_3	J_4	J_5	J_6	J_7	J_8
p_i	4	1	6	3	6	8	7	10
d'_i	6	8	9	11	12	20	28	35

根据第三步, 令 S_0 为空集; 因 $d'_1-p_1=2>0$, 故 $S_1=\{1\}$; 因 $d'_2-p_2=7>4=P(S_1)$, 故 $S_2=\{1,2\}$; 因 $d'_3-p_3=3<P(S_2)=5$, $p_3=\max\{p_i|i\in\{1,2,3\}\backslash\{6\}\}$, 故 $S_3=\{1,2\}$; 因 $d'_4-p_4=8>P(S_3)$, 故 $S_4=\{1,2,4\}$; 因 $d'_5-p_5=6<P(S_4)=8$, $p_5=\max\{p_j|j\in\{1,2,4,5\}\backslash\{6\}\}$, 故 $S_5=\{1,2,4\}$; 因 $d'_6-p_6=12>P(S_5)$, 故 $S_6=\{1,2,4,6\}$; 因 $d'_7-p_7=21>P(S_6)$, 故 $S_7=\{1,2,4,6,7\}$; 因 $d'_8-p_8=25>P(S_7)$, 故 $S_8=\{1,2,4,6,7,8\}$. 所以最优排序是 $(J_1,J_2,J_4,J_6,J_7,J_8,J_3,J_5)$.

2.3.2　最优性证明

定理 2.3.1　对于排序问题 $1|T|\sum_{i=1}^{n}v_i$, 按 2.3.1 算法求出 $S_k, k=1,2,\cdots,n$, 则加工顺序 $(S_n, N\backslash S_n)$ 是最优排序.

证明　我们把证明分成以下五部分:

(i) 设必须按期完工的工件所成之集 $T=\{m_1,m_2,\cdots,m_l\}$, 则 $0\leqslant d'_1\leqslant d'_2\leqslant,\cdots,\leqslant d'_n$, 且

$$d'_{m_k}\geqslant p_{m_1}+p_{m_2}+\cdots+p_{m_k},\quad k=1,2,\cdots,l. \tag{2.3.3}$$

我们用归纳法先证明不等式组 (2.3.3) 及

$$d'_{m_k}\geqslant d'_{m_{k-1}},\quad k=1,2,\cdots,l. \tag{2.3.4}$$

首先令 $d'_{m_0}=0$, 根据约定 2.3.1 和 (2.3.1) 式, 可知

$$d'_{m_l}=d_{m_l}\geqslant p_{m_1}+p_{m_2}+\cdots+p_{m_l},$$
$$d'_{m_l}=d_{m_l}\geqslant d_{m_{l-1}}\geqslant d'_{m_{l-1}},$$

即当 $k=l$ 时 (2.3.3) 式和 (2.3.4) 式成立, 假设

$$d'_{m_k}\geqslant p_{m_1}+p_{m_2}+\cdots+p_{m_k},d'_{m_k}\geqslant d'_{m_{k-1}},$$

我们要证明

$$d'_{m_{k-1}}\geqslant p_{m_1}+\cdots+p_{m_{k-1}},d'_{m_{k-1}}\geqslant d'_{m_{k-2}}. \tag{2.3.5}$$

由于 $d'_{m_{k-1}}=\min\{d_{m_{k-1}},d'_{m_k}-p_{m_k}\}$, 如果 $d'_{m_{k-1}}=d_{m_{k-1}}$, 根据约定 2.3.1, 可得 $d'_{m_{k-1}}\geqslant p_{m_1}+\cdots+p_{m_{k-1}}$ 且有 $d'_{m_{k-1}}=d_{m_{k-1}}\geqslant d_{m_{k-2}}\geqslant d'_{m_{k-2}}$, 即 (2.3.5) 式成立, 如果 $d'_{m_{k-1}}=d'_{m_k}-p_{m_k}$, 由归纳法的假设, 可得 $d'_{m_k}\geqslant p_{m_1}+\cdots+p_{m_k}$, 所以 $d'_{m_{k-1}}\geqslant p_{m_1}+\cdots+p_{m_{k-1}}$, 又由 (2.3.1) 式, $d'_{m_{k-2}}\leqslant d'_{m_{k-1}}-p_{m_{k-1}}\leqslant d'_{m_{k-1}}$ 即 (2.3.5) 式也成立, 所以 (2.3.3) 式和 (2.3.4) 式成立.

对于任意的 d'_j 和 d'_k, $1\leqslant j<k$, 令 j 后面第一个属于 T 的标号为 m_u, k 后面第一个属于 T 的标号为 m_v, 显然 $m_u\leqslant m_v$, 利用 (2.3.3) 式和 (2.3.4) 式, 可得

$$0\leqslant d'_{m_u}-p_{m_u}\begin{cases}=d'_{m_v}-p_{m_u}, & 若\ m_u=m_v,\\ \leqslant d'_{m_u}\leqslant d'_{m_{v-1}}\leqslant d'_{m_v}-p_{m_v}, & 若\ m_u<m_v.\end{cases}$$

又由于

$$d'_j=\min\{d_j,d'_{m_u}-p_{m_u}\},\quad d'_k=\min\{d_{m_k},d'_{m_v}-p_{m_v}\},\quad 0\leqslant d_j\leqslant d_k.$$

即得 $0\leqslant d'_j\leqslant d'_k$, 这就证明了 $0\leqslant d'_1\leqslant d'_2\leqslant\cdots\leqslant d'_n$ 成立.

根据 (i) 中所证的结果, 我们如以 d'_i 代替 $d_i,i=1,\cdots,n$, 作为新的完工期限, 则约定 2.3.1 对于新完工期限 d'_i 也是成立的. 下面我们称以 d'_i 代替 d_i 后所成的问题为新问题, 在新问题中, $T=\{m_1,m_2,\cdots,m_l\}$ 中的工件仍必须按期完工.

(ii) 原问题的任意一加工顺序 S 可改排成 (A,R) 形式的排序, A 中工件为按应完工期限 d_i 的先后次序排列, 且都能按期完工, R 中工件都是延期完工的工件, 排序 S 中按时完工的工件集恰是 A, 对于新问题也是同样的结论.

这里的证明与定理 2.2.1 证明中的第二步和第三步完全一样, 不再重复.

(iii) 原问题的任意一 (A,R) 形式的最优排序也是新问题的一最优排序, 反之亦然.

设原问题有一最优排序 (A,R), A 中工件按 d_i 从小到大排列, 且都能按期完工, $T\subseteq A$, 若 $j\in A$, j 的完工时刻为 C_j, 排在 j 后面属于 T 的工件有 $m_r,m_{r+1},\cdots,m_l$, 则有

$$C_j\leqslant d_j,$$
$$C_j+p_{m_r}\leqslant C_{m_r}\leqslant d_{m_r},$$
$$C_j+p_{m_r}+p_{m_{r+1}}\leqslant C_{m_{r+1}}\leqslant d_{m_{r+1}},$$
$$\cdots\cdots$$

$$C_j + \sum_{i=r}^{l} p_{m_i} \leqslant C_{m_l} \leqslant d_{m_l},$$

即有

$$C_j \leqslant \min\left\{d_j, d_{m_k} - \sum_{i=r}^{k} p_{m_i}, k = r, \cdots, l\right\}. \tag{2.3.6}$$

根据 (2.3.1) 式, 易得

$$\begin{aligned} d'_{m_{l-1}} - p_{m_{l-1}} &= \min\{d_{m_{l-1}} - p_{m_{l-1}}, d_{m_l} - p_{m_l} - p_{m_{l-1}}\}; \\ d'_{m_{l-2}} - p_{m_{l-2}} &= \min\{d_{m_{l-2}} - p_{m_{l-2}}, d_{m_{l-1}} - p_{m_{l-1}} - p_{m_{l-2}}, \\ &\qquad d_{m_l} - p_{m_l} - p_{m_{l-1}} - p_{m_{l-2}}\}; \\ &\cdots\cdots \end{aligned}$$

$$d'_{m_r} - p_{m_r} = \min\left\{d_{m_r} - p_{m_r}, d_{m_k} - \sum_{i=r}^{k} p_{m_i}, k = r+1, \cdots, l\right\}.$$

显然有

$$d'_{m_r} - p_{m_r} \leqslant d'_{m_{r+1}} - p_{m_{r+1}} \leqslant \cdots \leqslant d'_{m_{l-1}} - p_{m_{l-1}} \leqslant d'_{m_l} - p_{m_l},$$

根据不等式 (2.3.6), 得到

$$C_j \leqslant \min\{d_j, d'_{m_r} - p_{m_r}\} = d'_j.$$

所以, 我们用 d'_j 代替 d_j 后, A 中的工件均能按时完工, 此外, 因为 $d'_j \leqslant d_j$, $j = 1, 2, \cdots, n$, 故新问题的任一最优排序中能按期完工的工件, 在原问题的相同排序中也能按期完工, 至此, 我们证明了 (iii).

由 (iii), 我们可以通过求新问题的最优排序来得到原问题的最优排序.

(iv) 若第一个需延期完工的工件 $J_{i+1} \neq J_1$ (即 (2.3.2) 式中 $S_1 \neq \varnothing$), 选取工件 h 满足 $1 \leqslant h \leqslant i+1, h \notin T$, 且

$$p_h = \max\{p_j | 1 \leqslant j \leqslant i+1, j \notin T\}, \tag{2.3.7}$$

则有不等式

$$L(G_h) \geqslant L(G_k), \quad k = 1, \cdots, i+1, k \notin T, \tag{2.3.8}$$

这里符号 $L(G_k)$ 的定义见 2.2.2 节, 证明方法与定理 2.2.1 的证明中第四步完全一样, 这里不再重复.

(v) 我们对于新问题的最优排序中需延期完工的工件个数施行归纳法来证明按 2.3.1 算法得出的排序 $(S_n, N \backslash S_n)$ 是新问题的一最优排序.

设新问题存在一最优排序, 在此排序下 n 个工件都能按期完工, 根据已证的 (ii), 将工件按 d'_j 从小到大的次序加以排列, n 个工件亦都能按期完工, 再根据 (i), 有 $d'_1 \leqslant d'_2 \leqslant \cdots \leqslant d'_n$, 即按排序 $(1,2,\cdots,n)$, 所有工件都能按期完工, 所以 $(1,2,\cdots,n)$ 是新问题的最优排序, 此排序就是按 2.3.1 节的算法得出的排序.

假设对于新问题的最优排序中包含少于 m 个需延期完工的工件的情况, 用 2.3.1 节的算法能得出最优顺序, 我们要证明, 对于最优排序中包含 m 个需延期交工的工件的情况, 用 2.3.1 节的算法也能得到新问题的最优排序.

令 S 是新问题的一个 (A,R) 形式的最优排序, R 包含了 m 个工件, 都需延期完工, 如第一个延期完工的工件为 J_1, 即有 $p_1 > d'_1$(对于原问题而言, 我们虽然在约定 2.3.1 中要求任一工件的应完工期限 d_i 均不小于该工件所需的加工时间, 但是将 d_i 换为 d'_i 后, 有可能出现 $p_1 > d'_1$, 此时 J_1 必然不是必须按期完工的工件, 即 1 必不属于 T), 则 J_1 不论在任何加工顺序中都将延期完工, 我们考虑 $G_1 = \{2,3,\cdots,n\}$, 由于在排序 $S=(A,R)$ 中, $1 \in R$, 所以 $(A, R\backslash\{1\})$ 是 G_1 的加工顺序, 由此可推出 G_1 的任一最优排序中必包括 $m-1$ 个延期完工的工件, 根据归纳法的假设, 把 2.3.1 节的算法施行到 G_1 上可以得到一最优排序 (A_1,R_1), R_1 中工件都需延期完工, 且 $|R_1| = m-1$, A_1 中的工件都能按期完工, 所以排序 $(A_1, R_1 \cup \{1\})$ 即为新问题的一个最优排序, 这证明了将 2.3.1 节的算法施行到 $N=\{1,2,\cdots,n\}$ 上, 在找出第一个误工工件 J_1 之后, 继续施行此算法, 最后可得出 $N=\{1,2,\cdots,n\}$ 的一个最优排序.

如果第一个需延期完工的工件不是 J_1, 设此工件为 J_{i+1}, 则我们可以完全按照定理 2.2.1 的证明中第五步的方法, 来证明 $(S_n, N\backslash S_n)$ 是新问题的一个最优排序.

再利用已证明的 (iii), 我们知道 $(S_n, N\backslash S_n)$ 也是原问题的一个最优顺序. □

2.4　模型 $1|\ r_j \geqslant 0\ |\sum\limits_{i=1}^{n} v_i$

设有 n 个工件 $J_1, J_2, \cdots, J_n$ 在一台机器上加工, 这些工件的加工时间 $p_1,\cdots, p_n$ 和应完工期限 $d_1,\cdots,d_n$ 事先都已知道, 同时工件的准备时间 r_i 不全为零. 此时如果 J_i 前面的工件的完工时刻为 c, 则 J_j 的开始加工时刻为 $\max\{c, r_j\}$, 试问我们应如何将 $J_1, J_2,\cdots,J_n$ 安排一个加工顺序, 使得误工的工件个数 $\sum\limits_{i=1}^{n} v_i$ 为最少. 这样的问题记为 $1 \mid r_j \geqslant 0 \mid \sum\limits_{i=1}^{n} v_i$.

本节除了沿用约定 1.1.1 和约定 2.3.1 外, 对于准备时间 $r_1,\cdots,r_n$, 再约定它们满足

约定 2.4.1　对于任意工件 J_i 和 J_j, 如果 $r_i < r_j$, 则有 $d_i \leqslant d_j$.

因为有约定 2.4.1, 我们首先可以把所有工件重新进行编号, 使它们满足条件

$$r_1 \leqslant r_2 \leqslant \cdots \leqslant r_n, \quad d_1 \leqslant d_2 \leqslant \cdots \leqslant d_n. \tag{2.4.1}$$

下面的讨论中我们总认为条件 (2.4.1) 已经成立. 显然, 2.2 节讨论的排序问题是上述具有准备时间的顺序问题的一种特殊情况, 也就是 $r_1 = r_2 = \cdots = r_n = 0$. 对于准备时间而言, 约定 2.4.1 是一种比较适当的限制, 如果我们将约定 2.4.1 换成其他的条件, 问题的求解可能变得非常困难. 例如, 假设除去一个工件外, 其余的 $n-1$ 个工件都有相同的准备时间和相同的完工期限 (这时约定 2.4.1 不成立). 有关文献已经证明, 这种约定下的带有准备时间的以误工工件个数为目标函数的排序问题, 是一个 NP 完备问题.

带有准备时间且满足约定 2.4.1 的以误工工件个数为目标函数的排序问题, 我们用符号 $1 \mid r_i < r_j \Rightarrow d_i \leqslant d_j \mid \sum\limits_{i=1}^{n} v_i$ 来表示.

2.4.1　算法

令 S 是 $N = \{1, 2, \cdots, n\}$ 的一个子集, 如对 S 中工件安排了一个加工顺序, 在此顺序下 S 中工件都能按期完工, 则此顺序称为 S 的一个 “可行排序”. 用定理 2.3.1 的证明中 (ii) 和 (iii) 的论证方法可以得到下面结论:

(1) 子集 $S \subset N$ 为可行排序, 当且仅当在将 S 中工件按其下标从小到大排列时所得的排序是 S 的一个可行排序.

(2) $N = \{1, 2, \cdots, n\}$ 的任一最优排序可以改排成 (A, R) 的形式, 其中 A 是按工件标号从小到大的次序排列的, 它又是可行排序, 即 A 中工件都能按期完工, 而 R 中工件都必须延期完工.

令工件集 $S = \{k_1, k_2, \cdots, k_m\}, k_1 < k_2 < \cdots < k_m$, 现按照排序 $(k_1, k_2, \cdots, k_m)$ 加工这 m 个工件, 则工件 k_i 的完工时刻为

$$P(k_1, \cdots, k_i) = \max\{P(k_1, \cdots, k_{i-1}), r_{k_i}\} + p_{k_i}, \quad i = 1, \cdots, m. \tag{2.4.2}$$

这里设 $P(k_0) = P(\varnothing) = 0$, 显然, S 中全部工件的最后完工时刻为 $P(k_1, \cdots, k_m)$. Kise, Ibaraki 和 Mine(1978) 给出下面时间为 $O(n^2)$ 的算法 (称为 Kise-Ibaraki-Mine 算法, 简称为 KIM 算法), 算法的步骤如下.

第一步: 取 $S_0 = \varnothing, j = 1$;

第二步: 如果 $j = n+1$, 则 $(S_n, N \setminus S_n)$ 为最优排序, 计算终止. 如果 $j < n+1$, 转到下一步;

第三步: 计算 S_j 如下:

$$S_j = \begin{cases} S_{j-1} \cup \{j\}, & 若 P(S_{j-1} \cup \{j\}) \leqslant d_j, \\ S_{j-1} \cup \{j\} \setminus \{l\}, & 若 P(S_{j-1} \cup \{j\}) > d_j, \end{cases} \tag{2.4.3}$$

其中工件 J_l 满足

$$P(S_{j-1} \cup \{j\} \setminus \{l\}) \leqslant P(S_{j-1} \cup \{j\} \setminus \{i\}), \quad \forall i \in S_{j-1} \cup \{j\}, \tag{2.4.4}$$

S_j 中的数是按照从小到大的次序加以排序, 令 $j := j + 1$, 回到第二步.

例 2.4.1 考虑表 2.4.1 工件加工数据的排序问题.

表 2.4.1 工件加工数据

工件	J_1	J_2	J_3	J_4	J_5	J_6	J_7	J_8
p_i	4	1	6	3	6	8	7	10
d_i	6	8	9	11	20	25	28	35
r_i	0	0	3	6	6	7	10	13

令 $S_0 = \varnothing$, 因 $P(1) = \max\{0, r_1\} + p_1 = 4 < 6 = d_1$, 所以 $S_1 = \{1\}$.

因 $P(S_1 \cup \{2\}) = P(1,2) = \max\{P(1), r_2\} + p_2 = 5 < 8 = d_2$, 所以 $S_2 = \{1,2\}$.

因 $P(S_2 \cup \{3\}) = P(1,2,3) = \max\{P(1,2), r_3\} + p_3 = 11 > 9 = d_3$, 我们要用 (2.4.4) 式来求出 r, 经计算, $P(1,3) = 10, P(2,3) = 9$, 上面已知 $P(1,2) = 5$, 所以 $r = 3, S_3 = \{1,2\}$.

因 $P(S_3 \cup \{4\}) = P(1,2,4) = \max\{P(1,2), r_4\} + p_4 = 9 < 11 = d_4$, 所以 $S_4 = \{1,2,4\}$.

因 $P(S_4 \cup \{5\}) = \max\{P(1,2,4), r_5\} + p_5 = 15 < 20 = d_5$, 所以 $S_5 = \{1,2,4,5\}$.

因 $P(S_5 \cup \{6\}) = P(1,2,4,5,6) = 23 < 25 = d_6$, 所以 $S_6 = \{1,2,4,5,6\}$.

因 $P(S_6 \cup \{7\}) = P(1,2,4,5,6,7) = 30 > 28 = d_7$, 我们要用 (2.4.4) 式来求出 r, 经计算, $P(1,2,4,5,7) = 22, P(1,2,4,6,7) = 24, P(1,2,5,6,7) = 27, P(1,4,5,6,7) = 30, P(2,4,5,6,7) = 30$, 上面已知 $P(1,2,4,5,6) = 23$, 所以 $r = 6, S_7 = \{1,2,4,5,7\}$.

因 $P(S_7 \cup \{8\}) = P(1,2,4,5,7,8) = 32 < 35 = d_8$, 所以 $S_8 = \{1,2,4,5,7,8\}$.

最优排序是 (1, 2, 4, 5, 7, 8, 3, 6).

2.4.2 最优性证明

KIM 算法包含 n 次迭代, 且在第 j 次迭代中产生一个 j 优集 $S_j, j = 1, 2, \cdots, n$. 后来李杉林等 (Li et al., 2010) 发现其证明过程有缺陷, 下面的证明应用了李杉林等 (Li et al., 2012) 和樊保强等 (Fan et al., 2012) 的修正.

对于工件集 $N_j = \{1, 2, \cdots, j\}$ 而言, 也存在其最优排序, 它的任一最有排序中所有按期完工的工件组成的集合, 称为 N_j 的一个 “j 优集”, 显然, N_j 的每个 j 优集包含的工件个数必相等, 引进 j 优集的概念, 可以使下面定理的证明中某些叙述比较简便.

定理 2.4.1 对于准备时间 r_i 满足关系式 (2.4.1) 的排序问题 $1 \mid r_i < r_j \Rightarrow d_i \leqslant d_j \mid \sum_{i=1}^{n} v_i$, 排序 $(S_j, N_j \setminus S_j)$ 是工件集 $N_j = \{1, 2, \cdots, j\}$ 的一最优排序, 这里 S_j 由 (2.4.3) 和 (2.4.4) 给出, 即 S_j 是 N_j 的一个 j 优集 $(j = 1, 2, \cdots, n)$. 因此 $(S_n, N \setminus S_n)$ 是 $J_1, J_2, \cdots, J_n$ 的一个最优排序.

证明 我们将证明分成以下几步:

(i) S_j 是可行排序, 其中 $j = 1, 2, \cdots, n$.

对 j 作归纳法, 显然, $S_0 = \varnothing$ 是可行的, 假设 S_{j-1} 是可行的, 我们证明 S_j 也是可行的. 如果 $P(S_{j-1} \cup \{j\}) \leqslant d_j$, 根据 (2.4.3) 式, $S_j = S_{j-1} \cup \{j\}$, 则 S_j 中的工件都能按时完工, 所以 S_j 是可行排序. 如果 $P(S_{j-1} \cup \{j\}) > d_j$, 则 $S_j = (S_{j-1} \cup \{j\}) \setminus \{l\}$, 由于 S_{j-1} 为可行排序, 所以 $S_{j-1} \setminus \{l\}$ 中所有工件都能按时完工, 也即 $S_{j-1} \setminus \{l\}$ 是可行的, 我们由不等式 (2.4.4) 可得

$$P((S_{j-1} \cup \{j\}) \setminus \{l\}) \leqslant P(S_{j-1}).$$

因为 S_{j-1} 是可行的, 所以 $P(S_{j-1}) \leqslant d_{j-1} \leqslant d_j$, 即 $P(S_j) \leqslant P(S_{j-1}) \leqslant d_j$, 即工件 J_j 在排序 $S_j = (S_{j-1} \cup \{j\}) \setminus \{l\}$ 中也能按时完工, 即证明了 $S_j = (S_{j-1} \cup \{j\}) \setminus \{l\}$ 中所有工件能按时完工, 所以 S_j 也是可行排序.

(ii) 按照排序 $(1, 2, \cdots, n)$ 进行加工, 则工件 $J_k (k = 1, 2, \cdots, n)$ 的完工时刻 $P(1, 2, \cdots, k)$ 满足

$$P(1, 2, \cdots, k) = \max\{r_i + p_i + p_{i+1} + \cdots + p_k, i = 1, 2, \cdots, k\}. \tag{2.4.5}$$

用归纳法证明, 当 $k = 1$, 由 (2.4.2) 式, $P(1) = r_1 + p_1$, 所以 (2.4.5) 式对 $k = 1$ 成立, 假设 (2.4.5) 式对于 $k = j - 1$ 成立, 我们要证明它对于 $k = j$ 成立, 由 (2.4.2), 有

$$P(1, 2, \cdots, j) = \max\{P(1, 2, \cdots, (j-1)), r_j\} + p_j.$$

利用归纳法的假设, 有

$$P(1, 2, \cdots, (j-1)) = \max\{r_i + p_i + p_{i+1} + \cdots + p_{j-1}, i = 1, 2, \cdots, j-1\},$$

可得

$$\begin{aligned} P(1, 2, \cdots, j) &= \max\{r_i + p_i + p_{i+1} + \cdots + p_{j-1}, r_j, i = 1, 2, \cdots, j-1\} + p_j \\ &= \max\{r_i + p_i + p_{i+1} + \cdots + p_{j-1} + p_j, r_j + p_j, i = 1, 2, \cdots, j-1\} \\ &= \max\{r_i + p_i + p_{i+1} + \cdots + p_j, i = 1, 2, \cdots, j\}. \end{aligned}$$

所以 (2.4.5) 式成立.

(iii) 设 $a, b \in N$ 且满足 $P(N\backslash\{a\}) \geqslant P(N\backslash\{b\})$. 对于任一 $U \subseteq \{c|c > a, c \neq b\}$, 如果 $P(N \setminus U \setminus \{b\}) > r_n$, 则有 $P(N \setminus U \setminus \{a\}) \geqslant P(N \setminus U \setminus \{b\})$.

对此下面分几种情况证明 (iii).

情形 1: $c > \max\{a, b\}, \forall c \in U$.

我们对 $|U|$ 用归纳法证明. 先假设 U 是单元素集合 $U = \{c\}$, 即 $|U| = 1$. 这里我们又分两种情况讨论.

子情形 1.1: $c = n$. 由 (iii) 的假设条件

$$P(N \setminus U \setminus \{b\}) = P(N \setminus \{b, n\}) > r_n, \tag{2.4.6}$$

可得

$$P(N \setminus \{b\}) > r_n + p_n. \tag{2.4.7}$$

根据 $P(N \setminus \{a\}) \geqslant P(N \setminus \{b\})$ 和 (2.4.7) 式, 有 $P(N \setminus \{a\}) > r_n + p_n$, 所以

$$P(N \setminus \{a, n\}) > r_n. \tag{2.4.8}$$

由 (2.4.6) 式和 (2.4.8) 式, 集合 $N \setminus \{a, n\}$ 和 $N \setminus \{b, n\}$ 中的工件均在 r_n 之后完工. 因此, 它们分别添加工件 J_n 之后, 有 $P(N \setminus \{a\}) = P(N \setminus \{a, n\}) + p_n$ 和 $P(N\setminus\{b\}) = P(N\setminus\{b, n\}) + p_n$. 既然 $P(N\setminus\{a\}) \geqslant P(N\setminus\{b\})$, 所以 $P(N\setminus\{a, n\}) \geqslant P(N \setminus \{b, n\})$, 即 $P(N \setminus U \setminus \{a\}) \geqslant P(N \setminus U \setminus \{b\})$.

子情形 1.2: $c < n$. 我们用反证法证明该情形下 (iii) 成立. 假设

$$P(N \setminus \{a, c\}) < P(N \setminus \{b, c\}). \tag{2.4.9}$$

令 $X_k = \{k, \cdots, n\}(k = c + 1, \cdots, n)$, 则由 $c > \max\{a, b\}$ 易知下式成立

$$P(N \setminus \{a, c\} \setminus X_k) < P(N \setminus \{b, c\} \setminus X_k), \quad k = c + 1, \cdots, n. \tag{2.4.10}$$

如果存在 $k \in \{c + 1, \cdots, n\}$ 使得 $P(N \setminus \{b, c\} \setminus X_k) \leqslant r_k$ 成立, 则由 (2.4.10) 式可得, 集合 $N \setminus \{a, c\} \setminus X_k$ 和 $N \setminus \{b, c\} \setminus X_k$ 中的工件都在 r_k 之前完工, 因此有 $P(N \setminus \{a, c\}) = P(N \setminus \{b, c\})$, 这与 (2.4.9) 式矛盾, 所以

$$P(N \setminus \{b, c\} \setminus X_k) > r_k, \quad k = c + 1, \cdots, n. \tag{2.4.11}$$

对于集合 $N \setminus \{b, c\}$, (2.4.11) 式意味着机器在时间区间 $[r_c, P(N \setminus \{b, c\})]$ 是没有空闲的, 因而 $P(N \setminus \{b\}) = P(N \setminus \{b, c\}) + p_c$ 成立. 对于 $c < n$, 有 $P(N \setminus \{a\}) \leqslant$

$P(N \setminus \{a,c\}) + p_c$. 现在由 (2.4.9) 式, 可得 $P(N \setminus \{a\}) < P(N \setminus \{b\})$, 这与 (iii) 条件矛盾, 所以 (iii) 成立.

现假设 $|U| = m \geqslant 1$ 时 (iii) 成立, 我们证明 $|U| = m+1$ 时 (iii) 也成立. 设 $c \in U$, 令 $U' = U \setminus \{c\}$, 则有 $P(N \setminus \{c\} \setminus \{b\}) \geqslant P(N \setminus U \setminus \{b\}) > r_n$, 所以有

$$P(N \setminus \{c\} \setminus \{a\}) \geqslant P(N \setminus \{c\} \setminus \{b\}).$$

我们以 $N \setminus \{c\}$ 作为新的 N, 以 $U' = U \setminus \{c\}$ 作为新的 U, 则由归纳假设即得 $P(N \setminus U \setminus \{a\}) \geqslant P(N \setminus U \setminus \{b\})$.

情形 2: $a < i < b, \forall i \in U$.

令

$$\begin{aligned} F_1 &= \max\{r_i + p_i + \cdots + p_n, i = 1, \cdots, a\}, \\ F_2 &= \max\{r_i + p_i + \cdots + p_n, i = a+1, \cdots, b\}, \\ F_3 &= \max\{r_i + p_i + \cdots + p_n, i = b+1, \cdots, n\}. \end{aligned}$$

根据 (2.4.5) 式, 得到

$$P(N \setminus \{a\}) = \max\{F_1 - p_a, F_2, F_3\}, \tag{2.4.12}$$

$$P(N \setminus \{b\}) = \max\{F_1 - p_b, F_2 - p_b, F_3\}, \tag{2.4.13}$$

$$P(N \setminus U \setminus \{a\}) = \max\left\{F_1 - p_a - \sum_{j \in U} p_j, P(\{a+1, \cdots, b\} \setminus U) + \sum_{j=b+1}^{n} p_j, F_3\right\}, \tag{2.4.14}$$

$$P(N \setminus U \setminus \{b\}) = \max\left\{F_1 - p_b - \sum_{j \in U} p_j, P(\{a+1, \cdots, b\} \setminus U) - p_b + \sum_{j=b+1}^{n} p_j, F_3\right\}, \tag{2.4.15}$$

$$P(\{a+1, \cdots, b\} \setminus U) + \sum_{j=b+1}^{n} p_j \geqslant F_2 - \sum_{j \in U} p_j, \tag{2.4.16}$$

由 (2.4.12) 和 (2.4.13) 式, 于是 $P(N \setminus \{a\}) \geqslant P(N \setminus \{b\})$ 等价于

$$\max\{F_1 - p_a, F_2, F_3\} \geqslant \max\{F_1 - p_b, F_2 - p_b, F_3\}. \tag{2.4.17}$$

如果 $F_1 - p_a \geqslant \max\{F_2, F_3\}$, 由 (2.4.17) 式可知 $F_1 - p_a \geqslant F_1 - p_b$, 所以有

$$F_1 - p_a - \sum_{j \in U} p_j \geqslant F_1 - p_b - \sum_{j \in U} p_j.$$

再根据 (2.4.14) 和 (2.4.15) 式, 即得 $P(N\setminus U\setminus\{a\})\geqslant P(N\setminus U\setminus\{b\})$. 如果 $F_1-p_a<\max\{F_2,F_3\}$, 由 (2.4.17) 式可知 $\max\{F_2,F_3\}\geqslant F_1-p_b$, 所以有

$$\max\{F_2,F_3\}-\sum_{j\in U}p_j\geqslant\max\{F_1-p_a,F_1-p_b\}-\sum_{j\in U}p_j.$$

再根据 (2.4.16) 式, 有

$$\begin{aligned}&\max\left\{P(a+1,\cdots,b\}\setminus U)+\sum_{j=b+1}^{n}p_j,F_3\right\}\\ \geqslant&\max\{F_2,F_3\}-\sum_{j\in U}p_j\\ \geqslant&\max\{F_1-p_a,F_1-p_b\}-\sum_{j\in U}p_j\\ \geqslant&F_1-p_b-\sum_{j\in U}p_j.\end{aligned}$$

再根据 (2.4.14) 和 (2.4.15) 式, 即得 $P(N\setminus U\setminus\{a\})\geqslant P(N\setminus U\setminus\{b\})$.

情形 3: 存在 $i_1,i_2\in U$, 使得 $a<i_1<b,i_2>b$.

令 $U_1=\{i|a<i<b,i\in U\},U_2=\{i|i>b,i\in U\}$. 由情形 2, 可以推出

$$P(N\setminus U_1\setminus\{a\})\geqslant P(N\setminus U_1\setminus\{b\}).$$

我们以 $N\setminus U_1$ 作为新的 N, 以 U_2 作为新的 U, 则情形 3 化为情形 1, 所以得 $P(N\setminus U\setminus\{a\})\geqslant P(N\setminus U\setminus\{b\})$. 关于 a,b 和 U 的其他情况都可化成以上 3 种情况来讨论.

(iv) 对于任意的 $k,j,0\leqslant k<j\leqslant n$, 集合 $S_k\cup\{k+1,\cdots,j\}$ 包含一个 N_j 的 j-最优集合 S_j, 这里 S_k 由式 (2.4.3) 和 (2.4.4) 获得.

下面, 我们对 k 使用归纳法, 给出 (iv) 的证明.

显然 $S_0\cup\{1,\cdots,j\}$ 包含一个 j-最优集合. 假设 $S_{k-1}\cup\{k,\cdots,j\}$ 包含一个 j-最优集合 E, 我们要证明, $S_k\cup\{k+1,\cdots,j\}$ 必包含一个 j-最优集合 E'. 如果 $P(S_{k-1}\cup\{k\})\leqslant d_k$. 由式 (2.4.3) 和 (2.4.4) 知道 $S_k=S_{k-1}\cup\{k\}$, 这时令 $E'=E$, 由归纳法的假设和 $E'\subseteq S_{k-1}\cup\{k,\cdots,j\}=S_k\cup\{k+1,\cdots,j\}$, 得到 E' 是 j-最优集合.

现在讨论 $P(S_{k-1}\cup\{k\})>d_k$ 的情形. 若由式 (2.4.4) 得到的 l 不包含在 E 中, 即 $l\notin E$, 令 $E'=E$. 根据 $S_k=S_{k-1}\cup\{k\}\setminus\{l\}$, 知道 $S_{k-1}\cup\{k,\cdots,j\}=S_k\cup\{k+1,\cdots,j\}\cup\{l\}$, 又由 $l\notin E$ 得 $E\subseteq S_k\cup\{k+1,\cdots,j\}$, 即 E' 是 $S_k\cup\{k+1,\cdots,j\}$ 的 j-最优集.

若 $l \in E$, 由 $E \subseteq S_{k-1} \cup \{k, \cdots, j\} = S_{k-1} \cup \{k\} \cup \{k+1, \cdots, j\}$ 得 $E \cap S_k \subseteq S_{k-1} \cup \{k\}$, 其中 $S_k = \{1, \cdots, k\}$. 令

$$E \cap S_k = S_{k-1} \cup \{k\} \setminus X,$$

其中, $X \subseteq S_{k-1} \cup \{k\}$. 既然 $S_{k-1} \cup \{k\}$ 是不可行的, 则 $X(\subseteq S_k) \neq \varnothing$. 下面我们将证明

$$E' = (E \cup \{\bar{i}\}) \setminus \{l\} \tag{2.4.18}$$

是 $S_k \cup \{k+1, \cdots, j\}$ 中的 j- 最优集, 其中 $\bar{i} = \min\{i | i \in X\}$ 是 X 中的最小元, 且 $\bar{i} \in S_{k-1} \cup \{k\}$. 显然, E 和 E' 有相同的工件个数, 且

$$\begin{aligned} E' \cap S_k &= ((E \cup \{\bar{i}\}) \setminus \{l\}) \cap S_k \\ &= (E \cup \{\bar{i}\}) \cap S_k \setminus \{l\} \subseteq S_{k-1} \cup \{k\} \setminus \{l\} \\ &= S_k. \end{aligned}$$

由 S_k 是可行的, 知道 $E' \cap S_k$ 也是可行的. 注意到 $E' \setminus S_k = E \setminus S_k$, 所以当 $P(E' \cap S_k) \leqslant r_k$ 时, E' 是 j-最优的. 当 $P(E' \cap S_k) > r_k$ 时, 要证明 E' 是 j-最优的, 只需证明

$$P(E' \cap S_k) \leqslant P(E \cap S_k). \tag{2.4.19}$$

令 $X' = X \setminus \{\bar{i}\}$, 得

$$E \cap S_k = S_{k-1} \cup \{k\} \setminus X' \setminus \{\bar{i}\}. \tag{2.4.20}$$

又由式 (2.4.18) 和 $\bar{i} \in S_{k-1} \cup \{k\}$, 可得

$$E' \cap S_k = (E \cup \{\bar{i}\} \setminus \{l\}) \cap S_k = (S_{k-1} \cup \{k\} \setminus X' \setminus \{\bar{i}\}) \cup \{\bar{i}\} \setminus \{l\} = S_{k-1} \cup \{k\} \setminus X' \setminus \{l\}. \tag{2.4.21}$$

另外, 由 l 的定义, 得到

$$P(S_k) = P(S_{k-1} \cup \{k\} \setminus \{l\}) \leqslant P(S_{k-1} \cup \{k\} \setminus \{\bar{i}\}). \tag{2.4.22}$$

我们取 $a = \bar{i}, b = l, U = X', N = S_{k-1} \cup \{k\}$. 既然 $\bar{i}$ 是 X 中最小元, 所以对于任意 $c \in U$, 有 $c > a$, 并且由 $l \in E$ 得 $l \notin X'$, 所以根据结论 (iii)、式 (2.4.20)—(2.4.22) 和 $P(E' \cap S_k) > r_k$, 得式 (2.4.19) 成立.

(v) 最后利用归纳法证明由式 (2.4.3) 和 (2.4.4) 求出的 S_j 是 j-优集, $j = 1, \cdots, n$.

因为 $S_0 = \varnothing$, 显然它是 $J = \varnothing$ 的最优集合. 假设 S_{j-1} 是一个 $(j-1)$-最优集合, 令 $k = j-1$, 利用结论 (iv), 可知 $S_{j-1} \cup \{j\}$ 包含一个 j-最优集合. 若 $P(S_{j-1} \cup \{j\}) \leqslant d_j$, 则 $S_j = S_{j-1} \cup \{j\}$ 中的工件都能按期完工, 因此 S_j 即是一个 j-最优集合. 若 $P(S_{j-1} \cup \{j\}) > d_j$, 即 $S_{j-1} \cup \{j\}$ 中的工件不能都不误工. 因为 $S_j = S_{j-1} \cup \{j\} \setminus \{l\}$ 中的工件都能按期完工, 并且 $|S_j| = |S_{j-1} \cup \{j\}| - 1$, 故 S_j 也是一个 j- 最优集合. □

2.5　$1|\text{prec}|\sum_{i=1}^{n} f_i(c_i)$

设工件 $J_1, J_2, \cdots, J_n$ 需在单台机器上加工, 它们的加工时间分别为 $p_1, p_2, \cdots, p_n$, 工件的应完工期限分别为 $d_1, d_2, \cdots, d_n$, 每个工件的准备时间 r_i 都为零, 由于工艺和其他原因, 某些工件对的 2 个工件之间存在先后关系 "→", 若 $J_i \to J_j$, 则表示必须在 J_i 完工之后 J_j 才可以开工, 称 J_i 优先于 J_j. 令 C_i 表示在某一加工顺序下工件 J_i 的完工时刻, 又令 $f_i(C_i)$ 表示在此顺序下工件 J_i 的损失, 这里 $f_i(t)$ 称为 "损失函数", 它是 t 的任意一非降函数 (不失其普遍性, 我们常假定 $f(0) \geqslant 0$), 在这些假定条件下, 我们要求出一个加工顺序, 使得相应于此顺序的总损失 $\sum_{i=1}^{n} f_i(C_i)$ 达到最小.

这种排序问题也表示为 $1 \mid \text{prec} \mid \sum_{i=1}^{n} f_i$.

首先, 引入符号 $B_i = \{j | J_j \to J_i\}, A_i = \{j | J_i \to J_j\}, \forall i = 1, 2, \cdots, n$, 也就是 B_i 是需要在 J_i 之前加工的工件构成的工件集, A_i 是需要在 J_i 之后加工的工件构成的工件集, 若对每一 $i, A_i = B_i = \varnothing$, 且 $f_i(t) = a_i t, i = 1, 2, \cdots, n$, 则上述问题转化为 2.1 节中的排序问题 $1||\sum_{i=1}^{n} a_i C_i$, 若对于每 $i, i = 1, 2, \cdots, n, A_i = B_i = \varnothing$ 且

$$f_i(t) = \begin{cases} 0, & t \leqslant d_i, \\ 1, & t > d_i, \end{cases} \tag{2.5.1}$$

则上述问题化为 2.2 节讨论的排序问题 $1||\sum_{i=1}^{n} v_i$. 如果对第一个 $i, f_i(t) = \max\{0, t - d_i\}$, 则总损失 $\sum_{i=1}^{n} f_i(C_i)$ 为工件的总误工时间, 故本节讨论的是一类比较广泛的排序问题, 我们知道, 前几节中讨论的几种排序问题按问题的复杂性来分类都属于 "P 问题", 它们都有多项式时间算法, 有关文献已经证明, 一般以总损失为目标函数的排序问题是一个 "NP 完备问题", 一般说来, NP 完备问题的算法都很复杂, 目前

解决属于 NP 完备问题的排序问题, 通常是采用分枝定界法 (Branch and Bound Method) 来寻求最优解, 分枝定界法是一种部分枚举法, 不同的问题可以有不同的分枝定界法, 下面我们将介绍处理以总损失为目标函数的排序问题的一种分枝定界法, 它结合了消去法则 (Elimination Criteria) 的应用.

2.5.1 枚举树

我们考虑那种能满足事先给定的工件之间的优先关系的加工顺序, 这样的加工顺序被称为本节所讨论的排序问题的可行排序, 任意一个顺序不一定是可行排序, 对于全部可行排序, 可采用特别的划分技巧, 把可行顺序按某种规则分成若干子集, 这些子集构成枚举树的第一层上的若干节点, 每个节点表示一个 "子集". 对于第一层的每个节点, 又把它对应的那些可行顺序继续细分成若干子集, 它们构成枚举树的第二层的节点, 以此类推, 这种划分过程就是分枝过程.

对于本节讨论的排序问题, 我们将首先安排最后加工的工件, 然后逐次从后面向前安排工件的加工次序. 设 $\overline{S}$ 是已被排列的工件的集合, $\overline{S} \subset \{1,2,\cdots,n\}$, 令 $S=\{1,2,\cdots,n\}\setminus\overline{S}$, 则 S 是等待安排的工件的集合, 显然, $\overline{S}$ 中的工件都排列在时间区间 $\left[\sum_{i\in S} p_i, \sum_{i=1}^{n} p_i\right]$ 内, 我们用符号 $(\overline{S})$ 表示一个节点, 这个节点表示对于确定的 $\overline{S}$, 由 S 中工件的全部可行的次序所构成的加工顺序集合, 我们采取的分枝过程如下.

令枚举树的第 0 层为节点 $(\varnothing)$, 对于第 k 层上的任一节点 $(\overline{S})$, 若 $S\neq\varnothing$, 则取 $Q=\{j|j\in S, S\cap A_j=\varnothing\}$, 显然, $Q\neq\varnothing$. 任取 $r\in Q$, 将 r 排在 $\overline{S}$ 的前面的一个位置, 此时已排列好顺序的工件即为 $\{r\}\cup\overline{S}$, 这相应于节点 $(\{r\}\cup\overline{S}\ )$, 此新的节点位于枚举树的第 $k+1$ 层上, 这样, 由节点 $(\overline{S})$ 分出的节点数共有 $|Q|$ 个, 按照这样的划分规则, 当出现 $S=\varnothing$ 时, 节点 $(\overline{S})$ 即表示工件的一个可行排序.

2.5.2 消去准则

对于任意一节点 $(\overline{S})$, 因为 S 中的工件尚未被安排加工的顺序, 我们可考虑 S 中任意一对工件 J_i 和 J_j 在最优排序中的先后次序的情况, 如果 $i\in A_j$, 在任何可行排序中 (包括最优排序) 工件 J_i 总排在 J_j 的后面, 如果 $i,j\in Q\subset S$, 我们可寻求某些条件, 当这些条件成立时, 可以证明存在一个最优排序, 其中工件 J_i 排在 J_j 的前面, 这类条件被称之为 "消去准则", 这样, 为了寻求最优排序, 我们从节点 $(\overline{S})$ 出发, 对于由 $(\overline{S})$ 划分出的下一层的节点, 可以只考虑 J_i 排在 J_j 之前的那些可行排序, 我们把分枝定界法与消去准则结合起来使用, 可以显著地提高计算的效率.

定理 2.5.1　令 $(\overline{S})$ 为一节点, $i,j\in Q\subset S, B_i=\varnothing$, 如果

(i)　$f_i(t)-f_j(t)$ 在时间区间 $[P(B_j)+p_j, P(S)]$ 中为 t 的非降函数, 其中,

$P(B_j) = \sum_{k\in B_j} p_k$, $P(S) = \sum_{k\in S}^{n} p_k$;

(ii) $p_i \leqslant p_j$,

则在寻求最优排序时可以只考虑 i 排在 j 之前的加工顺序, 故可以消去节点 $(\{i\}\cup \overline{S})$.

证明 考虑属于节点 $(\overline{S})$ 的任一个可行排序 ω, 在 ω 中 j 排在 i 之前, 依照排序 ω 进行加工, 工件 J_j 的开工时刻为 D, 工件 J_i 的完工时刻为 E, 我们在排序 ω 中交换 i 和 j 的位置, 其他工件的次序不变, 这样得到的排序表为 ω', 显然 ω' 属于节点 $(\overline{S})$, 由条件 (ii), 可知除了 j 之外, 其他任何工件按照排序 ω' 的完工时刻比它按照排序 ω 的完工时刻不延长, 所以相应的损失不会增加, 对于工件 J_j, 因为 B_j 中的工件都应该排在 j 之前, 即位于区间 $[0, D]$ 之内, 故有 $P(B_j) + p_j \leqslant D + p_j \leqslant E$, 同理因为 A_i 中的工件都应该排在 i 之后, 所以又有 $E \leqslant P(S\backslash A_i)$, 根据条件 (i) 推出

$$f_i(E) - f_j(E) \geqslant f_i(D + p_j) - f_j(D + p_j). \tag{2.5.2}$$

又由 (ii) 可得

$$f_i(D + p_j) \geqslant f_i(D + p_i). \tag{2.5.3}$$

结合式 (2.5.2) 和式 (2.5.3), 得到

$$f_i(E) + f_j(D + p_j) \geqslant f_i(D + p_i) + f_j(E).$$

上式说明加工顺序 ω 产生的总损失不小于加工顺序 ω' 产生的总损失, 即对于节点 $(\overline{S})$ 中每个 j 排在 i 之前的排序必有一个比它优的 i 排在 j 之前的排序, 所以我们可以消去节点 $(\overline{S})$ 中 j 排在 i 之前的所有加工顺序. □

$\forall i \in \{1, 2, \cdots, n\}$, 假若损失函数 $f_i(t)$ 定义为

$$f_i(t) = a_i \max\{0, t - d_i\}, \tag{2.5.4}$$

其中 $a_i > 0$, 则定理 2.5.1 中的条件可以用下面较简单的容易检验的条件来代替.

推论 2.5.1 $\forall i \in \{1, 2, \cdots, n\}$, 设 $f_i(t)$ 满足式 (2.5.4), $(\overline{S})$ 为一节点. 如果工件 $i, j \in Q$, $B_i = \varnothing$, 且满足条件

(i) $d_i \leqslant \max\{d_j, P(B_j) + p_j\}$;

(ii) $a_i \geqslant a_j$;

(iii) $p_i \leqslant p_j$,

则可以消去节点 $(\overline{S})$ 中 j 排在 i 之前的所有加工顺序.

证明 如果 $d_i \leqslant d_j$, 由条件 (ii) 可知 $f_i(t)-f_i(t)$ 在区间 $[0,P(S)]$ 中是非降函数 (见图 2.5.1), 所以定理 2.5.1 中的条件 (i) 成立, 如果 $d_i > d_j$, 则由条件 (i) 有 $d_j \leqslant P(B_j)+p_j$, 所以由条件 (ii) 可知 $f_i(t)-f_i(t)$ 在区间 $[P(B_j)+p_j, P(S\setminus A_i)]$ 内是非降函数 (见图 2.5.2), 因此定理 2.5.1 中条件 (i) 成立.

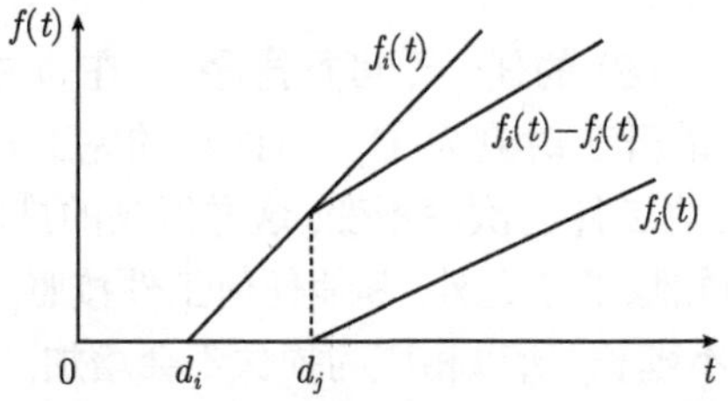

图 2.5.1 $f_i(t)-f_j(t)$ 在区间 $[0,P(S)]$ 中是非降函数

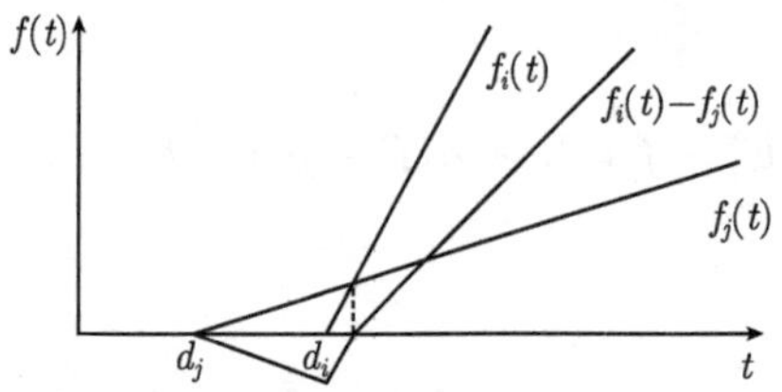

图 2.5.2 $f_i(t)-f_j(t)$ 在区间 $[P(B_j)+p_j, P(S\setminus A_i)]$ 中是非降函数

推论 2.5.1 的条件 (iii) 即定理 2.5.1 中的条件 (ii), 这证明了当条件 (i), (ii) 和 (iii) 成立时, 定理 2.5.1 中条件 (i) 和 (ii) 必成立, 所以可消去 j 排在 i 之前的所有加工顺序. □

定理 2.5.2 令 $(\overline{S})$ 为一节点, $i,j\in Q\subset S$, 如果

(i) $f_j(P(B_j)+p_j)=f_j(P(S)-p_j)$;

(ii) $f_i(t)-f_j(t)$ 在区间 $[P(S)-p_i, P(S)]$ 内为 t 的非降函数;

(iii) $p_i > p_j$,

则在求最优排序时可以消去节点 $(\overline{S})$ 中 j 排在 i 之前的所有加工顺序, 故可以消去节点 $(\{i\}\cup\overline{S})$.

证明 由条件 (i) 和 (ii), 我们可推出 $f_i(t)-f_j(t)$ 在区间 $[P(B_j)+p_j, P(S)]$ 为 t 的非降函数, 由 $p_i > p_j$ 对于节点 $(\overline{S})$ 中任意一个 j 排在 i 之前的可行排序 ω', 令 D 表示按照排序 ω' 加工时工件 J_j 的开工时刻, E 表示工件 J_i 的完工时刻, 将 j 改排在 i 之后, 得到另一可行排序 ω''(图 2.5.3). 显然, 排序 ω'' 也属于节点 $(\overline{S})$.

除工件 i 与 j 之外, 其他工件按照 ω'' 进行加工的完工时刻比它按照 ω' 进行加工的完工时刻不会延长, 所以相应的损失不会增大, 对于工件 J_i 和 J_j, 有

$$P(B_j)+p_j \leqslant D+p_j \leqslant E-p_i \leqslant E-p_j \leqslant P(S)-p_j, \tag{2.5.5}$$

再根据条件 (i), 可知

$$f_j(E-p_j)=f_j(D+p_j). \tag{2.5.6}$$

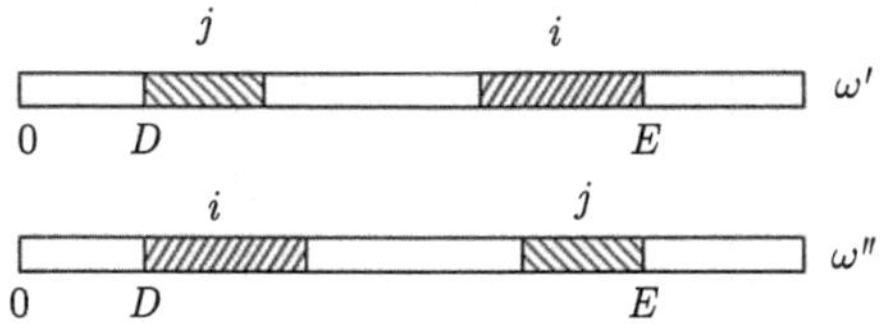

图 2.5.3　可行排序 ω' 和 ω''

由条件 (ii) 以及不等式 $E \leqslant P(S)$, 我们有

$$f_i(E)-f_j(E) \geqslant f_i(E-p_j)-f_j(E-p_j). \tag{2.5.7}$$

结合式 (2.5.6) 和式 (2.5.7), 即得

$$f_i(E)+f_j(D+p_j) \geqslant f_i(E-p_j)+f_j(E).$$

这表明加工顺序 ω 产生的损失不小于加工顺序 ω'' 产生的损失, 因此可以消去节点 $(\overline{S})$ 中 j 排在 i 之前的所有加工顺序. □

推论 2.5.2　$\forall i \in \{1,2,\cdots,n\}$, 设 $f_i(t)$ 满足条件 (2.5.4), 令 $(\overline{S})$ 为任意一节点, $i,j \in Q \subset S$, 如果

(i) $d_j \geqslant P(S)-p_j$;

(ii) $d_i \leqslant d_j$;

(iii) $a_j \leqslant a_i$;

(iv) $p_i > p_j$,

则在求最优排序时可以消去节点 $(\overline{S})$ 中 j 排在 i 之前的所有加工顺序.

证明　由条件 (ii) 和 (iii), 我们可推出 $f_i(t)-f_j(t)$ 在区间 $[0,P(S)]$ 内为 t 的非降函数, 由 $p_i > p_j$, 利用不等式 (2.5.5) 可得到排序 $(J_2,J_1,J_4,J_5,J_6,J_3,J_7)$, 相应的总损失为 455, 我们可取此排序的总损失为上界 UB. 和条件 (i), 可得

$$P(B_j)+p_j \leqslant P(S)-p_j \leqslant d_j.$$

再根据 $f_j(t)$ 的定义 ((2.5.4) 式), 可得

$$f_j(P(B_j)+p_j)=f_j(P(S)-p_j)=0.$$

利用已证的函数 $f_i(t)-f_j(t)$ 在区间 $[0,P(S)]$ 内为非降函数, 故定理 2.5.2 的条件 (i) 和 (ii) 成立, 所以可消去节点中 j 排在 i 之前的所在加工顺序. □

定理 2.5.3　令 $(\overline{S})$ 为任意一节点, $i,j\in S$ 且 $j\in Q$, 若

$$f_j(P(B_j)+p_j)=f_j(P(S\backslash A_i)), \tag{2.5.8}$$

则在求最优排序时, 可以消去节点 $(\overline{S})$ 中 j 排在 i 之前的所有加工顺序.

证明　令 ω 为 $(\overline{S})$ 中 j 排在 i 前的一可行排序, 设 D 为 J_j 的起始时间, E 为 J_i 的完工时间, 将 J_j 放在紧靠 J_i 之后, 我们得一排序 ω', 如图 2.5.4 所示.

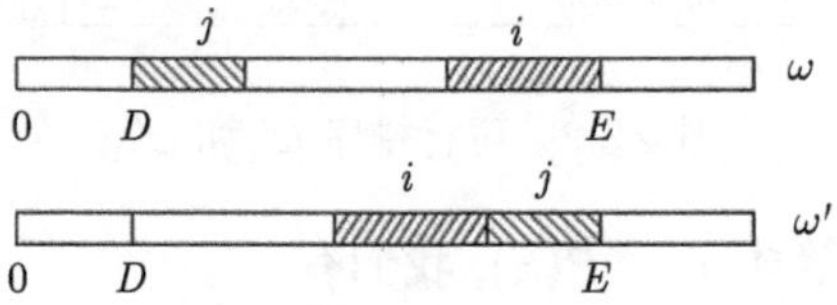

图 2.5.4　排序 ω 和 ω'

显然, ω' 属于 $(\overline{S})$, 且 S 中所有的工件除 J_j 之外, 在排序 ω' 中的完工时间都不迟于其在 ω 中相应的时间, 因此, 其损失不会增加, 对于 J_j, 我们有

$$P(B_j)+p_j\leqslant D+p_j<E\leqslant P(S\backslash A_i),$$

故由式 (2.5.8) 有 $f_j(D+p_j)=f_j(E)$, 因此, 排序 ω 所受之损失不可能小于排序 ω' 所受之损失. □

推论 2.5.3　$\forall i\in\{1,2,\cdots,n\}$, 设 $f_i(t)$ 满足式 (2.5.4), 令 $(\overline{S})$ 为任意一节点, $i,j\in S$, $j\in Q$, 如果

$$d_j\geqslant P(S), \tag{2.5.9}$$

则在求最优排序时, 可以消去节点 $(\overline{S})$ 中 j 排在 i 之前的所有加工顺序.

证明　由式 (2.5.9), 可得

$$f_j(P(B_j)+p_j)=f_j(P(S))=0,$$

故式 (2.5.8) 成立, 利用定理 2.5.3, 可证本推论. □

2.5.3　消去准则的应用

我们对于枚举树上的任意一节点 $(\overline{S})$, 考虑 S 中任意一对工件 i 和 j, $i,j\in Q$, 依次检验定理 2.5.1 至定理 2.5.3 中的条件 (即消去准则) 是否成立. 如果某一定理的条件成立, 则可以消去节点 $\{i\}(\overline{S})$, 称为 “截枝”.

我们对于新得到的下一层的每个节点又进行上述的检验和截枝.

2.5.4 下界

节点 $(\overline{S})$ 一般包括了若干个可行排序, 分枝定界法一方面将节点 $(\overline{S})$ 划分成下一层的一些节点, 另一方面是对于每个未被消去的节点所对应的那些可行排序估计出它们的总损失的一个下界 LB, 节点 $(\overline{S})$ 包括的可行排序的总损失的下界 LB 也简称为节点 $(\overline{S})$ 的下界, 如果我们已知工件的一个可行排序的总损失 f, 以及某一个节点的下界 LB, f 可被取为最优排序的总损失的一个上界 UB, 若 $LB \geqslant UB$, 显然我们可将这一节点消去, 而不会影响对于最优排序的寻求, 所以寻求好的下界公式, 对于提高分枝定界法的计算效率是至关重要的. 节点 $(\overline{S})$ 的下界可表示为 $F(\overline{S}) + LB$, 这里 $F(\overline{S}) = \sum\limits_{i\in\overline{S}} f_i(C_i)$ 表示 $(\overline{S})$ 中工件所产生的总损失, C_i 是工件 J_i 的完工时刻, LB 是未排定次序的 S 中的工件所产生的总损失的一下界, 为了下面的叙述简便起见, 不妨将 S 中工件重新编号为 $J_1, J_2, \cdots, J_r$, $r = |S|$, 令 f_{ij} 表示 J_i 排在第 j 位置上产生的损失的下界, C_{ij} 表示 J_i 排在第 j 位置上的最早的可能完工时刻, 又令

$$R_i(g) = \min_Q\{P(Q) \mid Q \subset \{1, \cdots, r\}\backslash(B_i \cup \{i\} \cup A_i), |Q| = g\}.$$

$\forall j, j$ 满足 $|B_i| < j \leqslant |\{1, \cdots, r\}\backslash A_i|$ 显然有

$$C_{ij} = P(B_i) + R_i(j - |B_i| - 1) + p_i.$$

我们定义

$$f_{ij} = \begin{cases} f_i(C_{ij}), & |B_i| < j \leqslant |\{1, \cdots, r\}\backslash A_i|, \\ +\infty, & \text{其他}. \end{cases} \tag{2.5.10}$$

若以 f_{ij} 为系数, 可构成如下的线性分配问题:

$$\min \sum_{i=1}^{r}\sum_{j=1}^{r} f_{ij}x_{ij}$$
$$\text{s.t.} \begin{cases} \sum\limits_{j=1}^{r} x_{ij} = 1, & i = 1, \cdots, r, \\ \sum\limits_{i=1}^{r} x_{ij} = 1, & j = 1, \cdots, r, \\ x_{ij} \geqslant 0, & i, j = 1, \cdots, r. \end{cases} \tag{2.5.11}$$

这里 x_{ij} 只取 0 或 1. 设 $\omega^* = (\omega_1, \omega_2, \cdots, \omega_r)$ 为工件集 S 的一最优排序, 对应的总损失为 F^*, 根据 f_{ij} 的定义 ((2.5.10) 式) 以及函数 $f_i(t)$ 的非降性, 可知

$$F^* \geqslant \sum_{j=1}^{r} f_{\omega_j j} \geqslant LB^*, \tag{2.5.12}$$

这里 LB^* 是分配问题 (2.5.11) 的最优值, (2.5.11) 的对偶问题为

$$\max \sum_{i=1}^{r} u_i + \sum_{j=1}^{r} v_j, \quad u_i + v_j \leqslant f_{ij}, \quad i, j = 1, \cdots, r. \tag{2.5.13}$$

令 (2.5.11) 式和 (2.5.13) 式的最优解分别为 x_{ij}^* 和 u_i^*, v_j^*, 由此, 我们可得节点 $(\overline{S})$ 的下界

$$LB = F(\overline{S}) + LB^* = F(\overline{S}) + \sum_{i=1}^{r} u_i^* + \sum_{j=1}^{r} v_j^*.$$

如果 $LB \geqslant UB$, 则节点 $(\overline{S})$ 可被截枝, 如果 $LB < UB$, 我们必须考虑由节点 $(\overline{S})$ 分出的一批新节点, 因为集合 Q 中任意一工件 t 都可被排在第 r 位置上 (即排在 S 的最后位置上), 这构成了枚举树上从节点 $(\overline{S})$ 分出的一个节点 $(\{t\} \cup \overline{S})$, 我们又可建立相应的分配问题来计算新节点的下界, 但是我们可利用分配问题 (2.5.13) 的最优解, 很简便地给出新节点 $(\{t\} \cup \overline{S})$ 的另一个下界 LB_t.

$$LB_t = F(\{t\} \cup \overline{S}) + \sum_{i=1, i \neq t}^{r} u_i^* + \sum_{j=1}^{r-1} v_j^*, \tag{2.5.14}$$

这里 $F(\{t\} \cup \overline{S})$ 是工件集 $\{t\} \cup \overline{S}$ 产生的损失, $F(\{t\} \cup \overline{S}) = F(\overline{S}) + f_{tr}$. 因为

$$\begin{aligned} LB_t &= F(\overline{S}) + f_{tr} + LB^* - u_t^* - v_r^* \\ &= LB + (f_{tr} - u_t^* - v_r^*) \geqslant LB, \end{aligned}$$

所以 LB_t 不会比下界 LB 差, 如果用下界 LB_t 不能使节点 $(\{t\} \cup \overline{S})$ 截枝, 那么我们要计算节点 $(\{t\} \cup \overline{S})$ 对应的分配问题的最优值, 以得到节点 $(\{t\} \cup \overline{S})$ 的更好的下界.

例 2.5.1　求排序问题 $1|\text{ prec }|\sum_{i=1}^{7} a_i T_i$ 的最优排序, 其中 $T_i = \max\{0, C_i - d_i\}, p_i, d_i$ 和 a_i 的数值见表 2.5.1.

表 2.5.1　p_i, d_i 和 a_i 的数值

	1	2	3	4	5	6	7
p_i	12	13	14	16	26	31	32
d_i	42	33	51	48	63	88	146
a_i	7	9	5	14	10	11	8

因为

$$d_7 = 146 > 144 = \sum_{i=1}^{7} p_i,$$

工件 J_7 排在最后位置, 根据推论 2.5.1, 可得

$$J_1 \to J_3, \quad J_2 \to J_3, \quad J_4 \to J_5, \quad J_4 \to J_6,$$

所以我们可绘出优先关系图 2.5.5.

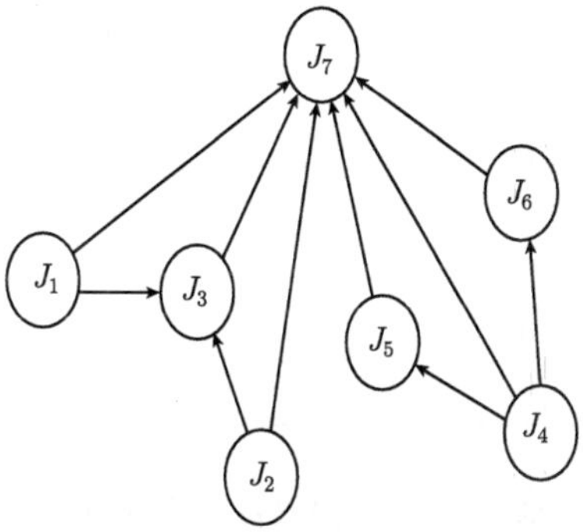

图 2.5.5　优先关系图

第 1 层的节点只有 ({7}), 我们计算相应的分配问题的系数 f_{ij} 和最优解 u_i^*, v_j^*, 并列成表 2.5.2. 所以下界 $LB = 345$, 根据分配问题的最优解

$$x_{21}^* = 1,\ x_{12}^* = 1,\ x_{43}^* = 1,\ x_{54}^* = 1,\ x_{65}^* = 1,\ x_{36}^* = 1,\ x_{77}^* = 1,$$

可得到排序 $(J_2, J_1, J_4, J_5, J_6, J_3, J_7)$, 相应的总损失为 455, 我们可取此排序的总损失为上界 UB.

表 2.5.2　({7}) 的分配问题

	1	2	3	4	5	6	u_i^*
J_1	0	0	0	175	392	∞	0
J_2	0	0	72	306	585	∞	0
J_3	∞	∞	0	20	150	305	−20
J_4	0	0	0	98	∞	∞	0
J_5	∞	0	0	40	180	490	0
J_6	∞	0	0	0	0	264	−61
v_j^*	0	0	0	40	61	325	

第 2 层的节点有 $(\{3,7\},\{5,7\})$ 和 $(\{6,7\})$, 利用式 (2.5.14), 算出

$$LB_3 = LB_6 = 345, \quad LB_5 = 510.$$

由 $LB_5 > UB = 455$, 所以节点 $(\{5,7\})$ 被截枝, 对于节点 $(\{3,7\})$ 和 $(\{6,7\})$, 分别建立对应的分配问题, 其系数 f_{ij} 及最优解 u_i^*, v_j^*, 如表 2.5.3 和表 2.5.4 所示.

表 2.5.3 $(\{3,7\})$ 的分配问题

	1	2	3	4	5	u_i^*
J_1	0	0	0	175	392	0
J_2	0	0	72	306	585	0
J_4	0	0	0	∞	∞	0
J_5	∞	0	0	40	350	0
J_6	∞	0	0	0	110	-41
v_j^*	0	0	0	40	151	

表 2.5.4 $(\{6,7\})$ 的分配问题

	1	2	3	4	5	u_i^*
J_1	0	0	0	175	∞	0
J_2	0	0	72	306	∞	0
J_3	∞	∞	0	20	150	-20
J_4	0	0	0	98	∞	0
J_5	∞	0	0	40	180	0
v_j^*	0	0	0	40	170	

节点 $(\{3,7\})$ 的下界为

$$LB = F(\{3,7\}) + LB^* = 305 + 150 = 455 = UB,$$

所以此节点可被截枝.

节点 $(\{6,7\})$ 的下界为

$$LB = F(\{6,7\}) + LB^* = 264 + 190 = 454.$$

我们需要考虑第 3 层节点, 但是我们算出顺序 $(J_2, J_1, J_4, J_5, J_3, J_6, J_7)$ 的损失为 454, 以此为上界, 则节点 $(\{3,7\})$ 也可被截枝, 所以最优排序即为 $(J_2, J_1, J_4, J_5, J_3, J_6, J_7)$, 由上述分析可得出如图 2.5.6 所示的枚举树:

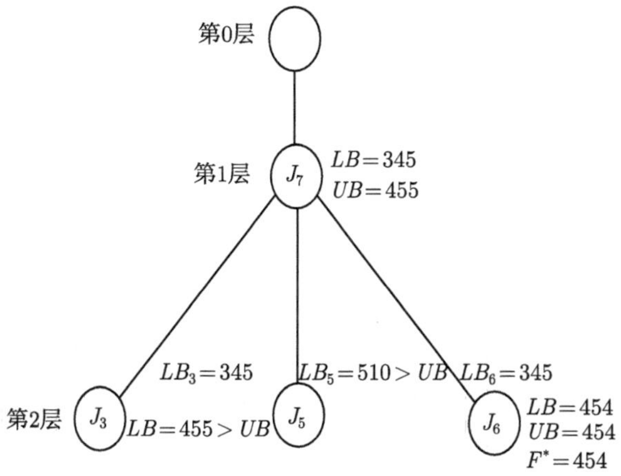

图 2.5.6　枚举树

2.6　$1|\text{prec}|\min\max\limits_{i=1} f_i(c_i)$

本节中所考虑的问题如下: 设有 n 个工件 $J_1,\cdots,J_n$ 要在一台机器上加工, 对所有的 i, J_i 的加工时间 p_i 已经给定, 且 $r_i=0$, 在某些工件之间存在先后顺序 "$\rightarrow$", 每一 J_i 有一损失函数 $f_i(t)$, 它是 t 的一非降函数, 我们的目的是要求一排序使损失中的最大者 $\max\limits_{i=1} f_i(C_i)$ 为最小.

2.6.1　算法

我们先安排倒数第一个加工的工件, 再安排倒数第二个加工的工件, ……, 一直到第一个加工的工件, 令 S' 表示已经安排好的工件所成之集, 并以同一令 S' 表示它们的排序, 令 $S=\{1,2,\cdots,n\}\setminus S'$, 即尚待安排的工件集, 开始时令 $S'=\varnothing$.

第一步: 若 $S=\varnothing$, 停 S' 即为最优排序, 否则, 转入第二步;

第二步: 令 $\Gamma(S)=\{i\mid i\in S, A_i\cap S=\varnothing\}$, A_i 之定义见 2.5 节, 即优先序中排在 J_i 后面的工件集, $P(S)=\sum\limits_{j\in S}p_j$, 求 $k\in S$ 使得

$$f_k(P(S))=\min\{f_j(P(S)), j\in\Gamma(S)\}. \tag{2.6.1}$$

将 k 放在第 $|S|$ 个位置, 令 $S':=\{k\}\cup S'$, 返回第一步.

此算法的计算量为 $O(n^2)$.

例 2.6.1　设 $n=4, p_1=1, p_2=2, p_3=2, p_4=1$, 先后顺序为 $J_1\rightarrow J_2, J_1\rightarrow J_4, J_3\rightarrow J_4$, 此排序可表示成图 2.6.1 的形式.

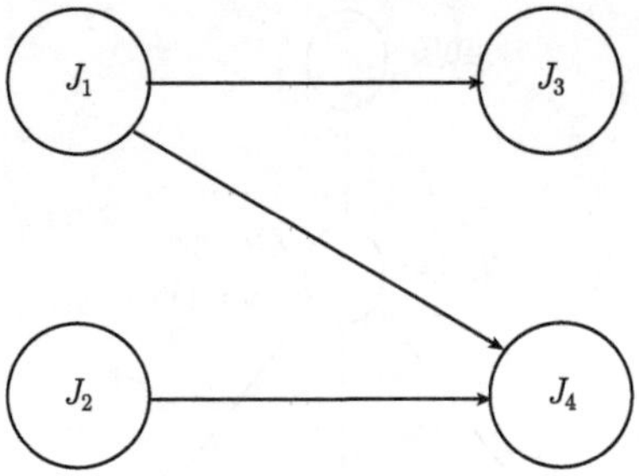

图 2.6.1　排序图

损失函数 $f_i(t), i=1,2,3,4$ 的定义见图 2.6.2. 显而易见,

$$\Gamma(1,2,3,4)=\{2,4\}, \quad P(1,2,3,4)=\sum_{j\in 1}^{4} p_j=6.$$

由图 2.6.2, $f_4(6)<f_2(6)$, 我们将 J_4 放在最后, 因为

$$\Gamma(1,2,3)=\{2,3\}, \quad P(1,2,3)=5, \quad f_3(5)<f_2(5).$$

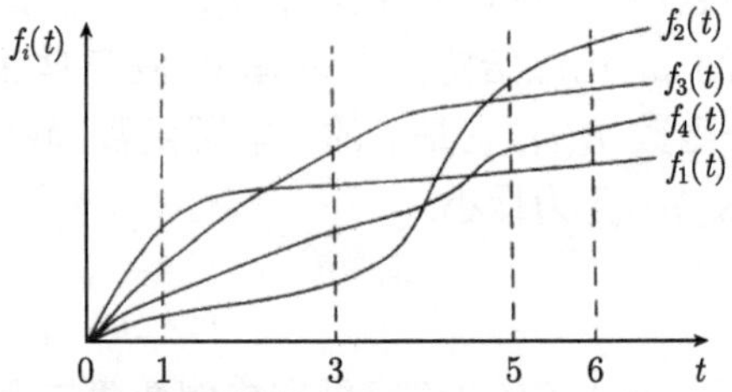

图 2.6.2　损失函数 $f_i(t)$

我们将 J_3 放在倒数第三位, 至于 J_1 与 J_2, 则从先后关系, J_1 必在 J_2 之前, 于是我们得到一最优排序 (J_1,J_2,J_3,J_4), 其相应的损失为 $f_3(5)$.

2.6.2　最优性证明

我们需要下面的引理:

引理 2.6.1　设 S' 为 $J_1,\cdots,J_n$ 中某些工件之一排序, 它可以是空集, $S=\{1,2,\cdots,n\}\backslash S'$, 设有一最优排序 $\omega=(\cdots S')$, 在这个排序下 S' 处于最后, 令 $\Gamma(S)=\{i\mid i\in S, A_i\cap S=\varnothing\}, P(S)=\sum\limits_{j\in S}p_j, k\in\Gamma(S)$ 且满足关系

$$f_k(P(S))=\min_{j\in\Gamma(S)} f_j(P(S)), \tag{2.6.2}$$

则存在一最优排序 $\omega'=(\cdots kS')$, 其中 k 位于第 $|S|$ 个位置.

证明 设在最优排序 ω 中, 在第 $|S|$ 位置的是 k', 若 $k' = k$, 则 $\omega' = \omega$, 设 $k' \neq k$, 则 $\omega' \neq \omega, \omega = (AkBk'S')$, 其中 A 与 B 为某些工件的序列, 将 k 放在紧接 k' 之后, 即得一序列 $\omega' = (ABk'kS')$, 由于 $k \in \Gamma(S)$. ω' 显然是可行的, 即在其排序之下, 所有的工件满足先后关系, 我们来证 ω' 是最优的.

显而易见, 在排序 ω' 中, 除 k 之外, 每一工件的完工时间皆不超过它在 ω 中的完工时间, 因此, 除 k 之外, 每一工件在 ω' 中所受的损失不超过它在 ω 中所受的损失, 由式 (2.6.1), 我们有 $f_k(P(S)) \leqslant f_{k'}(P(S))$, 因此, 由排序 ω' 所引起的最大损失不会超过由 ω 所引起的最大损失, 故 ω' 亦为最优, 尚需指出的是: 若 $\Gamma(S) = \varnothing$, 即 S 中的任何工件 i, 必有其中的一工件必须在 J_i 之后加工, 如此必在加工先后顺序上出现循环, 因而原问题无解. □

由此引理, 即得定理 2.6.1.

定理 2.6.1 对于本节开头所说的模型, 2.6.1 算法得出一最优解.

2.6.3 $1||\min\max_j\{0, c_j - d_j\}$

这是一种无先后次序的排序, 设 ω 为一给定的序列, 令 C_j 和 d_j 分别表示工件 J_j 的完工时间和应交货时间, 令 $L_j = C_j - d_j$ 表示在 ω 之下, J_j 的延误时间, 令 $f_j(t) = t - d_j, j = 1, \cdots, n$, 记 $\max_j f_j(C_j) = \max_j L_j = L$. 显然, 此目标函数即为本节开始所给的函数的特殊情形, 在我们的模型中, 没有假设任何先后关系, 对此模型, 我们有一个算法, 它是 2.6.1 节所定义的算法的简化型.

由 $\Gamma(S) = S$ 及 $f_j(P(S)) = P(S) - d_j$, 可知道条件 $k \in \Gamma(S)$ 满足式 (2.6.2) 等价于条件 k 满足 $d_k = \max_{j \in S} d_j$, 由定理 2.6.1, 有下面的结论.

定理 2.6.2 对于 2.6.3 节中所给的模型来说, 由 $d_j, j = 1, 2, \cdots, n$ 组成一个非降排序是 $J_1, \cdots, J_n$ 的一个最优排序.

2.7 模型 $1|r_j \geqslant 0, \mathrm{pmtn}, \mathrm{prec}|\min \max_j f_j(C_j)$

令 p_j 和 r_j 分别为 J_j 的加工时间和准备时间, J_j 的损失函数为 $f_j(t)$, 它是一非降函数, 在本节所考虑的模型中, 我们允许加工中断, 即一工件在加工过程中可以中断, 在适当时间之后又可接下去继续加工, 总的加工时间仍为 p_j, 下面我们常假定 $r_1 \leqslant r_2 \leqslant \cdots \leqslant r_n$, 因为我们容许一个工件的加工可分成几次完成, "$J_1, \cdots, J_n$ 的一个排序" 这一概念有些模糊, 下面我们就用时间表来表示对 $J_1, \cdots, J_n$ 安排一个加工时间计划, 我们的目的是要为 $J_1, \cdots, J_n$ 安排一个使 $\max_j f_j(C_j)$ 为最小的时间表.

2.7.1　无先后关系的模型 $1|r_j \geqslant 0, \mathrm{pmtn}|\min\max\limits_j f_j(C_j)$

在这里的模型中, 任何 2 个工件之间不存在先后关系 "→", 开始时, 我们不去考虑所给的工件的损失, 先设工件是按照排序 $(J_1, J_2, \cdots, J_n)$ 加工, 在执行的过程中将工件 $J_1, \cdots, J_n$ 分成一个或几个组, 同一组中的工件之间的加工时间没有空闲, 并且组中除第一个工件是在它的到达时间开始加工外, 其余工件的开工时间都大于它自己的到达时间, 在相邻两个组之间工件的加工时间有一空闲中断, 如图 2.7.1 所示.

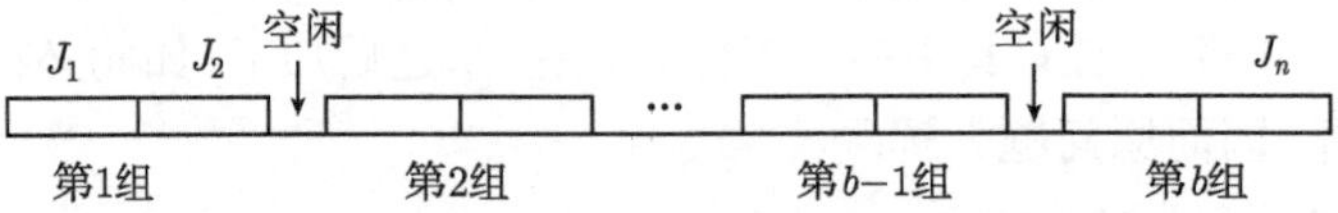

图 2.7.1　两个组加工时间的中间有一个空闲中断

这里需要指出的是, 一个空闲中断的时间可能等于零.

显然, 这样分组之后, 要找出一使 $\max\limits_j f_j$ 为最小的时间表, 我们只需对每一组去找一 "最优时间表" 即可. 令 $K \subset N=\{1, 2, \cdots, n\}$ 表示当中的一个组, 显而易见, 此组中工件加工的起始时间为 $r(K) = \min\{r_j | j \in K\}$, 完成时间为 $t(K) = r(K) + \sum\limits_{r\in K} p_j$. 在区间 $[r(K), t(K)]$ 中机器一直在运转, 对于工件 $j \bar{\in} K$, 或者其完工时间 $C_j < r(K)$, 或者其准备时间 $r_j > t(K)$.

令 $\prod_K^*$ 为组 K 的一个最优时间表, k_0 为 K 中的在 $\prod_K^*$ 之下完工时间为 $t(K)$ 的工件 (因允许中断, 故可假定任何最优排序都可在 $[r(K), t(K)]$ 中完成), 于是它的损失为 $f_{k_0}(t(K))$, 设 $f^*_{\max}(K)$ 为在 $\prod_K^*$ 之下 K 中工件的损失之最大者, 显然有

$$f^*_{\max}(K) \geqslant f_{k_0}(t(K)) \geqslant \min_{i\in K} f_i(t(K)). \tag{2.7.1}$$

令 k 为 K 之任一工件, $\prod_K^* \backslash \{k\}$ 为从 $\prod_K^*$ 中除去 k 后所得的时间表, 令 $y(i)$ 表示工件 i 在 $\prod_K^*$ 中的完工时间, $f^*_{\max}(K\backslash\{k\})$ 为 $K\backslash\{k\}$ 中的工件在其一最优排序中的损失之最大者, 有

$$f^*_{\max}(K) \geqslant \max_{i\in\prod_K^*} f_i(y(i)) \geqslant f^*_{\max}(K\backslash\{k\}). \tag{2.7.2}$$

由此即得

$$f^*_{\max}(K) \geqslant \max_{k\in K}\{f^*_{\max}(K\backslash\{k\})\}. \tag{2.7.3}$$

令 $l \in K$, 使得

$$f_l(t(K)) = \min_{j\in K}\{f_j(t(K))\}. \tag{2.7.4}$$

$\prod^*$ 为 $K\backslash\{l\}$ 的最优排序, 设 $\prod^*$ 由分组 $K_1,\cdots,K_b$ 构成, 这些分组满足：同一组中的工件之间的加工时间没有空闲, 在相邻两个组之间工件的加工时间有一空闲中断. 正如对于 $\prod_K^*$, 可假定每一 K_j 都可在区间 $[r(K_j),t(K_j)]$ 中加工完毕, 这里 $r(K_j)$ 与 $t(K_j)$ 分别表示 K_j 的起始时间和完工时间, 则有 $t(K_b)<t(K)$. 若 $t(K_b)=t(K)$, K_b 必然是一个不属于 K 的独立组, 这与 K_b 为 K 的一个分组相矛盾. 现在将工件 l 的加工时间分段, 然后将它们插入 $[r(K),t(K)]\backslash\bigcup\limits_{j=1}^{b}[r(K_j),t(K_j)]$ 的某些空闲区间中, 由于 $t(K_b)<t(K)$, 因此, 插入后 l 的完工时间为 $t(K)$. 由式 (2.7.1)—(2.7.4), 有

$$
\begin{aligned}
&\max\{f_l(t(K)),f^*_{\max}(K\backslash\{l\})\}\\
=&\max\{\min_{i\in K}f_i(t(K)),f^*_{\max}(K\backslash\{l\}\}\\
\leqslant&f^*_{\max}(K).
\end{aligned}
$$

由此可知, 通过将工件 l 的加工时间分段插入区间 $[r(K),t(K)]\backslash\bigcup\limits_{j=1}^{b}[r(K_j),t(K_j)]$ 中, 所得到的时间表是 K 的一更优的时间表, 于是, 寻求 K 的最优时间表的问题 (第一阶段), 即化为寻求各 $K_1,\cdots,K_b$ 的最优时间表的问题 (第二阶段), 一般说来, 对于第 k 阶段的一组工件 K, 有如下的算法:

算法 2.7.1

第一步：将 K 中的工件安排成使它们的准备时间形成一非降序列, 然后按照这一排序重新赋予下标.

第二步：求 $l\in K$, 使得 $f_l(t(K))=\min\limits_{j\in K}\{f_j(t(K))\}$.

第三步：求出 $K\backslash\{l\}$ 的分组 $K_1,\cdots,K_b$(第 $k+1$ 阶段), 并将工件 l 的加工时间分段插入下面区间:

$$
[r(K),t(K)]\backslash\bigcup_{i=1}^{b}[r(K_i),t(K_i)],
$$

取 $K_j(|K_j|>1)$ 作为 K, 转入第一步.

此算法的复杂度 (计算量) 为 $O(m^2)$, 在算法中, 某些工件的加工时间分成了若干段, 下面定理 2.7.1 将给出按此分成的段的总数的一个上界.

定理 2.7.1 (i) 设 K 为在某阶段中的一个工件组, 则从算法 2.7.1 所得到的 K 的最优时间表中, 至多有 $|K|-1$ 次分段.

(ii) 存在 $J_1,\cdots,J_n$ 的一最优时刻表, 其分段次数至多为 $n-1$.

证明 对于 (i) 的结论, 在 $|K|$ 上采用归纳法来证明, 显然, 当 $|K|=1$ 时结论成立, 此时就无所谓分段. 假定结论对工件个数少于 $|K|$ 的任一组成立, 设

K 为一工件组, $|K| = k$, 由 (2.7.4) 式求出 l, 对于由 $K\backslash\{l\}$ 导出的任一分组 K_j, $j = 1,\cdots,b$, 显然有 $|K_j| \leqslant k-1, j = 1,\cdots,b$, 由归纳法假设, 从算法 2.7.1 对于 K_j 所得到的最优时间表中, 至多有 $|K_j| - 1$ 个分段, 因 l 的加工时间至多能分成 b 个段, K 的最优排序的分段数不可能大于

$$\sum_{j=1}^{b}(|K_j|-1)+b=\sum_{j=1}^{b}(|K_j|)=k-1=|K|-1.$$

(ii) 的结论, 可以从 (i) 直接得出. □

2.7.2　有先后关系的模型 $1|r_j\geqslant 0, \mathrm{pmtn}, \mathrm{prec}|\min \max\limits_{j} f_j(C_j)$

当工件之间存在先后关系时, 问题就变得很复杂, 但基于算法 2.7.1, 我们有下面算法 2.7.2:

算法 2.7.2

第一步: 将所有工件重新标号, 使得当 $j \to k$ 时有 $j < k$.

对此可用如下方法来完成: 先将集合 $\{i|B_i = \varnothing\}$ 中的工件加上标号 $1,2,\cdots$ (B_i 的定义见 2.5 节), 对于任一工件 j, 若 B_j 中的所有工件已加上标号, 则 j 的标号即为紧接在已加上标号的最后一个标号之后的数字.

第二步: 重新定义准备时间 r_i 如下: 先令 $r_j = r_j, \forall j \in \{i|B_i = \varnothing\}$. 对于任一 J_k, 若 B_k 中所有工件的准备时间已经重新定义, 则定义

$$r_k = \max\{r_k,\ \max\{r_j + p_j, j \in B_k\}\}.$$

第三步: 将所有工件安排成: 使得 $r_j (j = 1,\cdots,n)$ 为一非降排序.

第四步: 对于任一工件组 K, 令 $K' = \{i|i \in K, A_i \cap K = \varnothing\}$, 求 $l \in K'$, 使得 $f_l(t(K)) = \min\limits_{k\in K}\{f_k(t(K))\}$.

第五步: 将 $K\backslash\{l\}$ 中所有工件安排成: 使得它们的准备时间成为一非降排序, 求出 $K\backslash\{l\}$ 的分组 $K_1,\cdots,K_n$, 将工件 l 的加工时间分段插入区间 $[r(K),t(K)]\backslash \bigcup\limits_{i=1}^{b}[r(K_j),t(K_j)]$ 之中, 取 K_i 作为 K, 转入第四步.

例 2.7.1　将表 2.7.1 的工件加工数据排序, 找出最优排序.

表 2.7.1　工件加工数据

工件	J_1	J_2	J_3	J_4	J_5
r_j	0	2	0	8	14
p_j	4	2	4	2	4

考虑数据的先后关系 (见图 2.7.2) 和费用函数 (图 2.7.3), 并加以分析.

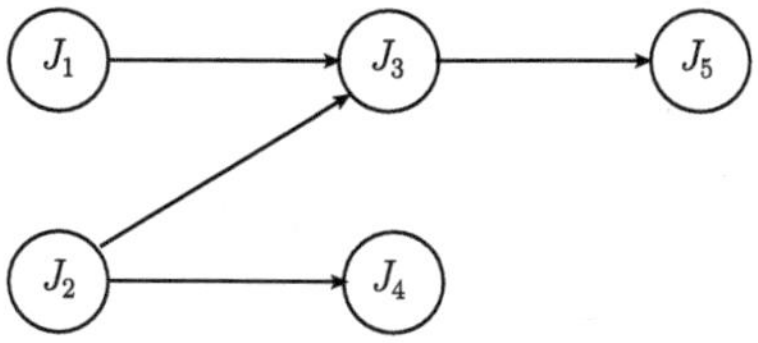

图 2.7.2　先后关系

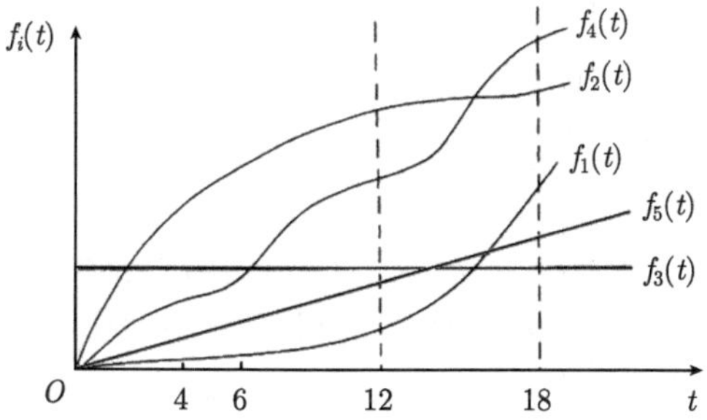

图 2.7.3　曲线图

解　在例 2.7.1 中, 我们已将工件按第一步中所给规划, 将 r_j 按第二步中所给规划重新加上标号:

$$r_1 = 0, \quad r_2 = 2, \quad r_3 = \max\{0, \max\{4, 4\}\} = 4,$$

$$r_4 = \max\{8, 4\} = 8, \quad r_5 = \max\{14, 8\} = 14.$$

图 2.7.4 为第一阶段的分组.

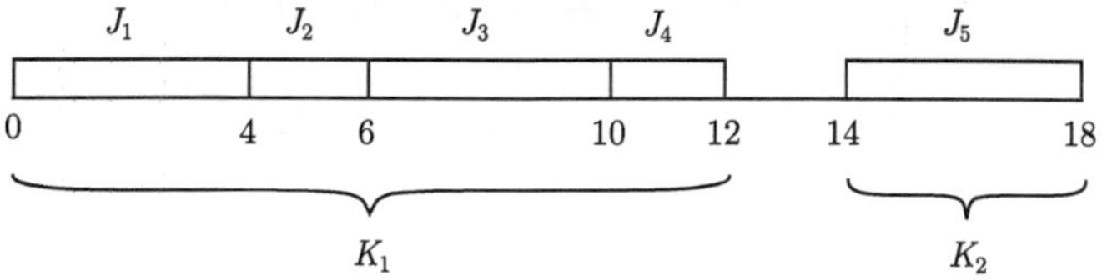

图 2.7.4　第一阶段的分组

$K_1' = \{3, 4\}, t(K_1) = 12, f_3(12) < f_4(12), l = 3$. 图 2.7.5 为第二阶段的分组及 J_3 的分段插入时间表.

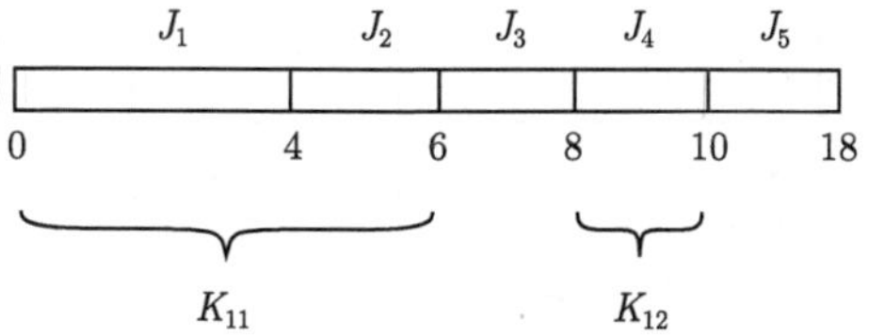

图 2.7.5　第二阶段的分组及分段插入

$K_{11}' = \{1, 2\}, t(K_{11} = 6), f_1(6) < f_2(6), l = 1$. 图 2.7.6 为最优排序.

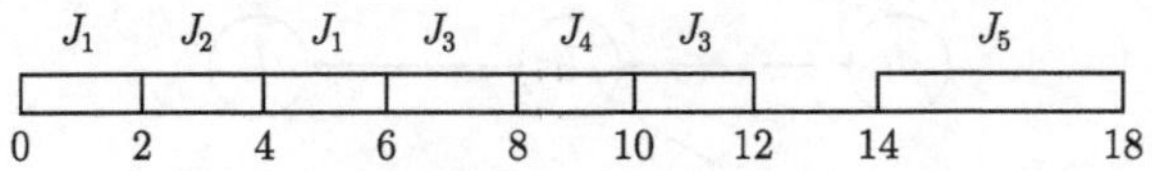

图 2.7.6 最优时间表

2.8 一个应用例子——循环矩阵

2.8.1 问题的提出

Garfinkel(1977) 曾考虑这样的一个问题: 设一室内的墙面需要用具有某种图案的墙纸去裱糊, 若墙面呈长方形, 其高为 l, 宽为 w, 用来裱糊的墙纸是一大卷, 宽为 b, 纸上图案每隔一定距离便重复一次, 因而墙面需要用 $s=\left[\dfrac{w}{b}\right]$ 张长为 l 的墙纸去裱糊, 由于要求裱糊后的墙面图案必须协调, 因而在将一张纸裁下后, 在裁剪下一张时, 有一部分墙纸必须切除 (裁掉不用), 成为废纸, 例如, 在图 2.8.1 中, 若墙高 $AB=l$, 墙纸的图案每隔三行 (从纵的方向) 重复一次, 当从纸卷上裁下长为 AB 的纸后, 为了使贴上墙面后右边紧邻的一张图案与之相协调 (以 ⌗ ○ △ 的顺序横向重复), 图 2.8.1 中 BC 这一段必须切除, 对于给定的图案和 l, 如何裁出 s 条长为 l 的纸, 使得这些纸条贴在墙上 (不一定按裁下的顺序) 后, 既满足 "协调" 这一要求, 又使得切除下来的总的废纸最少, 这就是我们所要解决的问题.

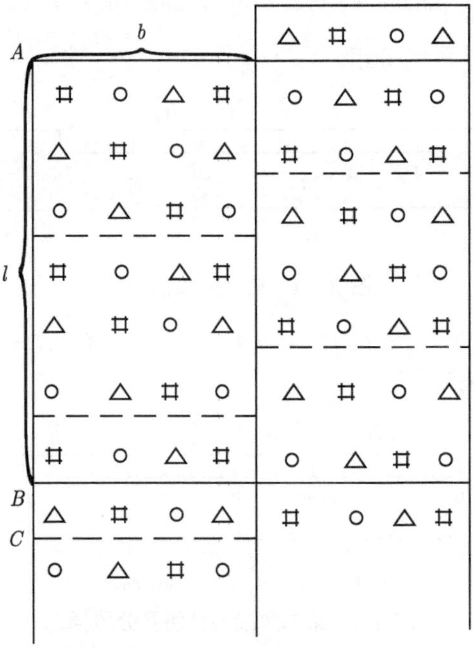

图 2.8.1 墙纸裁剪方法

2.8.2 实例

为了将问题进一步讲清楚, 现来考虑例 2.8.1.

例 2.8.1 设 $s=3, l=260$cm, 图案 (从纵的方向) 每隔 80cm 重复一次, 从横的方向, 两张纸必须错开 $d=50$cm 之后才能协调, 另外, 在每张纸的两头各留 10cm, 以备切裁过程中出现误差时修改, 若按照图 2.8.2 中所示的顺序裁出所要的纸张, 则在裁第二张时, 有 20cm (CD) 必须切除, 在裁第三张时, 又有 20cm 必须切除, 总共有 40cm 必须切除. 若按图 2.8.3 的顺序, 即在第一张之后紧接裁第三张, 然后是第二张, 则应切除的部分分别为 70cm 和 0cm, 此时, 图 2.8.2 的裁法优于图 2.8.3 的裁法.

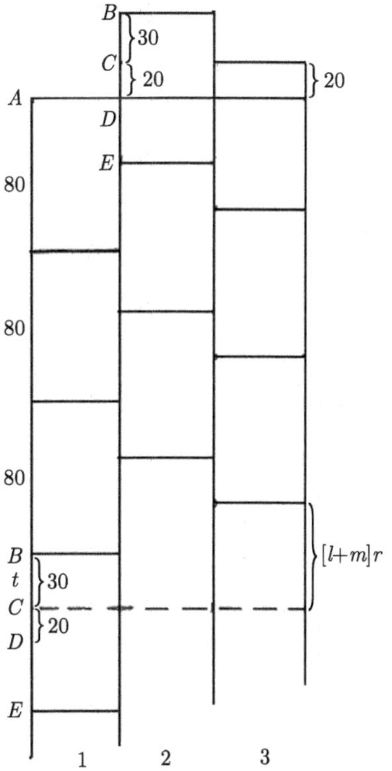

图 2.8.2 第一种裁法

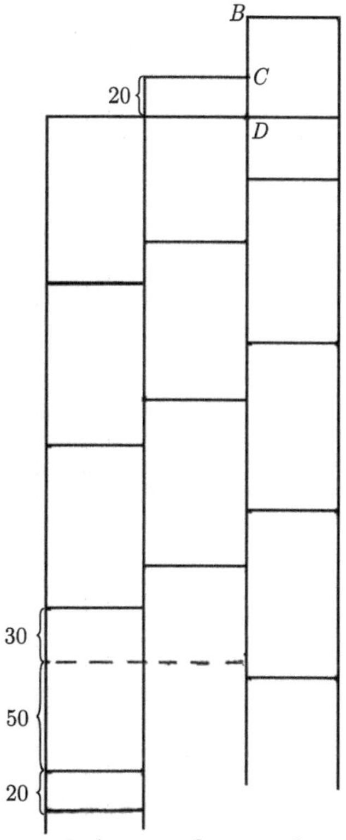

图 2.8.3 第二种裁法

今设图案每隔 $r$cm 重复一次, 又设相邻两张纸 (就墙上张贴的顺序来说) 中, 右边一张必须往上提 $d$cm(就图案来说) 才能与左边的协调, d 称为落差 (Drop), 如图 2.8.2 中的 BD, 又设每张纸需加长 $2m$cm, 即每端多出 $m$cm(图 2.8.2 中 $m=10$),

即每张的长为 $l+2m$cm, 以保证有修改余地, 假定 l,r,m,d 都为已知整数. 令 $t=[l+2m]_r$, 其中符号 $[a]_b$ 表示用 b 除 a 后所得的余数, 于是,

$$l+2m=rg+t,\quad 0\leqslant t<r, g\text{为整数}.$$

今设从纸卷上裁下的纸张 (条) 是按其在墙壁上从左到右张贴的顺序编号, 设为 $p_1,p_2,\cdots,p_s$, 令 C_{ij} 表示在裁出 p_i 之后接着裁 p_i 时必须切除的 (废弃的) 纸条, 令 a_i 表示 p_i 顶端多出的部分 (图 2.8.2 中, $a_2=BD, a_3=20$cm), 我们不妨假设 $a_1=0$(只需在剪裁之前将纸卷切除一小部分, 即可保证总有一 $a_i=0$).

现分两种情况来讨论:

情况 1: $d=0$ 时.

这时, 墙面贴墙纸后的图形如图 2.8.4 所示.

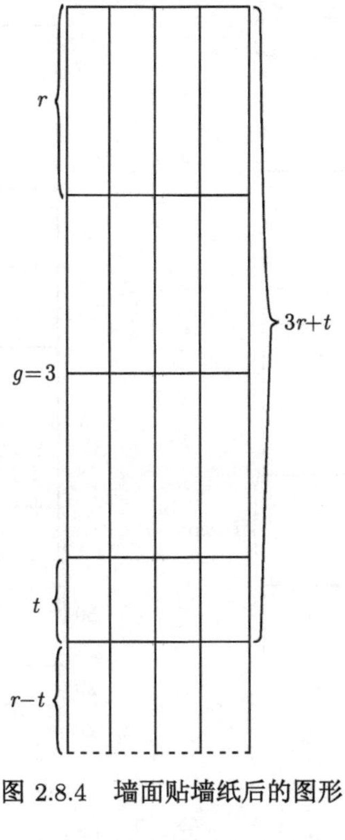

图 2.8.4　墙面贴墙纸后的图形

由图 2.8.4 可以看出, 此时必须切除的纸张的总长与裁剪的次序无关, 是一常数, 等于 $(s-1)(r-t)+2sm$.

情况 2: $d\neq 0$ 时.

这时不难看出 (图 2.8.5):

$$C_{ij} = [(j-1)d - (t + (i-1)d)]_r = [(j-i)d - t]_r,$$
$$i = 1, \cdots, s_j, \quad j = 2, \cdots, s, \quad i \neq j. \tag{2.8.1}$$

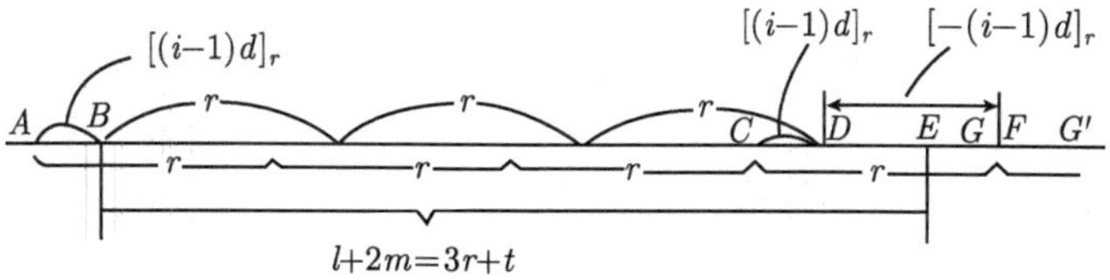

图 2.8.5 切除的总长度

事实上, 在图 2.8.5 中, 设 $AB = CD = [(i-1)d]_r$, $DE = t$. 显然有

$$DF = [-(i-1)d]_r, \quad EF = [-(i-1)d - t]_r.$$

若 $EF \geqslant GF = [-(j-1)d]_r$, 则被切除的部分为

$$EG = [-(i-1)d - t + (j-1)d]_r = [(j-i)d - t]_r;$$

若 $EF < GF$, 则被切除的部分为

$$EF + FG' = [-(i-1)d - t]_r + [(j-1)d]_r = [(j-i)d - t]_r.$$

无论在哪种情况, 式 (2.8.1) 都成立.

由此可知, 在矩阵 $C = (C_{ij})$ 的任一对角线 (即 $j - i$ 为常数 (mod r) 的线) 上的 C_{ij} 都相同, 这种 C 称为 Toeplitz 矩阵, 对于例 2.8.1, 当 $s = 10$ 时, C(以 10cm 为单位) 为

$$\begin{array}{c} \\ 1\\2\\3\\4\\5\\6\\7\\8\\9\\10 \end{array}\begin{array}{c} \begin{array}{cccccccccc} 1&2&3&4&5&6&7&8&9&10 \end{array} \\ \left[\begin{array}{cccccccccc}
- & 2 & 7 & 4 & 1 & 6 & 3 & 0 & 5 & 2 \\
- & - & 2 & 7 & 4 & 1 & 6 & 3 & 0 & 5 \\
- & 0 & - & 2 & 7 & 4 & 1 & 6 & 3 & 0 \\
- & 3 & 0 & - & 2 & 7 & 4 & 1 & 6 & 3 \\
- & 6 & 3 & 0 & - & 2 & 7 & 4 & 1 & 6 \\
- & 1 & 6 & 3 & 0 & - & 2 & 7 & 4 & 1 \\
- & 4 & 1 & 6 & 3 & 0 & - & 2 & 7 & 4 \\
- & 7 & 4 & 1 & 6 & 3 & 0 & - & 2 & 7 \\
- & 2 & 7 & 4 & 1 & 6 & 3 & 0 & - & 2 \\
- & 5 & 2 & 7 & 4 & 1 & 6 & 3 & 0 & -
\end{array}\right] \end{array}.$$

注意: 例 2.8.1 中 $C_{ii}=[-t]_r=[-3]_8=5$, 这里 $C_{ii}=[-1]_{24}=23$, 但在矩阵中 C_{ii} 都已消失, 我们称之为消失元素.

由于我们已假定 $a_1=0$, p_1 先裁出, 故 C_{i1} 和 C_{ii} 都无意义, 显然, $C_{ij}=C_{i,j+r}=C_{i+r,j}$, 故在 (C_{ij}) 中至多只有 r 行和 r 列是相异的, 在有些情况, 此 $r\times r$ 矩阵中的元素在某 n 行就开始重复, 即存在 $n<r$, 使得 C 以 $n\times n$ 阶矩阵重复, 此时显然 n 能整除 r.

令 $u=(d,r)$ 为 d 和 r 的最大公因子

$$r=nu,\quad d=d^{'}u,\quad (n,d^{'})=1,$$

则有

$$C_{ij}=[(gn+(j-i)d^{'})u-t]_r,$$

显然, 有

$$C_{ij}=C_{i,j+n}=C_{i+n,j},$$

即 C_{rr} 中只有 n 行和 n 列是相异的, 取此 $n\times n$ 矩阵为

$$C^{'}=(C^{'}_{ij})^n_{i,j=1}=(C_{i+1,j+1})^n_{i,j=1}. \tag{2.8.2}$$

例如, 当 $r=24,d=18,t=1$ 时, 相应的矩阵 C 为

$$\begin{array}{cccccc} 1 & 2 & 3 & 4 & 5 & 6 & \cdots \end{array}$$
$$\begin{bmatrix} - & 17 & 11 & 5 & 23 & 17 & \cdots \\ - & - & 17 & 11 & 5 & 23 & \cdots \\ - & 5 & - & 17 & 11 & 5 & \cdots \\ - & 11 & 5 & - & 17 & 11 & \cdots \\ - & 17 & 11 & 5 & - & 17 & \cdots \\ \vdots & \vdots & \vdots & \vdots & \vdots & \vdots & \end{bmatrix}.$$

这时 $n=4$ 且有

$$C'=\begin{bmatrix} - & 17 & 11 & 5 \\ 5 & - & 17 & 11 \\ 11 & 5 & - & 17 \\ 17 & 11 & 5 & - \end{bmatrix}.$$

要寻求一种使废纸最少的剪裁方法, 也就是要寻求 $\{1,2,\cdots,n\}$ 的一个循环 (Cycle) $\varphi(i)$, 使得 $\sum\limits_{i=1}^{n}C^{'}_{\varphi(i),\varphi(i+1)}$ 为最小, 而这就是著名的旅行售货商 (TSP) 问题,

注意, 这里并不总有 $C'_{ij} \leqslant C'_{ik} + C'_{kj}$, 如在例 2.8.1 中, $C'_{13} = 7, C'_{12} = C'_{23} = 2$, 所以这是一个非欧氏距离的 TSP 问题. 注意: 此时相应的 $s = n + 1$.

2.8.3 Hamilton 循环

易证上述 $n \times n$ 矩阵 C' 是 n 阶循环矩阵. 一个 $n \times n$ 矩阵 C 称为循环矩阵如果它满足

$$\text{若} i - j \equiv (i' - j')(\bmod n), \quad \text{则} C_{ij} = C_{i'j'},$$

也就是满足如下形式的 $n \times n$ 矩阵:

$$C = \begin{pmatrix} C_0 & C_1 & \cdots & C_{n-1} \\ C_{n-1} & C_0 & \cdots & C_{n-2} \\ \vdots & \vdots & & \vdots \\ C_2 & C_3 & \cdots & C_1 \\ C_1 & C_2 & \cdots & C_0 \end{pmatrix},$$

其第 k 条对角线为 C_k 所对应的对角线. 对于一个 $n \times n$ 循环矩阵 C, 我们做一个加权完全有向图 H(图 2.8.6), 图的顶点为 $\{1, 2, \cdots, n\}$, 边为 (i, j), 其权定义为 $C_{ij}, i, j = 1, 2, \cdots, n, i \neq j$. 图 H 的路 (循环) 也称为矩阵 C 的路 (循环).

下面的引理 2.8.1 是显然的:

引理 2.8.1 若使 C' 为最小的对角线为一循环, 则此对角线即为一最优循环.

引理 2.8.2 上述 $n \times n$ 矩阵 C' 中第 k 条对角线的路的数目为 (k, n).

证明 由 (2.8.2) 式, 第 k 条对角线为 $C_{lk+1,(l+1)k+1}, l = 0, \cdots, n-1$, 由初等数论可知

$$(l+1)k \equiv 0(\bmod n)$$

总有解, 其解的个数为 (k, n). □

由引理 2.8.2 即可得出下面推论 2.8.1:

推论 2.8.1 若 (k, n)=1, 则 C' 的第 k 条对角线为一 Hamilton 循环, 若 n 为一素数, 则 C' 的最优循环即为其最小对角线.

引理 2.8.3 上述 $n \times n$ 矩阵 C' 中第 k 条和第 h 条对角线一起所对应的图 H 的路的数目为 (k, h, n), 即 k, h, n 三者的最大公约数.

证明 在图2.8.6中, C_{ij}的形式为$C_{lk+mh+1,(l+1)k+mh+1}$或$C_{lk+mh+1,lk+(m+1)h+1}$. 由初等数论可知, $xk + yh \equiv 0(\bmod n)$ 的解的个数为 (k, h, n). □

由归纳法直接可以证明:

引理 2.8.4 上述 $n \times n$ 矩阵 C' 中, 第 $k_1, \cdots, k_i$ 条对角线一起所对应的 Hamilton 路的数目为 $(n, k_1, \cdots, k_i)$.

对于循环矩阵 C, 设

$$C_{k_0} \leqslant C_{k_1} \leqslant \cdots \leqslant C_{k_{n-1}},$$

又设

$$\begin{aligned} &g_0 = (k_0, n), \\ &g_{i+1} = (k_{i+1}, g_i), \quad i = 0, \cdots, n-1, \end{aligned}$$

则有下面引理 2.8.5.

引理 2.8.5　C' 所对应的图 2.8.6 中最短 Hamilton 路的长为

$$(n - g_0)C_{k_0} + (g_0 - g_1)C_{k_1} + \cdots + (g_{n-2} - g_{n-1})C_{k_{n-1}}.$$

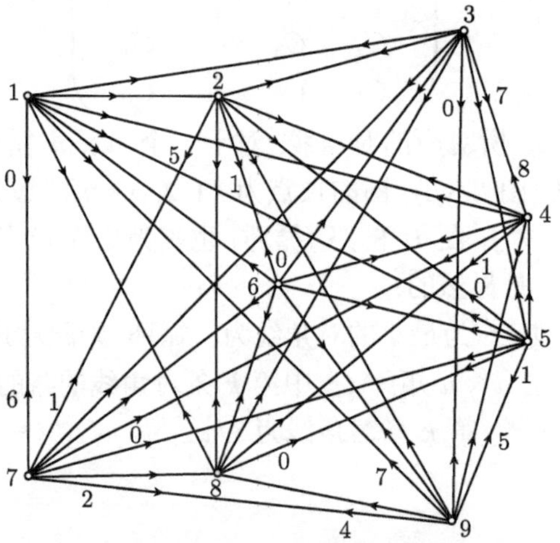

图 2.8.6　Hamilton 循环 (路)

证明　因为图 2.8.6 中 Hamilton 路为一树, 故最短 Hamilton 路可由 Greedy 算法求出. 由引理 2.8.3, 我们从第 k_0 条对角线对应的 g_0 个循环出发, 设此 g_0 个循环为 $S_0^{(1)}, \cdots, S_0^{(g_0)}$, 令 $u_0 = \dfrac{n}{g_0}$, 则有

$$\begin{aligned} S_0^{(1)} &= \{1, [k_0 + 1]_n, \cdots, [(u_0 - 1)k_0 + 1]_n = [1 - k_0]_n\}, \\ S_0^{(2)} &= \{2, [k_0 + 2]_n, \cdots, [(u_0 - 1)k_0 + 2]_n = [2 - k_0]_n\}, \\ &\cdots\cdots \\ S_0^{(g_0)} &= \{g_0, [k_0 + g_0]_n, \cdots, [(u_0 - 1)k_0 + g_0]_n = [g_0 - k_0]_n\}. \end{aligned}$$

我们先从 $S_0^{(1)}$ 出发, 在遍历 $S_0^{(1)}$ 中所有顶点之后, 即沿一条最短路 $C_{[1-k_0]_n[k_1-k_0+1]_n}$ 进入 $S_0^{(2)}$:

$$1 \to [k_0+1]_n \to \cdots \to [1-k_0]_n \xrightarrow[=C_{k_1}]{C_{[1-k_0]_n[k_1-k_0+1]_n}} [k_1-k_0+1]_n \to \cdots$$

$$\to [k_1+1]_n \to \text{在} S_0^{(2)} \text{中循环} \to \cdots$$

若 $g_1>1$, 则此时以同样方法遍历 g_1 个循环 $S_1^{(1)},\cdots,S_1^{(g_1)}$, 再利用同样方法, 由 $S_1^{(g_1)}$ 进入 $S_2^{(1)},\cdots$, 直至遇到一 $g_i=1$ 为止, 此时由第 k_0 条, $\cdots$, 第 k_i 条对角线作成的图 H 正好产生一 Hamilton 循环, 因而所产生的是一条 Hamilton 最短路, 其长显然是本引理中所说的. □

例 2.8.2 设 $r=9, d=4, t=6$, 此时相应的 C' 为

$$\begin{array}{c} \\ 1\\2\\3\\4\\5\\6\\7\\8\\9 \end{array}\begin{array}{c} \begin{matrix} 1&2&3&4&5&6&7&8&9 \end{matrix} \\ \begin{bmatrix} - & 7 & 2 & 6 & 1 & 5 & 0 & 4 & 8 \\ 8 & - & 7 & 2 & 6 & 1 & 5 & 0 & 4 \\ 4 & 8 & - & 7 & 2 & 6 & 1 & 5 & 0 \\ 0 & 4 & 8 & - & 7 & 2 & 6 & 1 & 5 \\ 5 & 0 & 4 & 8 & - & 7 & 2 & 6 & 1 \\ 1 & 5 & 0 & 4 & 8 & - & 7 & 2 & 6 \\ 6 & 1 & 5 & 0 & 4 & 8 & - & 7 & 2 \\ 2 & 6 & 1 & 5 & 0 & 4 & 8 & - & 7 \\ 7 & 2 & 6 & 1 & 5 & 0 & 4 & 8 & - \end{bmatrix} \end{array},$$

其所对应的 Hamilton 循环如图 2.8.6 所示.

在图 2.8.6 中有

$$S_1=\{1,7,4\}, \quad S_2=\{2,8,5\}, \quad S_3=\{3,9,6\},$$

进入路线为

$$1\to7\to4\to8\to5\to2\to6\to3\to9\to1.$$

这时, 有

$$n=9, \quad k_0=6, \quad g_0=3,$$

$$S_0^1=\{1,7,4\}, \quad S_0^2=\{2,8,5\}, \quad S_0^3=\{3,9,6\},$$

且有

$$k_1=8, \quad g_1=1, \quad S_1^1=\{1,5,9,6,8,3,7,2,4\},$$

故所得的 Hamilton 最短路为

$$S_0^1 \xrightarrow{(4,8)} S_0^2 \xrightarrow{(2,6)} S_0^3,$$

即 $1\to7\to4\to8\to5\to2\to6\to3\to9$, 其长为 $1+1=2$.

第3章　两台机器的情形

3.1　问题的提出

当机器的数目不止一台时, 问题的提法就远比一台机器的情形要多得多, 如果有 n 个工件 $J_1,\cdots,J_n$ 要在 m 台机器 $M_1,\cdots,M_m$ 上根据设计要求各自按某种顺序加工, 使某一预先给定的衡量指标 f 达到极值 (最小或最大), 设 J_i 的第 k 道工序的加工时间 (设为已知) 为 p_{i_k}, J_i 在这 m 台机器上总共要加工 t_i 次, 我们用 (i,k) 表示关于 J_i 的第 k 道工序 (位置), 或称为第 k 道活, 根据 m,f,t_i 以及加工顺序的不同, 在数学的处理上就会发生很大的差异, 问题的难度也往往有很大的不同.

3.1.1　第一种情形

若对所有的 i, $t_i=m$, (i,k) 要在 M_k 上加工, 且每一个 J_i 都是按照 $M_1,\cdots,M_m$ 这一顺序在每台机器上各加工一次. 这样的排序问题, 我们称之为流水作业问题 (Flow Shop Problem), 以符号 F 记之.

3.1.2　第二种情形

若 (i,k) 不一定是在 M_k 上完成, t_i 不一定等于 m, 它可以大于 m, 也可以小于 m. 也就是说, 一个工件也可以在同一台机器上不止加工一次 (当然, 在同一台机器上的两道工序不能相连, 否则就算一次), 也可以跳过某几台机器. 这种类型的排序问题称为异序作业问题 (Job Shop Problem), 以符号 J 记之, 流水作业问题是它的一个特例.

3.1.3　第三种情形

对所有的 i, $t_i=m$, (i,k) 需在 M_k 上加工, 但可以不管顺序, 即 J_i 可先在 M_j 再到 M_k 或先在 M_k 再到 M_j 上都可以, 这类排序问题我们称之为自由作业问题 (Open Shop Problem), 以符号 O 记之.

3.1.4　若干指标和记号

在本书开始时, 我们已经假定: 当 J_i 在 M_k 上一旦加工开始, 加工工作就必须连续进行, 不能中断. 在此假定之下, 令 x_{ik} 表示 J_i 的第 k 道工序的开始加工的时刻, C_{ik} 表示其完工的时刻, 则有 $C_{ik}=x_{ik}+p_{ik}$, 其中 p_{ik} 表示 J_i 的第 k 道工序的加工时间. 给定一个排序, 也就是给出所有的 $x_{i1}, x_{i2}, \cdots, x_{it_i}$(或 $C_{i1}, C_{i2}, \cdots, C_{it_i}$), $i = 1, \cdots, n$. 一个排序若能使每一 J_i 都能按所要求的顺序加工, 即不会发生一台机器同时加工 2 个零件或 2 台机器同时加工 1 个工件的情况, 则此排序称为一个"可行排序".

记

$$C_i = \max\{C_{i1}, C_{i2}, \cdots, C_{it_i}\},$$

显然, C_i 是 J_i 加工完毕的时间 (即离开所有机器的时间), $C_{\max} = \max\{C_i | i = 1, 2, \cdots, m\}$ 显然就是全部工件被加工完毕的时间, $\frac{1}{n}\sum C_i$ 表示 $J_1, \cdots, J_n$ 的平均流动时间 (Mean Flow Time).

令 d_i 表示事先规定的工件 J_i 应该完工的时间. 对于我们的排序问题来说, 重要的衡量指标 f 有下列几种:

(1) $C_{\max} = \max\limits_{i=1,\cdots,n} C_i$;

(2) $\sum\limits_{i=1}^{n} C_i$;

(3) $\sum\limits_{i=1}^{n} \alpha_i C_i$(加权平均流动时间, 不同的工件由于在厂房中等待加工所受的损失可能不相同, 在某些情况下, 加权是必要的);

(4) $L_i = C_i - d_i$(延迟时间 (Late Time), 若 $C_i < d_i$, 则为提前时间), 这里的 d_i 表示 J_i 按规定应该完工的时间 (Due Date), 称为交货期;

(5) $T_i = \max\{0, L_i\}$(误工时间);

(6) $\max\limits_{i=1,\cdots,n} L_i$(最大延迟时间);

(7) $\sum\limits_{i=1}^{n} T_i$(平均 (或总的) 误工时间);

(8) $\sum\limits_{i=1}^{n} \alpha_i T_i$(加权平均误工时间);

令

$$v_i = \begin{cases} 1, & 若\ C_i > d_i, \\ 0, & 若\ C_i \leqslant d_i, \end{cases}$$

则有

(9) $\sum\limits_{i=1}^{n} v_i$(误工件数);

(10) $\sum\limits_{i=1}^{n} \alpha_i v_i$(平加权误工件数).

工件之间相互的关系也是影响问题的一个因素, 比如 (i,k) 必须在 (j,k) 之后才能被加工, 等等. 影响问题的还有加工时间 (某些问题当所有的 $p_{ik}=1$ 时是容易的, 但在别的情况, 比如允许 p_{ik} 可以为 1 或 2, 则是困难的)、被加工的次数 (例如 $m_i \leqslant 2$), 等等, 这些我们称之为问题的 "限制条件".

用 α 表示机器环境, β 表示工件特性, γ 表示衡量指标, 则上述几类问题可以用 $\alpha|\beta|\gamma$ 来表示, 如 $F2||C_{\max}$ 即表示所给的问题为 "对于两台机器的流水作业的情况, 求一排序, 使得全部工件被加工完毕的时间为最短". 下面我们来介绍几个已经解决了的两台机器的排序问题.

3.2　模型 $F2||C_{\max}$

3.2.1　算法

在这一问题上, 我们有 2 台机器 M_1 和 M_2, 有 n 个工件 $J_1,\cdots,J_n$ 要在它们上面加工, 每个工件都按顺序: 先在 M_1 上加工, 完毕之后再到 M_2 上加工, 之后便算完成. 令 a_i, b_i 分别表示 J_i 在 M_1 和 M_2 上占用的时间 (加工时间). 问题是如何安排一个顺序, 使得在该顺序之下, 从第一个工件在 M_1 上开始加工起到最后一个工件在 M_2 上加工完毕这段时间为最短. 问题的解法如下.

记

$$A(\omega)=\begin{pmatrix} a_{\omega_1} & a_{\omega_2} & \cdots & a_{\omega_n} \\ b_{\omega_1} & b_{\omega_2} & \cdots & b_{\omega_n} \end{pmatrix},$$

若 $a_{\omega_1},\cdots,a_{\omega_n},b_{\omega_1},\cdots,b_{\omega_n}$ 中最小的数是在上行, 设为 a_{ω_i}, 则将工件 J_{ω_i} 排在最前面; 若是在下行, 设为 b_{ω_j}, 则将 J_{ω_j} 排在最后, 将已排好的工件去掉, 对于余下的工件施行同样手续.

例 3.2.1　设

$$A(\omega)=\begin{pmatrix} 3 & 5 & 2 \\ 4 & 1 & 4 \end{pmatrix}=\begin{pmatrix} a_1 & a_2 & a_3 \\ b_1 & b_2 & b_3 \end{pmatrix},$$

$A(\omega)$ 的元素中最小的是 1, 在下行, 故将它所对应的工件 J_2 排在最后, 将 J_2 去掉之后, 余下的是 $\begin{pmatrix} 3 & 2 \\ 4 & 4 \end{pmatrix}$. 最小元素是 2, 在上行, 故将它所对应的 J_3 排在最前, 于是得到排序 (J_3, J_1, J_2).

3.2.2　最优性证明

定理 3.2.1(Johnson, 1954)　上述解法给出的排序是一最优排序.

证明(Han, Yue, 1976) 令 ω 与 ω' 分别表示排列 $(1,2,\cdots,i-1,i,i+1,\cdots,n)$ 和 $(1,\cdots,i-1,i+1,i,\cdots,n)$, 即从 ω 将 i 换位得 ω'. 见如表 3.2.1 所示的数据排列.

表 3.2.1 数据排列

	J_1	J_2	$\cdots$	J_{i-1}	J_i	J_{i+1}	$\cdots$	J_n
M_1	a_1	a_2	$\cdots$	a_{i-1}	a_i	a_{i+1}	$\cdots$	a_n
M_2	b_1	b_2	$\cdots$	b_{i-1}	b_i	b_{i+1}	$\cdots$	b_n

对任一 i, 我们将连接 a_1,a_i,b_i,b_n 的这一折线称为可行线. 将位于可行线上的数字相加, 则

$$\begin{aligned}&a_1+\cdots+a_i+b_i+\cdots+b_n\\=&\sum_{k=1}^{i}a_k+\sum_{k=i}^{n}b_k=\sum_{k=1}^{n}b_k+\sum_{j=1}^{i-1}(a_j-b_j)+a_i,\end{aligned}$$

容易看出, 在排序 ω 之下, 完成全部工作的时间为

$$T(\omega)=\sum_{k=1}^{n}b_k+\max_{1\leqslant i\leqslant n}\left\{\sum_{j=1}^{i-1}(a_j-b_j)+a_i\right\}.$$

这一论断可从在 n 上施行归纳法看出. 事实上, 当 $n=2$ 时, 只有两种情况可能发生, 如图 3.2.1(a), (b) 所示.

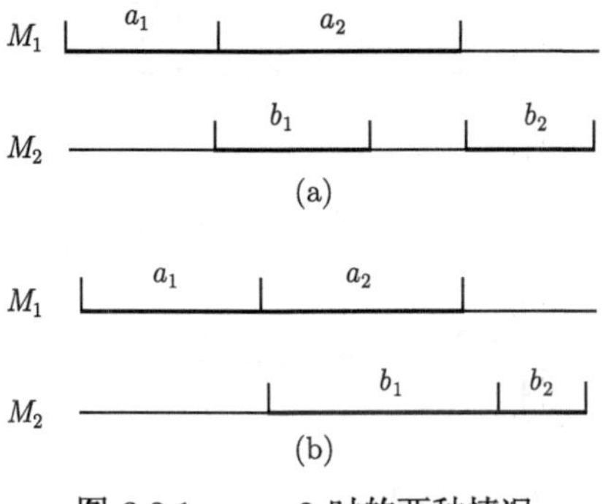

图 3.2.1 $n=2$ 时的两种情况

在前一种情形 (图 3.2.1(a)), 有

$$T(\omega)=a_1+a_2+b_2\geqslant a_1+b_1+b_2,$$

在后一种情形 (图 3.2.1(b)), 有

$$T(\omega)=a_1+b_1+b_2\geqslant a_1+a_2+b_2,$$

故上述论断当 $n=2$ 时成立.

现设此论断对 $n-1$ 成立, 令 $\omega_{n-1}=(1,2,\cdots,n-1)$, 则

$$T(\omega_{n-1})=\sum_{k=1}^{n-1}b_k+\max_{1\leqslant r\leqslant n-1}\left\{\sum_{j=1}^{r-1}(a_j-b_j)+a_r\right\},$$

与 $n=2$ 时的情况一样, 只有两种情况可能发生, 如图 3.2.2(a), (b).

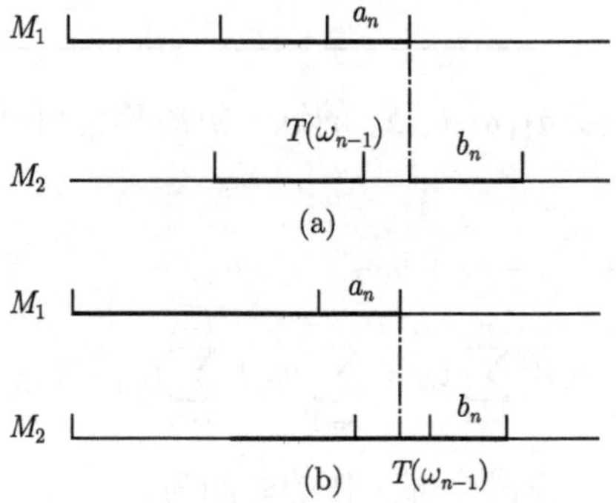

图 3.2.2　$n-1$ 时的两种情况

所以

$$\begin{aligned}T(\omega)&=\max\left\{\sum_{i=1}^{n}a_i+b_n,T(\omega_{n-1})+b_n\right\}\\&=\max\left\{\sum_{i=1}^{n}a_i+b_n,\sum_{i=1}^{n}b_i+\max_{1\leqslant r\leqslant n-1}\left\{\sum_{j=1}^{r-1}(a_j-b_j)+a_r\right\}\right\}\\&=\sum_{i=1}^{n}b_i+\max\left\{\sum_{j=1}^{n-1}(a_j-b_j)+a_n,\max_{1\leqslant r\leqslant n-1}\left\{\sum_{j=1}^{r-1}(a_j-b_j)+a_r\right\}\right\}\\&=\sum_{i=1}^{n}b_i+\max_{1\leqslant r\leqslant n}\left\{\sum_{j=1}^{r-1}(a_j-b_j)+a_r\right\}.\end{aligned}$$

记 $B=\sum\limits_{i=1}^{n}b_i$, 则可将 $T(\omega)$ 写成

$$\begin{aligned}T(\omega)=&B+\max_{\substack{1\leqslant r\leqslant i-1\\ i+2\leqslant r\leqslant n}}\left\{\sum_{j=1}^{r-1}(a_j-b_j)+a_r,\sum_{j=1}^{i-1}(a_j-b_j)+a_i,\right.\\&\left.\sum_{j=1}^{i-1}(a_j-b_j)+a_i+a_{i+1}-b_i\right\}.\end{aligned}\tag{3.2.1}$$

同理, 对于 ω', 有

$$T(\omega') = B + \max_{\substack{1\leqslant r\leqslant i-1\\ i+2\leqslant r\leqslant n}} \left\{ \sum_{j=1}^{r-1}(a_j - b_j) + a_r, \sum_{j=1}^{i-1}(a_j - b_j) + a_{i+1}, \right.$$
$$\left. \sum_{j=1}^{i-1}(a_j - b_j) + a_i + a_{i+1} - b_{i+1} \right\}. \tag{3.2.2}$$

因 (3.2.1) 式和 (3.2.2) 式的大括号中第一项相同, 故若有

$$\max\left\{\sum_{j=1}^{i-1}(a_j - b_j) + a_i, \sum_{j=1}^{i-1}(a_j - b_j) + a_i + a_{i+1} - b_i\right\}$$
$$\leqslant \max\left\{\sum_{j=1}^{i-1}(a_j - b_j) + a_{i+1}, \sum_{j=1}^{i-1}(a_j - b_j) + a_i + a_{i+1} - b_{i+1}\right\}, \tag{3.2.3}$$

则 $T(\omega) \leqslant T(\omega')$, 即排序 ω 至少与 ω' 同样好. 将 (3.2.3) 式两边各加上 $-a_i - a_{i+1} - \sum_{j=1}^{i-1}(a_j - b_j)$, 则 (3.2.3) 式可化为

$$\max\{-a_{i+1}, -b_i\} \leqslant \max\{-a_i, -b_{i+1}\},$$

或

$$\max\{a_i, b_{i+1}\} \leqslant \max\{a_{i+1}, b_i\}.$$

上式可解释如下: 对于相邻的 2 个工件, 若 $a_i, b_i, a_{i+1}, b_{i+1}$ 中最小的数是在上行 (即为 a_i 或 a_{i+1}), 则与该数相应的工件应排在前面; 若在下行 (即为 b_i 或 b_{i+1}), 则相应的工件应排在后面; 若 $T(\omega)$ 中的最小数是在上行, 则相应的工件应排在最前面; 若在下行, 则相应的工件应排在最后面. 将已排好的工件划去, 用同样办法处理余下的工件, 最后所得的排序必为最优排序. □

例 3.2.2 考虑如表 3.2.2 的工件加工数据

表 3.2.2 工件加工数据

	J_1	J_2	J_3	J_4	J_5
a_i	4	3	3	1	8
b_i	8	3	4	4	7

其最优排序为 (4, 2, 3, 1, 5) 或 (4, 3, 1, 5, 2), 两者的总时间都是 27.

当 $m \geqslant 3$ 时, 这一问题已被证明为 NP 完备问题, 因此不可能存在类似的结果. 在 1976 年 Han 和 Yue 的证明中, 我们得到了一组保证 J_i 排在 J_j 之前为好的充分条件, 但它只能为某些数字所满足.

3.3　模型 $J2|t_i \leqslant 2|C_{\max}$

3.3.1　算法

在这一问题中, 我们有 n 个工件 $J_1, \cdots, J_n$ 要在 2 台机器 M_1 和 M_2 上加工, 每一个工件按工艺要求及各自的顺序通过这 2 台机器至多各 1 次. 也就是说, 各个按工艺要求或只在 M_1(或 M_2) 上加工 1 次, 或先通过 $M_1(M_2)$ 再到 $M_2(M_1)$. 问题是如何将 $J_1, \cdots, J_n$ 安排一个排序, 使得从第 1 个工件开始被加工起到第 n 个工件被加工完毕这段时间为最短. 问题的解法如下 (Jackson, 1956):

我们先把 $J_1, \cdots, J_n$ 按下列方式分成 4 类:

(1) 仅在 M_1 上加工的所有工件;

(2) 仅在 M_2 上加工的所有工件;

(3) 先在 M_1 上加工, 再到 M_2 上加工的所有工件;

(4) 先在 M_2 上加工, 再到 M_1 上加工的所有工件.

显而易见, 这 4 类是相互排斥的, 即相互没有共同的工件, 且每一个工件必属于一类且只属于一类. 在分好类之后, 便将 (3) 中工件按 3.2 节的解法求一最优排序, 以 R_{12} 记之, 又将 (4) 中工件依同样方式排一最优排序, 以 R_{21} 记之. 对于 (1) 和 (2) 中零件, 则各任意排一个排序, 分别以 R_1 和 R_2 记之, 于是 M_1 上的最优排序为 $R_{12}R_1R_{21}$, 在 M_2 上的最优排序为 $R_{21}R_1R_{12}$, 这就是所求的排序.

3.3.2　最优性证明

上述排法的最优性是显然的. 在 M_2 上, 从 R_{21} 的第一个工件加工开始到 R_2 的最后一个工件加工完毕这段时间 T 是全满的, 也就是说, 是没有空隙的, 因此, M_2 上的最优排序完全决定于 R_{12}, 而 R_{12} 则是使得工件在 M_2 上加工占用时间最短的安排. 设 J_i 为排序 R_{12} 上的第一个工件, 若 $T \leqslant a_i$(J_i 在 M_1 上的加工时间), 这一排序显然是最优的; 或若 $T > a_i$, 则 $R_{12}R_2$ 只是将 R_{12}(在 M_2 上) 往右推, 使得一些原来存在的空闲被占用, 因而在 M_2 上的空闲变得更少 (或为 0), 同样的推理适用于 M_1. □

3.4　模型 $J2|p_{ij} = 1|\max L_i$

3.4.1　算法

这个问题与 3.3 节不同之处在于, 所有的加工时间都相同 (设为 1), 要求一排序使最大的延迟时间为最短.

由假定, J_i 须在 M_1 和 M_2 上共加工 t_i 次. 若第 k 道工序是在 $M_1(M_2)$ 上进行, 则第 $k+1$ 道工序必然在 $M_2(M_1)$ 上进行. 因此, 当 $(i,1)$ 已经规定在哪一台机器上加工之后, 整个 J_i 的加工顺序便已确定. 问题的解法如下 (Brucker, 1981).

此解法 (算法) 共分 3 步:

第一步：计算 $l(i,j)=d_i-t_i+j$;

第二步：将 $l(i,j)$ 按从小到大的顺序得到排序表 L;

第三步：根据表 L 将 (i,j) 分别在 M_1 和 M_2 上排序. 若在排列表上出现空缺, 则尽可能按原来的排序将可能提前的工序 (i,k) 补上.

例 3.4.1 下面将对表 3.4.1 中数据进行排序.

表 3.4.1 数据表

	J_1	J_2	J_3	J_4	J_5
d_i	7	5	8	6	5
m_i	3	3	2	4	3
M_1	1(5)	—	1(7)	1(3)	—
M_2	2(6)	1(3)	2(8)	2(4)	1(3)
M_1	3(7)	2(4)	—	3(5)	2(4)
M_2	—	3(5)	—	4(6)	3(5)

表 3.4.1 中括号内的数字等于 d_i-m_i+j, 括号前的数字表示该工件的那一道工序是在其所在的那一行左边所示的机器上加工, 例如表 3.4.1 的第三列中 2(4) 表示 J_2 的第二道工序是在 M_1 上加工, $d_2-m_2+2=4$.

按照解法及表 3.4.1 产生的排序 L 如下:

M_1 : $(4,1),(2,2),(5,2),(4,3),(1,1),(1,3),(3,1)$;

M_2 : $(2,1),(5,1),(4,2),(2,3),(5,3),(1,2),(4,4),(3,2)$.

根据排序 L 将 (i,j) 分别在 M_1 和 M_2 上排序, 如图 3.4.1 所示:

M_1	(4,1)	(2,2)	(5,2)	(4,3)	(1,1)		(1,3)	(3,1)	
M_2	(2,1)	(5,1)	(4,2)	(2,3)	(5,3)	(1,2)	(4,4)		(3,2)

图 3.4.1 将 (i,j) 分别在 M_1 和 M_2 上排序

由于 (3.1) 可提到 (1.3) 之前, 故得最后的排序如图 3.4.2 所示.

M_1	(4,1)	(2,2)	(5,2)	(4,3)	(1,1)	(3,1)	(1,3)	
M_2	(2,1)	(5,1)	(4,2)	(2,3)	(5,3)	(1,2)	(4,4)	(3,2)

图 3.4.2 最后的排序

3.4.2 最优性证明

先看如下定理.

定理 3.4.1　对于模型 $Q2|p_{ij}=1|\max L_i$, 根据上述算法所得的排序必为最优排序.

要证明这一定理, 我们要做一些准备工作.

设 t 为非负整数, 若 M_1(或 M_2) 在 $(t,t+1)$ 上的安排是 (i,j), 则记 $M_1(t)=(i,j)$(或 $M_2(t)=(i,j)$). 若在 $(t,t+1)$ 上 M_1(或 M_2) 空闲, 则记 $M_1(t)=\lambda$(或 $M_2(t)=\lambda$).

我们先证明下面的引理.

引理 3.4.1　若存在一种排法, 使得没有一个工件加工延误 (即 $C_i \leqslant d_i, i=1,\cdots,n$), 则上述算法得出的排法 $y(t)=(M_1(t),M_2(t)), t=0,1,2,\cdots$ 也具有此性质.

证明　反证法. 若排法 $y(t)$ 中有一个工件加工延误, 则在任何别的排序中必至少有一个工件加工延误.

若在排法 $y(t)=(M_1(t),M_2(t))$ 中有一个工件延误, 设为 J_i, 则在 $(i,1),\cdots,(i,m_i)$ 中必有一 (i,j), 设 $M_1(t)=(i,j)$, 使得 $d_i-t-1<m_i-j$, 亦即 $l(i,j)=d_i-m_i+j<t+1$, 如图 3.4.3 所示.

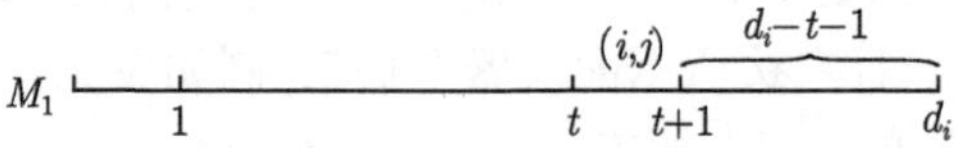

图 3.4.3　有一个工件加工延误

今设 t 为使 $l(M_1(t))<t+1$ 或 $l(M_2(t))<t+1$ 的最小的 t, 不妨假定 $l(M_1(t))<t+1$, 今先证明

$$\begin{aligned} &l(M_1(v)) \leqslant l(M_1(t)), \quad \forall v=1,\cdots,t-1; \\ &l(M_1(0)) \leqslant l(M_1(t)), \quad M_1(0)\neq\lambda. \end{aligned} \tag{3.4.1}$$

换言之, 我们要证: 从时刻 $v=1$ 到 $v=t-1$ 这段时间 M_1 都无空闲.

要证 (3.4.1) 式成立, 只需注意: 若 $M_1(t)=(i,1)$, 则根据我们的算法, (3.4.1) 式成立. 若有某一 v, 使得 $l(M_1(t))<l(M_1(v))$, 则根据算法, 必须将 $(i,1)$ 排在 $M_1(v)=(h,k)$ 之前, 且由 $M_1(t)=(i,1)$, M_1 在 t 之前必然无空闲. 今设 $M_1(t)=(i,j), j>1$, 则存在 $s\leqslant t-1$, 使得 $(i,j-1)=M_2(s)$. 若 $s=t-1$, 则 $l(M_2(s))=l(M_1(t))-1\leqslant t=s+1$. 此与 t 为满足 $l(M_1(t))<t+1$ 或 $l(M_2(t))<t+1$ 的最小的 t 之假设相矛盾, 故必有 $s<t-1$. 并且在 $(s+1,t)$ 之间, M_1 都无空闲, 否则可将 (i,j) 移前.

(3.4.1) 式的意义是在于从 $v=1$ 到 $v=t$, M_1 都不空闲. 今设 (3.4.1) 式不成立, 则必存在 p, 使得 $t>p\geqslant 1$, 且 $M_1(p)=\lambda$. 将这种 p 中最大者仍记作 p, 即从 $v=p+1$ 到 t, 都有 $M_1(p)\neq\lambda$(图 3.4.4).

设 $M_2(p)=(e,f)$, 则必有 $M_1(p+1)=(e,f+1)$. 否则, 由算法的第三步, 应将 $M_1(p+1)$ 放到 $(p,p+1)$ 这个工序, 与 $M_1(p)=\lambda$ 的假设相违. 今设 v 从时刻 p 到 $q(\geqslant p)$ 都有这样的情况: 即 $M_2(v)$ 与 $M_1(v+1)$ 所加工的都是同一工件 J(不同的 v 可以有不同的 J), 则此 q 显然必小于 s. 设 $M_2(q+1)=(u,a), M_1(q+2)=(v,b), u\neq v$, 则 J_v 显然不同于 $M_1(p+1),\cdots,M_1(q+1)$ 所对应的工件 $J_e,\cdots,J_h$. 由算法的第三步, J_v 应放到时刻 p 去加工. 于是 (3.4.1) 式已证明.

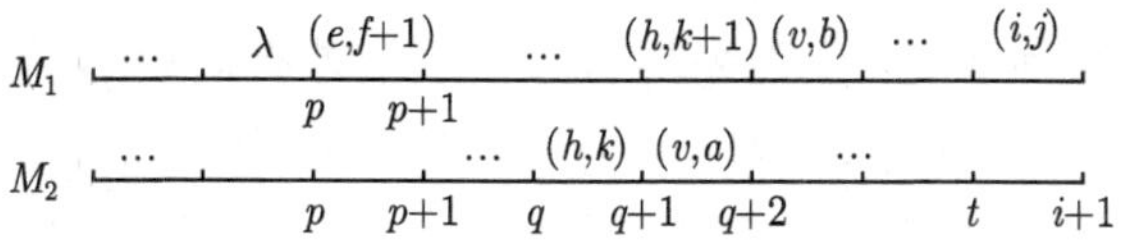

图 3.4.4 M_1 和 M_2 的排序变化

由 (3.4.1) 式可知, 若 $M_1(0)\neq\lambda$, 则 $l(M_1(v))<t+1, v=0,1,\cdots,t$, 因此, 存在 $t+1$ 个工序 (i,j), 设为 $(i_h,j_h), h=0,\cdots,t$, 使得 $d_{i_h}-m_{i_h}+j_h<t+1$.

对于任何排序 L', 此 $t+1$ 个工序中必有一排在时刻 t 之后, 不妨设为 (i_1,j_1), 如图 3.4.5 所示, 设其排在时刻 $t'>t$, 则在 $d_{i_1}-t'-1<d_{i_1}-t-1<m_{i_1}-j_{i_1}$ 这样长的时间内必须安排 $m_{i_1}-j_{i_1}$ 个工序, 每个工序都占用单位时间, 这是不可能的.

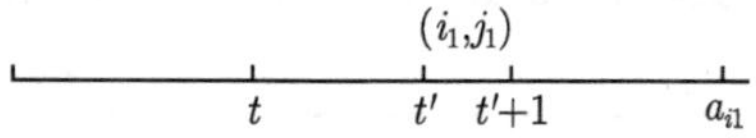

图 3.4.5 工序 (i_1,j_1)

在我们的算法下, $M_1(0)=\lambda$ 仅对所有的 i 都有 $(i,1)$ 在 M_2 上才有可能. 对此, 上述最后一段关于 L' 的说明仍然适用 (将 t,t' 分别代以 $t+1,t'-1$). 此即证明引理. □

定理 3.4.1 的证明 设存在一排序 $\overline{L}$, 使得在该排序之下, $\max\limits_{1\leqslant i\leqslant n}(C_i-d_i)$ 取极小值, 设其值为 l, 即在 $\overline{L}$ 之下, $C_i-d_i\leqslant l$ 或 $C_i-(d_i+l)\leqslant 0$. 现在我们来看一个新的问题: 即 J_i 应完工的时间为 d_i+l. 对于这一问题, 在排序 $\overline{L}$ 之下, 因对于所有的 $i, C_i<d_i+l$, 所以没有误工的工件. 由引理 3.4.1, 在我们的算法之下也没误工的工件. 也就是说, 在该算法之下, 对于所有之 $i, C_i-d_i\leqslant l$. 由于 $l=\min\max\limits_{1\leqslant i\leqslant n}(C_i-d_i)$, 其中 min 是对 $\{1,\cdots,n\}$ 的所有排序来选取的, 故该算法所产生的是一种最优排序. □

3.5 模型 $O2||C_{\max}$

3.5.1 问题的解法

在此问题中, $m_i = 2, i = 1, \cdots, n$; (i, k) 表示 J_i 在 M_k 上加工这道工序, k=1, 2; 但对于固定的 i, $(i, 1)$ 与 $(i, 2)$ 没有先后顺序关系, 这时, 关键是要不要安排一个工件同时在 2 台机器上加工. 问题的解法 (算法) 如下 (Gonzalez 和 Sahni, 1976).

我们先处理两种特殊情况 A 和 B: 在情况 A, 对于所有的 $i \in \{1, 2, \cdots, n\}$, 都有 $p(i, 1) \geqslant p(i, 2)$; 在情况 B, 对于所有的 $i \in \{1, 2, \cdots, n\}$, 都有 $p(i, 1) < p(i, 2)$. 这里的 $p(i, k)$ 表示 J_i 在 M_k 上的加工时间 p_{ik}.

情况 A: 对这种情况, 我们先将 $J_1, \cdots, J_n$(若有需要的话) 重新编号, 使得 $p(1, 1) \leqslant p(2, 1) \leqslant \cdots \leqslant p(n, 1)$. 因 $p(i, 2) \leqslant p(i, 1)$, 故有 $p(i, 2) \leqslant p(i + 1, 1)$ 对所有的 i 成立. 对于 M_1, 我们将此 n 个工件按 $J_1, \cdots, J_n$ 的自然排序在 M_1 上加工; 对于 M_2, 我们采用图 3.5.1 所示的方法处理.

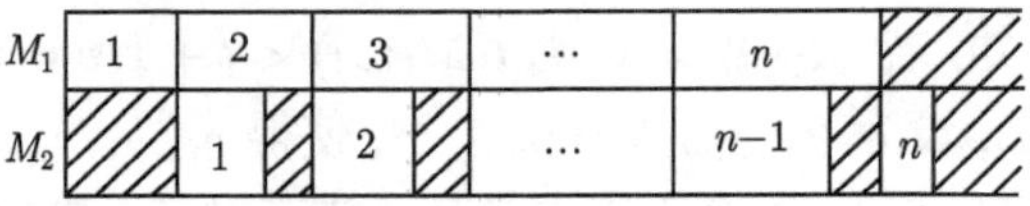

图 3.5.1　M_2 的处理方法

由于 $p(i, 2) \leqslant p(i + 1, 1)$, 故图 3.5.1 是一可行方案. 然后, 我们将 M_2 上的 $J_i, \cdots, J_{n-1}$ 顺序往右移, 使之相互连接, 且 J_{n-1} 与 J_n 相连, 结果如图 3.5.2 所示.

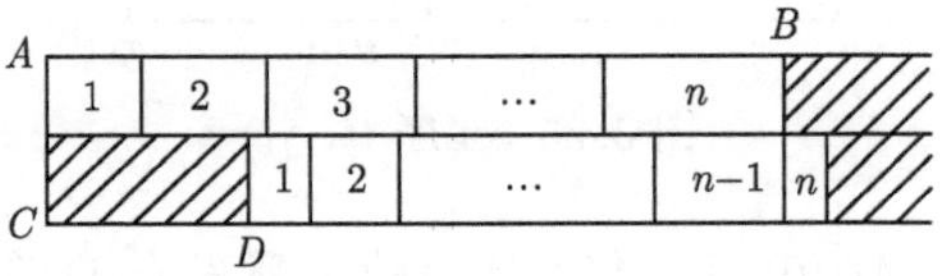

图 3.5.2　在 M_2 上顺序右移的结果

图 3.5.2 中显然有 $CD \geqslant p_{n2}$. 此时我们将 $(n, 2)$ 放到 $(1, 2)$ 之前, 然后分两种情况来讨论:

(1) 若 $\sum_{i=1}^{n-1} p_{i1} \geqslant p_{n2}$, 则此排法显然是一最优排序. 因为它是一可行排列, 且总的时间不超过 AB, 这是必不可少的时间.

(2) 若 $\sum_{i=1}^{n-1} p_{i1} < p_{n2}$, 则在 M_1 上将 J_n 往右移, 使得 $(n, 1)$ 的开始时刻等于 p_{n2}, 即 $(n, 2)$ 的完工时刻. 这样的安排显然是一可行排序, 也是一最优排序, 因为 $\max\limits_{i=1,\cdots,n} C_i = p_{n1} + p_{n2}$, 这是必不可少的时间.

情况 B: 我们先设工件 $J_1,\cdots,J_n$ 已被安排成这样的顺序, 即 $p(1,2)\geqslant p(2,2)\geqslant\cdots\geqslant p(n,2)$. 此时, 对所有的 $i=1,\cdots,n-1$, 有 $p(i,2)>p(i+1,1)$. 然后将 $J_1,\cdots,J_n$ 在 M_1 和 M_2 上做如图 3.5.3 所示的排序.

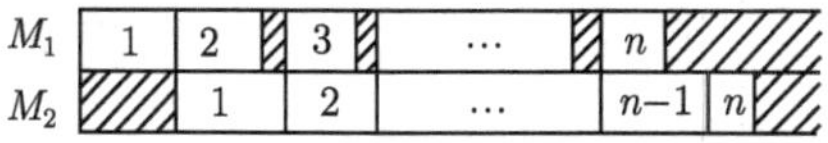

图 3.5.3 在 M_1 和 M_2 上的排序

再将 M_1 上的 $J_3,\cdots,J_n$ 往左移, 得到如图 3.5.4 所示结果.

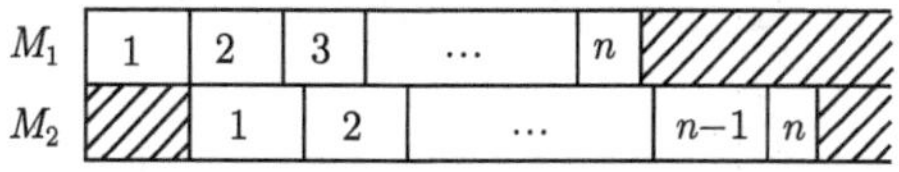

图 3.5.4 M_1 上排序左移的结果

然后将 $(1,1)$ 放到 $(n,1)$ 之后. 这时可能发生两种情况:

(1) $\sum_{i=2}^{n}p_{i1}\geqslant p_{12}$. 此时, 我们将 $(1,1)$ 放在紧接 $(n,1)$ 之后. 如此所得的安排为一可行排序, 且是一最优排序.

(2) $\sum_{i=2}^{n}p_{i1}<p_{12}$. 这时, 我们将 $(1,2)$ 在 M_2 上的完工时间作为 $(1,1)$ 在 M_1 上开始加工的时间. 显然, 如此所得的排序也是一最优排序 (理由如同情况 A).

3.5.2 模型的一般情况

现在来讨论一般的情况. 这时, 我们将工件分成两类: I_1 与 I_2, I_1 中所有的工序 $(i,1)$ 都满足关系 $p(i,1)\geqslant p(i,2)$; I_2 中所有的工序 $(i,2)$ 都满足关系 $p(i,1)<p(i,2)$. 对于 I_1, 将工件按上述情况 A 中图 3.5.2 的方法排列, 得如图 3.5.5(b) 所示; 对于 I_2, 将工件按上述情况 B 中图 3.5.4 的方法排序, 得如图 3.5.5(a) 所示, 其中 $L=I_1\setminus\{l\},R=I_2\setminus\{r\},l,r\in\{1,2,\cdots,n\}$ 满足

$$p(r,1)=\max\{p(i,1)|i\in I_2\},\quad p(l,2)=\max\{p(i,2)|i\in I_1\}.$$

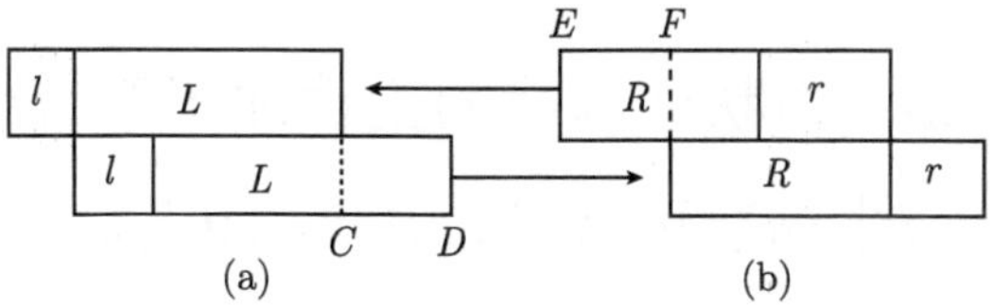

图 3.5.5 按情况 A 和情况 B 的方法排列

在图 3.5.5 中, 有两种情况: (Ⅰ) $EF\geqslant CD$; (Ⅱ) $EF<CD$. 下面我们分开讨论.

(Ⅰ) $EF \geqslant CD$. 此时, 我们将图 3.5.5 中右边的 (b) 往左移, 使与左边的 (a) 相连, 并将图 3.5.5 中 (a) 中 M_2 上的工件往右推得图 3.5.6 中的 (a) 所示的排序, 然后将 M_2 上的工件 J_r 前移到 J_l 的左边. 这时又有如下两种情况:

(1) $p(r,1) \leqslant \sum\limits_{\substack{i=1\\i\neq r}}^{n} p(i,2)$. 这时我们得到如图 3.5.6 中的 (b) 所示的排序. 显然, 这是一个可行排序, 也是一个最优排序, 此时 $C_{\max} = \max\left\{\sum\limits_{i=1}^{n} p(i,1), \sum\limits_{i=1}^{n} p(i,2)\right\}$.

(2) $p(r,1) > \sum\limits_{\substack{i=1\\i\neq r}}^{n} p(i,2)$. 这时我们得到如图 3.5.6 中的 (c) 所示的排序. 显然, 这也是一个可行排序, 且是一个最优排序, 此时 $C_{\max} = \max\left\{\sum\limits_{i=1}^{n} p(i,1), p(r,1) + p(r,2)\right\}$.

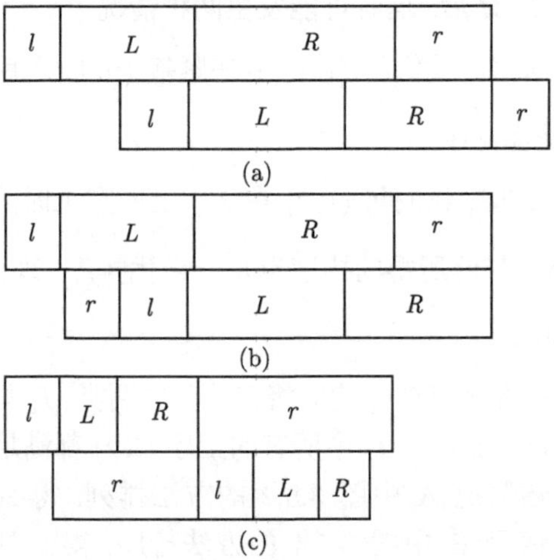

图 3.5.6　对情况 (Ⅰ) 的移动结果

(Ⅱ) $EF < CD$, 这种情况与 (Ⅰ) 是对称类似的.

3.6　树状或林状的工件加工系统: $P|$ 树状或林状, $p_j = 1|C_{\max}$

3.6.1　问题的提出

先讨论树状的情形. 在这一系统中, 各工件只需加工一次, 它们的加工时间都等于 1. 但各工件之间的加工都必须遵循一定的先后顺序, 而这种排序是树状的. 也就是说, 对于任一工件, 只有一个工件直接排在它的后面, 而且每一个工件只有当直接排在它的前面的工件已被加工之后才能被加工 (因而不会发生 $J_1 \to J_2 \to \cdots \to J_i \to J_1$ 这类循环的情况), 如图 3.6.1 所示. 在图 3.6.1 中, 工件 d 必须在工件 b 与 c 加工完后才能开始加工, 而且, 直接排在它后面的工件 O 只有在 d 和 a 加工完后才能被加工.

现在假定有 n 个工件要在 m 台同样性能的机器 $M_1,\cdots,M_m$ 上加工. 我们的目的是要在这些工件的先后次序已经给定后 (图 3.6.2), 要给它们排个顺序, 使从第一个工件开始加工起到最后一个工件完工这段时间为最短. 问题的算法如下:

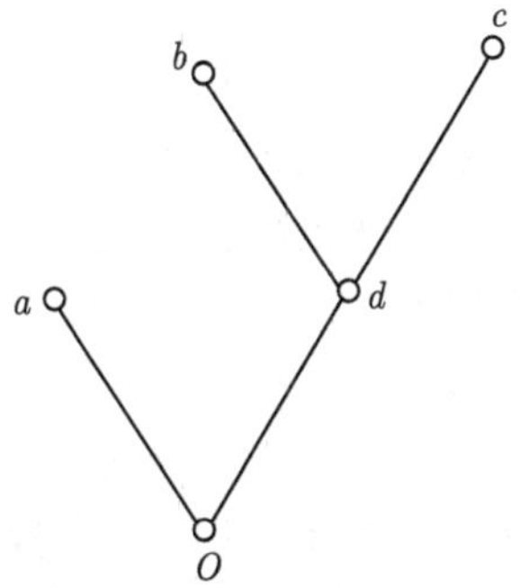

图 3.6.1 单个工件的加工顺序

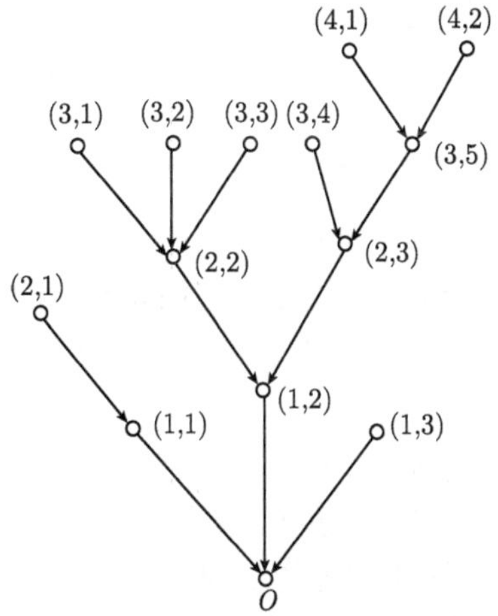

图 3.6.2 多个工件的加工顺序

3.6.2 算法

把工件的加工顺序用树状图 $(\mathscr{T},\mathscr{L})$ 表示出. 每一点代表一个工件, 将树根记作 O. 与树根紧相连的点以 $(1,1),(1,2),\cdots$ 记之; 与 $(1,1),(1,2),\cdots$ 紧相连的点以 $(2,1),(2,2),\cdots$ 记之, 直到所有的点都得到了标号. 标号为 (i,j) 的点称为具有水平 i, 它到 O 的距离等于 i. 标号 (i,j) 和 (i',j'), 当 $i>i'$ 或 $i=i'$ 而 $j>j'$ 时, 称为 (i,j) 先于 (i',j'). 当图 3.6.2 中的点都有了标号之后, 即从具有最高水平的点开始将工件按其标号的先后顺序并依 $M_1,M_2,\cdots,M_m$ 的顺序安排一可行排序. 当一台机器有空闲, 即从尚未加工的工件中选取一个具有最高水平的、可以使用的工件放上去加工, 这种安排称为水平排序, 它所对应的最高水平 l 称为该问题的水平.

对于图 3.6.2 所代表的加工系统, 当 $m=3$ 和 $m=4$ 时, 有如表 3.6.1 和表 3.6.2 所示的安排.

表 3.6.1　$m=3$ 时的加工系统

(4, 1)	(3, 2)	(3, 5)	(2, 3)	(1, 2)	0
(4, 2)	(3, 3)	(2, 1)	(1, 1)	—	—
(3, 1)	(3, 4)	(2, 2)	(1, 3)	—	—

在此问题上, $l=4$. 在表 3.6.4 中, $m=3$, 工件从 $(4,1)$ 开始到 $(1,2)$ 为止, 所用的时间为 6. 在表 3.6.2 中, $m=3$, 所用的时间为 5.

表 3.6.2　$m=4$ 时的加工系统

(4, 1)	(3, 3)	(1, 3)	—	0
(4, 2)	(3, 4)	(2, 2)	(1, 2)	—
(3, 1)	(3, 5)	(2, 3)	—	—
(3, 2)	(2, 1)	(1, 1)	—	—

3.6.3　最优性证明

先考虑如下定理.

定理 3.6.1　对于具有树状结构的工件加工系统来说, 水平排序是最优排序.

证明　我们在问题的水平 l 上施行归纳法来证明. 当 $l=1$ 时, 定理 3.6.1 显然成立. 今设定理 3.6.1 当 $l=k$ 时成立, 我们来证其当 $l=k+1$ 时也成立.

假设定理 3.6.1 不成立, 必有一最小的 k, 使 $l=k$ 时定理成立, $l=k+1$ 时不成立. 现设有一问题 P, 其水平为 $k+1$, S 为 P 的一个最优排序. 令 ω 和 ω_0 分别表示在水平排序 (记作 L) 和 S 下从第一个工件开始加工到最后一个工件完工的时间. 因 L 不是 P 的最优排序, 此时必有 $\omega_0<\omega$. 无论在任何排序下, 工件 O(树根) 总不能与别的工件同时加工, 故必单成一列, 即占用最后一段加工时间. 在 L 下, 单独占用 $(\omega-1,\omega)$; 在 S 下, 单独占用 (ω_0-1,ω_0). 另一方面, 在时间段 $(\omega-2,\omega-1)$ 或 (ω_0-2,ω_0-1) 上只能加工水平 1 的工件. 因为若有 $(2,j)$ 在此时加工, 则直接跟在它后面的工件 $(1,\cdot)$ 必须在时间段 $(\omega-1,\omega)$ 或 (ω_0-1,ω_0) 上加工, 但这是不可能的.

由于 L 不是最优排序, 故在时刻 $\omega-2$ 之前至少有一台机器 M_i 在某一时间段 $(t-1,t)$ 空闲. 根据 3.6.2 算法, 在此时间段内, 找不到一个尚未加工的可使用的工件能放到 M_i 上去加工. 也就是说, 能放到时间段 $(t,t+1)$ 加工的工件都是等到在时间段 $(t-1,t)$ 加工的工件被加工完了之后才能加工的工件. 由于我们的系统是树状的, 故其数目不能多于在时间段 $(t-1,t)$ 加工的工件的个数. 因此, 在 $(t,t+1)$ 至少有某一 M_j 空闲. 故在 L 之下, 在 $(\omega-3,\omega-2)$ 和 $(\omega-2,\omega-1)$ 上必有机器空闲. 同时, 在 $(\omega-3,\omega-2)$ 上必有水平 2 的工件在加工.

现在, 我们作一新问题 P': 它是从 P 中将所有水平为 1 的工件去掉, 然后把水平为 2 的工件直接与 O 相连. 在 P 中具有水平 i 的工件在 P' 中其水平为 $i-1$. 显然, 原来在 P 中的水平排序也是 P' 中的水平排序. 由于 P' 在 $(\omega-3,\omega-2)$ 上至少有一水平 1 的工件在加工, 在 $(\omega-2,\omega-1)$ 上只有在 O 加工, 故在 L 下, 加工 P' 的时间为 $\omega-1$. 由假设, L 为 P' 的最优排序, 故 $\omega-1$ 也就是加工 P' 的最短时间.

另一方面, ω_0 为 P 的最短时间. 由于在 S 下, 在时间段 (ω_0-2,ω_0-1) 只能加工水平 1 的工件, 故在 P' 中, 相应于最优排序的最短时间必不大于 ω_0-1. 即得 $\omega-1\leqslant\omega_0-1$, 此与 $\omega>\omega_0$ 相违. □

推论 3.6.1 对于具有林状结构的工件加工系统, 水平的排序是一最优排序.

事实上, 设所给的 F 是由树 $T_1,\cdots,T_s$ 所组成, T_i 的根为 O_i, 我们在该系统上增添一新的工件 O, 直接连在所有 $O_1,\cdots,O_s$ 之后, 即得一树状结构 P. 由定理 3.6.1, 水平排序是 P 的一最优排序. 因 O 独作一列, 故也是 F 的最优排序. 这一说明也指出了如何对林状结构的工件加工系统排出一时间表.

3.7 $1|\text{prec}|\min\max\limits_i r_i(F_i)$

3.7.1 算法

设工件 $J_1,\cdots,J_n$ 在加工的先后顺序相互受到某些制约. 又设 J_i 停留在工厂的时间段 F_i 中所受的损失为 $r_i(F_i)$, 其中, 假定对于所有的 i, $r_i(t)$ 为 t 的非降函数 ($r_i(t)$ 是当 J_i 在加工厂停留 t 单位时间所受的损失). 现在的问题是: 要给 $J_1,\cdots,J_n$ 安排一个顺序, 使得

$$\max_{i=1,\cdots,n} r_i(F_i)$$

为最小 (若 $r_i(F_i)=\max\{F_i-D_i,0\}$, 则 $r_i(F_i)$ 即表示拖延完工的时间). 问题的解法 (Lawler, 1982) 如下.

要使加工能够进行, 在 $J_1,\cdots,J_n$ 中, 至少有一个可放在最后加工 (即不受其他工件先后顺序的影响). 设可放在最后加工的工件的全体的指标所成之集为 V. 令 $\tau=p_1+\cdots+p_n$, 又令

$$r_k(\tau)=\min_{i\in V} r_i(\tau), \tag{3.7.1}$$

则将 J_k 排在最后. 对于 $\{J_1,\cdots,J_n\}\setminus J_k$ 又如此进行, 直至最后一个工件, 这样所得的排序即为一最优排序.

3.7.2 最优性证明

由上述解法得到的是最优排序, 证明如下.

设 S 为一最优排序，其最后一个工件为 $J_l, l \neq k$. S 自然满足关于加工顺序的要求. 将 S 写作 $S=(A, J_k, B, J_l)$. 我们来考虑 $S'=(A, B, J_l, J_k)$. 因 S 满足关于加工顺序的要求, 而 J_k 可以排在任何位置, 故 S' 也满足关于加工顺序的要求. 因 $r_i(\tau)$ 为 τ 的非降函数, 而在 S' 中, 除 J_k 以外, $A \cup B \cup \{J_l\}$ 中所有工件的完工时间比在 S 中都提前或相等. 即对于所有的 $J_i \in A \cup B \cup \{J_l\}$, 都有 $r_i(F_i') \leqslant r_i(F_i)$ 其中 F_i 和 F_i' 分别表示 J_i 在 S 与 S' 中的完工时间. 由式 (3.7.1), 有

$$r_k(\tau) = \min_{i \in V} r_i(\tau) \leqslant r_l(\tau), \tag{3.7.2}$$

故在 S' 中, J_k 的完工时间虽可能比在 S 中有所增加, 亦即相应的 $r_k(\cdot)$ 的值有可能增加, 但却不会大于 $r_l(\tau)$, 因而

$$\max_{i=1,\cdots,n} r_i(F_i') \leqslant \max_{i=1,\cdots,n} r_i(F_i), \tag{3.7.3}$$

因除 $J_i, i \in V$ 以外, 其余的 J_i 都不能放在最后, 故欲求最小的 $\max\limits_{i=1,\cdots,n} r_i(F_i)$, 只需在形如 S' 的排序中去求得. 但是

$$\max_{i=1,\cdots,n} r_i(F_i) = \max\left\{\max_{i\neq k} r_i(F_i), r_k(F_k)\right\},$$

故欲求最小的 $\max\limits_{i=1,\cdots,n} r_i(F_i)$, 只需求出 $\{J_1,\cdots,J_n\} \setminus \{J_k\}$ 之一排序, 使 $\max\limits_{i\neq k} r_i(F_i)$ 达到极小即可. 由归纳法即知按上述解法得出的排序为一最优排序.

3.8　$P2|p_i=1, \mathrm{prec}|C_{\max}$

3.8.1　问题的提出

在本书中, 我们将介绍加工时间等长 (设为 1) 的 2 台机器的加工系统. 在这里, 各工件只需加工一次即算完工. 各工件之间的加工需遵循一定的先后顺序, 与 3.6 节不同的是, 这种排序不一定是树状的. 问题是要给这些工件安排一个顺序, 使得某种给定的指标达到最优. 这里介绍的方法是由 Fujii 等 (1969) 给出的, 他们把这一问题化成图论中求最大匹配的问题. 由于已有较有效的算法求解最大匹配, 因而我们的问题就有较有效的解法. 这里所介绍的求最大匹配的方法是由 Edmonds(1965) 给出的. 本节中, 我们还介绍一种由 Garey 等 (1975) 所给出的解法. 这一解法比 Fujii 等的解法较为简便, 但它必须除去某些特殊的情况才能适用, 这里就没有给出有关的证明.

例 3.8.1　设有 2 台性能相同的机器 M_1 和 M_2, 有 10 个工件要加工, 加工的时间都是 1, 每个工件只需加工一次即算完工. 它们在加工时需遵循的顺序如图 3.8.1 所示.

在图 3.8.1 中, 像工件 G, 它必须等到工件 D,E,F 都加工完后才能加工. 也就是说, 它必须等到工件 A,B,C,D,E,F 都加工完毕才能开始加工. 我们的目的是要寻找一种排序, 使最后一个工件完工的时间最小.

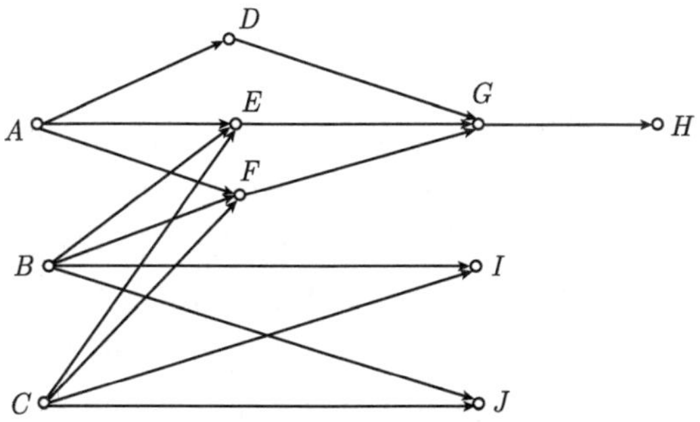

图 3.8.1　加工的顺序

3.8.2　Fujii 等的算法

Fujii 等的解法是: 先将这些工件中在顺序上相互不能比较的工件, 也就是那些相互没有先后顺序的工件, 比如 A 与 B, 用线段连起来, 这样就得到一个无向图, 如图 3.8.2 所示.

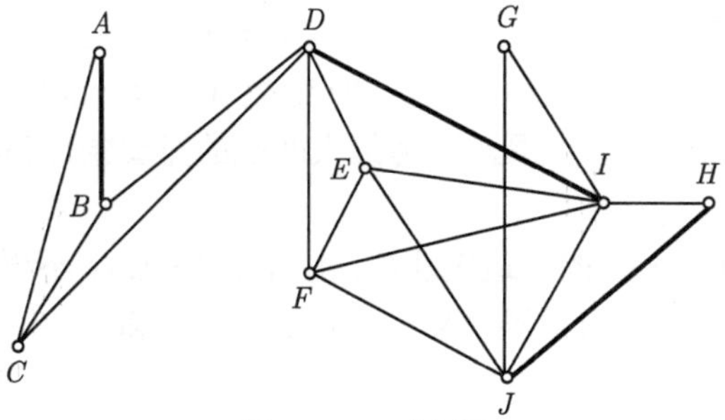

图 3.8.2　无向图

一对工件可以同时分别在 M_1 和 M_2 上加工, 就表示它们在图 3.8.2 中是一条弧的两个顶点 (一个匹配), 最优排序显然就是能同时加工的工件对数最多的排序. 因此, 寻求最优排序也就是寻求图 3.8.2 的最大匹配. 当然, 在最大的匹配已经求出后, 有时还需做一些简单的调整. 比如说, 若有 4 个工件 P,Q,R,S, 其先后顺序为 $P\to Q,R\to S$. 若通过寻求最大匹配的方法产生的匹配为 P-S, R-Q, 这种排序显然是不可行的. 这时我们可将它换成 P-R 和 Q-S. 这样的调整所需的计算量是很少的.

3.8.3　Edmonds 的算法

下面介绍 Edmonds 提出的一种求最大匹配的方法. 为此, 我们先引入一些术语和几条引理. 假设有一图 $G=(V,E)$, 这里的 V 和 E 分别表示 G 的顶点和弧所成的集. 设 M 是 E 的一个子集, 它有这样的一个特点: 其中没有 2 条弧具有同一顶点. 这样的 M 称为 G 的一个匹配. 例如图 3.8.2 中用粗线条画出部分 (AB,DI,HJ), 即为 G 的一匹配 (Matching). 设 M 已经给定, M 中的弧称为已配弧 (Matched), 其他的弧称为自由弧 (Free). 若 uv 为一已配弧, 则 v 称为 u 的配偶. G 中的任一顶点, 若不是任一已配弧的顶点, 则称它为外露点 (Exposed). 设 $p=[u_1,\cdots,u_n]$ 为 G 的一条路. 若弧 $u_1u_2,u_3u_4,\cdots,u_{2j-1}u_{2j},\cdots$ 都是自由弧, 而 $u_2u_3,u_4u_5,\cdots,u_{2j}u_{2j+1},\cdots$ 都是已配弧, 则称 p 为一交错路 (Alternating Path). 若一交错路 p 的起点 u_1 为一外露点, 则称 p 上标号为奇数的顶点 $u_{2j-1}(j=1,2,\cdots)$ 为外点, 标号为偶数的顶点 $u_{2j}(j=1,2,\cdots)$ 为内点. 在图 3.8.2 中, 路 $CABDIHJ$ 即为一交错路, A,D,H 为内点, C,B,I,J 为外点. 始点和终点都是外露点的交错路称为 M- 可扩路 (M-Augmenting Path). 图 3.8.2 中的 $CABDIHJF$ 即为一 $M(=(AB,DI,HJ))$- 可扩路.

引理 3.8.1 设 $p=u_1u_2\cdots u_{2k}$ 为图 G 的一 M- 可扩路, P 为其上的弧所成的集, 则集 $M'=(M\text{-}P)\cup(P\text{-}M)$ 为 G 的一匹配, 而且有 $|M'|=|M|+1$.

证明 首先, M' 与 M 不同之处是在于将 M 中属于 p 的弧换成 p 上不属于 M 的弧, 由于 p 为一 M- 可扩路, 经过此变换多出一条弧, 所以 $|M'|=|M|+1$.

其次, 设 p 的两端点为 u,v. 因 u 和 v 是外露点, 故无 M 中的弧过 u 或 v. 因 p 为一交错路, 故无 $M\text{-}P$ 的弧过 p 上的顶点, 故 M' 为一匹配. □

引理 3.8.2 图 G 的一匹配 M 为最大匹配的充要条件为在 G 中不再有 M-可扩路.

证明 (i) 若 M 为 G 的一最大匹配, 由引理 3.8.1, G 不再有 M- 扩路.

(ii) 设 G 不再有 M- 可扩路. 又设有匹配 M' 使得 $|M'|>|M|$. 现来考察图 $G'=(V,(M\text{-}M')\cup(M'\text{-}M))$. 对于 G' 中的每一顶点 $v\in V$, 不可能有 2 条同时属于 M 或同时属于 M' 的弧通过, 故过 G' 的每一顶点, 最多只能有 2 条弧. 因此, G' 的每一分支或为一由 M 和 M' 中之弧做成的交错圈, 或为一条路. 对于圈来说, 其上所出现的 M 与 M' 中的弧的数目相等. 由于 $|M'|>|M|$, 故必有一条路 p, 其上属于 M' 的弧比属于 M 的弧多 1. 此路即为一 M- 可扩路. 从而得一矛盾. □

引理 3.8.3 设 M 为图 G 的一匹配, u,v,ω 都是关于 M 的外露点. 又设 p 为以 v 为起点、ω 为终点的 M- 可扩路. 若在 G 中没有从 u 出发的 M- 可扩路, 则也没有从 u 出发的 $M'=(M\text{-}P)\cup(P\text{-}M)$- 可扩路, 其中 P 为 p 上的弧所成的集.

证明 设结论不成立, 即存在一从 u 出发的 M'- 可扩路 q. 由假设, q 不是 M-可扩路. 设 $q=u_1(=u)u_2\cdots u_k$, u_k 是外露点, 且 u_{2i},u_{2i+1} 为 q 上第一个属于 M' 而不属于 M 的弧, 则 p 上以 u_{2i} 为一顶点但不等于 $u_{2i}u_{2i+1}$ 弧的必属于 M. 做一条路 $r=u_1\cdots u_{2i}\cup u_{2i}\cdots v$ 或 (ω), 则 r 显然为一 M- 可扩路, 从而得出矛盾. □

引理 3.8.3 说明, 当在某一阶段从 u 出发已经找不到一条 M- 可扩路之后, 在以后的搜索中再也找不到一条从 u 出发的可扩路了.

3.8.4 *M*-花朵方法

1. *M*-花朵概念

现在我们引入 M- 花朵这一概念. 所谓 M- 花朵是指 G 的一条具有 $2k+1$ 个顶点的 M- 交错环路, 它上面共有 k 条弧属于 M, 如图 3.8.3 所示.

在图 3.8.3 中, 用粗线画出的弧都属于 M, M- 花朵上 2 条自由弧的交点称为基, 如图 3.8.3 中的 A.

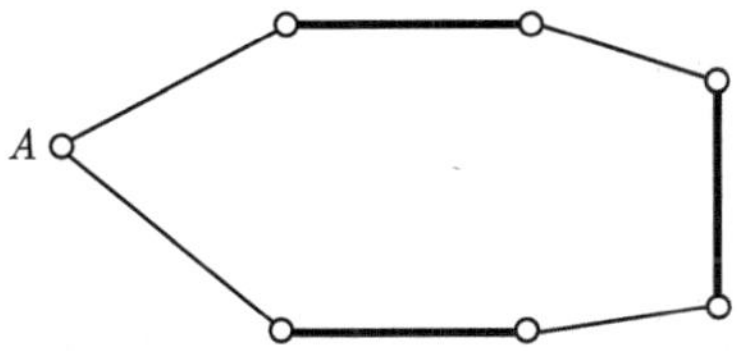

图 3.8.3 M- 花朵

2. 问题的解法

我们现在的目的是: 当 G 已经给定后, 要求它的一个最大匹配. 为此, 我们先任意作 G 的一个匹配 M(当然是越大越好), 然后求一 M- 可扩路, 利用引理 3.8.1 求出更大的匹配.

方法是这样: 先找出一个外露点. 若 G 关于 M 已无外露点存在, 则 M 显然是 G 的一最大匹配. 设 v_0 为一外露点, 若有一条以 v_0 为一个顶点的弧 v_0v_1, 且 v_1 也是一外露点, 则 v_0v_1 就是一条 M- 可扩路. 否则, v_1 为某一已配弧 v_1v_2 的一个顶点. 于是, 若 v_2 不再是别的弧的顶点, 对于这种情形, 我们再寻求另一条弧 v_1v_2, 使 v_2 为某一弧 v_2v_3 的顶点 (若无此种 v_2 存在, 可从别外的 v_1 出发). 若 v_3 为一外露点, v_2v_3 显然是一自由弧. 此时我们已得一 M-可扩路. 否则, 再继续进行同样手续. 在此过程中, 我们可能遇到下列 3 种情况之一:

(1) 找到了一条从 v_0 出发的 M- 可扩路 p. 这时, 我们根据引理 3.8.1, 以 $M' = (M - P) \cup (P - M)$ 代替 M, 重新开始上述手续. 这里的 P 为 p 的弧所成之集.

(2) 遇到了一个花朵, 结果又回到 v_0. 此时似乎已得到了一条 M-可扩路, 但这并非一条真正的 M- 可扩路. 对于这种情形, 下面我们将详细加以讨论.

(3) 既找不到一条 M- 可扩路, 也遇不到一个花朵. 对于这种情形, 我们只能从别的外露点开始. 若对于所有的外露点情况都是如此, 由引理 3.8.2, M 为一最大匹配.

3. 寻找一个花朵

现在我们来讨论上述情况 (2), 第一个问题是: 如何判断我们已经遇到了一个花朵. 为此, 在从 v_0 出发寻求 M- 可扩路的过程中, 我们将所有的外点记录下来. 若一旦出现一个外点又是 (在同一条路上) 某一已经出现过的内点, 则可断定我们已经遇上了一个花朵. 事实上, 若 $v_iv_{i+1} \in M$, v_{i+1} 是一个外点, 且又是一个内点, 则从 M 的性质, 我们早已从另一方向通过 v_{i+1} 到达 v_i, 从 v_i 返回原路重新到达 v_i, 我们或者发现一个花朵 (图 3.8.4), 或者发现如图 3.8.5 所示的一条交错路, 此时得到一个循环. 后种情况是不可能的, 因为此时不可能出现 v_{i+1} 既是内点又是外点的情况.

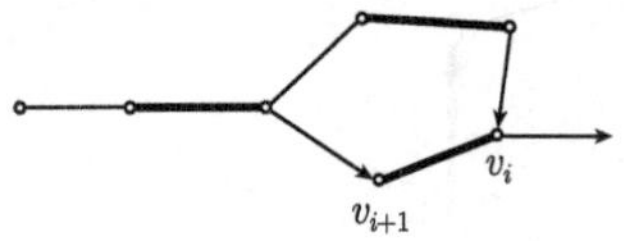

图 3.8.4　一个花朵

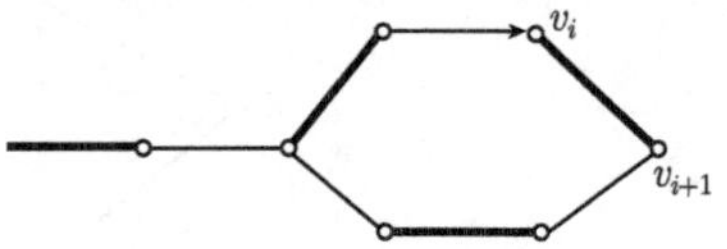

图 3.8.5　一条交错路

另外一种发现花朵的方法可用图 3.8.6 来说明: 先定义相邻内点和相邻外点. 2 条相连的弧 AB 和 BC, 若 AB 为一自由弧, BC 为一已配弧, 则 B 称为 A 的相邻内点, C 为 A 的相邻外点. 由此定义, B 与 C 分别也是 A 的相邻外点和相邻内点.

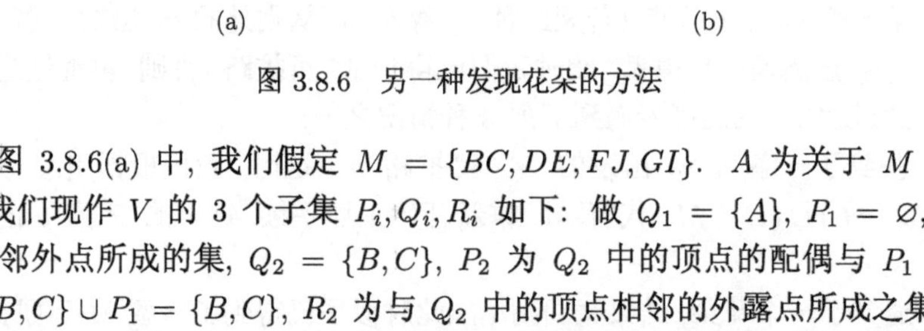

图 3.8.6　另一种发现花朵的方法

在图 3.8.6(a) 中, 我们假定 $M = \{BC, DE, FJ, GI\}$. A 为关于 M 的一外露点, 我们现作 V 的 3 个子集 P_i, Q_i, R_i 如下: 做 $Q_1 = \{A\}$, $P_1 = \varnothing$, Q_2 为 A 的相邻外点所成的集, $Q_2 = \{B, C\}$, P_2 为 Q_2 中的顶点的配偶与 P_1 的并集 $P_2 = \{B, C\} \cup P_1 = \{B, C\}$, R_2 为与 Q_2 中的顶点相邻的外露点所成之集 (不包括 Q_1), $R_2 = \varnothing$. 从 Q_2 中依次去掉 B 和 C, 同时依次将 B 和 C 的相邻外点加进去, 产生 Q_3, $Q_3 = \{E\}$, P_3 为 Q_3 中的顶点的配偶与 P_2 的并集, $P_3 = \{B, C, D\}$, $R_3 = \varnothing$. 同样方法, 得 $Q_4 = \{F, G, J\}$, $P_4 = \{B, C, D, F, I, J\}$, $R_4 = \{H\}$.

这时我们发现, F 同时在 Q_4 和 P_4 中出现: 它既是一个相邻外点 (EJF), 也是

一个相邻内点 (EFJ). 由上面所说, 我们已可得到一个花朵, 即可分别从 F 和它的配偶 J 出发回复原来的路而获得. 当这 2 条路初次相遇时, 便得到所要的花朵. 对于上述假定, 从 F 经 J 到 E, 又从 J 经 F 到 E, 这 2 条路相遇于 E, 故所求的花朵为 FJE.

对于一般情形, 当发现一个顶点 u 既是相邻内点又是相邻外点时, 我们可用如下的方法求出所要的花朵: 设 v 为 u 的配偶, 且 u 最早在 Q_l 中出现, v 最早在 Q_{l-j} 中出现 $(j \geqslant 0)$, 则 u 必然从 Q_{l-1} 的某一顶点 ω 得出 (即为 ω 的一相邻外点), ω 又必然是从 Q_{l-2} 中的某一顶点 t 得出, 等等. 到了 Q_{l-j-1} 时必然得到一点 S, 它以 v 为其一相邻外点, 这样便得到了一个花朵. 这点 S 或为最初的出发点, 或为花朵之基.

例 3.8.2　寻找图 3.8.7 所示的花朵.

在图 3.8.7(a) 中, 设 $M=\{v_1v_2, v_3v_4, v_5v_6, v_7v_8, v_9v_{10}, v_{11}v_{12}, v_{13}v_{14},\}$, $u=v_{16}$, 则 $Q_1=\{v_{16}\}$, $P_1=\varnothing$, $Q_2=\{v_6, v_8, v_{13}\}$, $P_2=\{v_5, v_7, v_{14}\}$, $Q_3=\{v_3, v_8, v_7, v_{10}, v_{11}\}$, $P_3=\{v_4, v_5, v_7, v_8, v_{14}, v_9, v_{12}\}$, $R_1=R_2=\varnothing$, $R_3=\{v_{17}\}$, v_7 是第一次出现的既是相邻内点又是相邻外点的顶点. v_7 的配偶为 v_8, 它最早在 Q_2 中出现, 为 v_{16} 的相邻外点. v_7 是由 Q_2 中的 v_6 得来, v_6 又是由 Q_1 中的 v_{16} 得来. 这样, 我们就得到了一个花朵 $v_{16}v_5v_6v_8v_7v_{16}$.

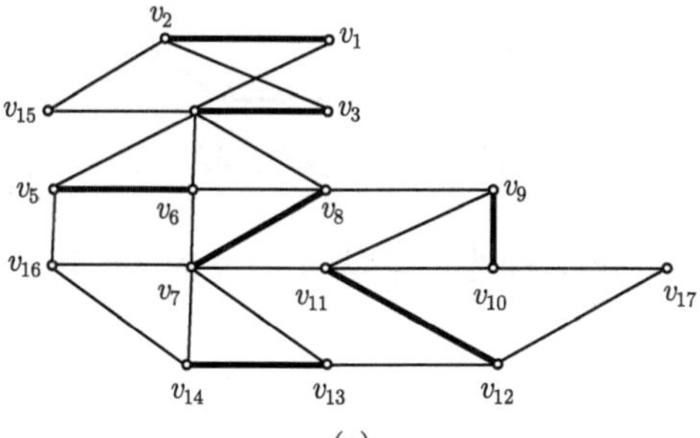

(a)

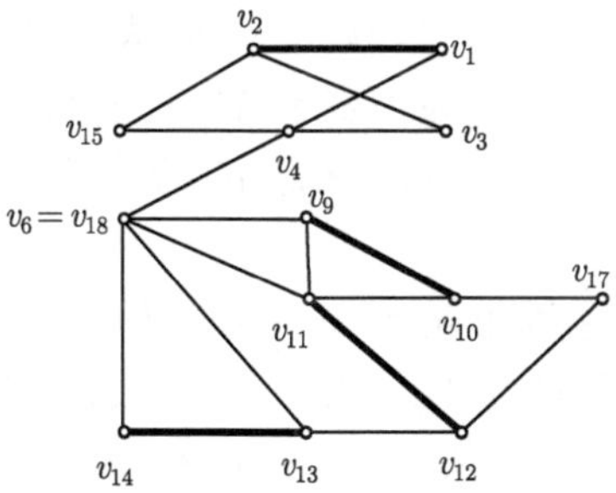

(b)

图 3.8.7　寻找花朵

4. 寻找 M-可扩路

对于一般情形, 若已经发现了一个花朵 b 而又没有得到不同于初始点的外露点, 则将所发现的花朵缩成一点 v_b, 此时, 花朵 b 上的顶点与相邻的 (不在 b 上的) 顶点连成的弧即变成 v_b 与之连成的弧. 例如, 在图 3.8.7 中, 与花朵 $v_{16}v_5v_6v_8v_7v_{16}$ 相连的弧 v_4v_5, v_4v_6, v_4v_8 即变成 v_4v_{18}, 等. 将此经过压缩的图记为 G/b. 同样, 以 M/b 表示图 G/b 中余下的 M 中的弧所成之集, 如图 3.8.6(b) 中 $\{BC, DV_b, GI\}$.

定理 3.8.1　设在图 G 上从一外露点 u 出发搜索 M- 可扩路的过程中发现了一个花朵 b, 则在 G 上有一从 u 出发的 M-可扩路的充要条件是在 G/b 上有一条从 u(若 u 为 b 的基, 则从 v_b 出发) 出发的 M/b-可扩路.

证明　(i) 充分性. 设在 G/b 上有一条从外露点 u 出发的 M/b- 可扩路 p. 若 p 不经过 v_b, 则 p 已经是 G 的一条 M- 可扩路. 若 p 经过 v_b, 记 $p = up'\omega v_b\omega' p''$ 其中 p' 和 p'' 都是路. 因 p 为一 M/b- 可扩路, 故 ωv_b 与 $v_b\omega'$ 这 2 条弧中有一条且仅有一条为已配弧. 不妨设 ωv_b 为已配弧 ($v_b\omega'$ 为已配弧时可用同样方法处理), 则在 b 上, ω 必与 b 的基 u_0 相邻, 此时 $\omega u_0 \in M$, 而 ω' 则与 b 上某一点 u_j 相邻, $u_j\omega' \overline{\in} M$, 如图 3.8.8 所示.

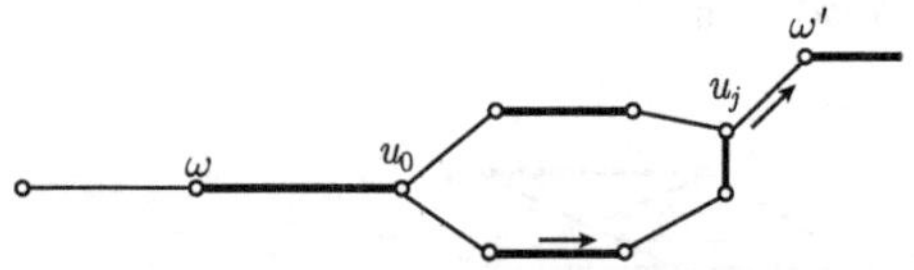

图 3.8.8　$u_jw' \notin M$

显然, $q = up'\omega u_0 q' u_j \omega' p''$ 即为一条从 u 出发的 M- 可扩路, 其中 q' 为 b 上包含有 u_j 的配偶的部分.

(ii) 必要性. 设 G 上有一条 M- 可扩路 p, 要证明它有一条 M/b- 可扩路 q.

(a) 若 p 与 b 无公共弧, p 显然就是一条 M/b- 可扩路.

(b) 若 p 与 b 有公共弧. 设 p 从 u_i 进入 b, 从 u_j 离开 b. 若 p 上的弧 $u_{i-1}u_i$ 与 u_ju_{j+1} 中有一条属于 M, 另一条不属于 M, 将 p 写成 $p = up'u_ip''u_ju_{j+1}p'''$, 其中 p'' 为 p 与 b 的公共路, 则 $q = up'v_bu_{j+1}p'''$ 显然是一条 M/b- 可扩路, 这里 v_b 表示由 b 缩成的点.

(c) 设 $u_{i-1}u_i$ 与 u_ju_{j+1} 都不属于 M. 由前面所说发现花朵的方法可知必有一条从 u 到 b 的基 u_o 的交替路 q, 此 q 与 b 无公共弧. 若 q 与 p''' 无交点 (因而无公共弧), 显然, $uqv_bu_{j+1}p'''$ 为一条 M/b- 可扩路. 今设 q 与 p''' 有交点, 如图 3.8.9 所示.

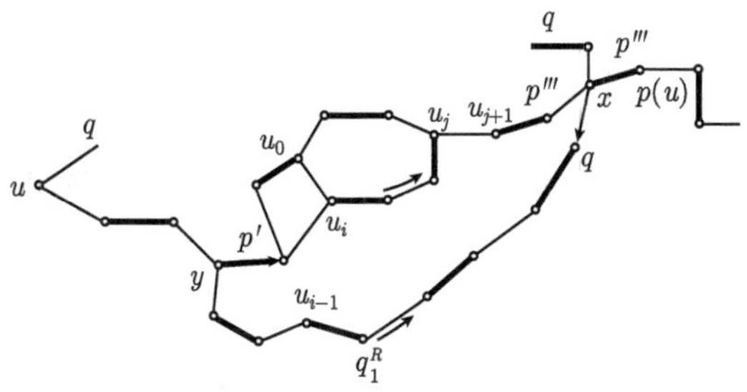

图 3.8.9 q 与 p''' 有交点

此时, 若 q 与 p' 无交点, 则从 u 沿 p' 至 u_i, 再沿 b 至 u_0, 然后沿 q_1^R 至 x, 再沿 $p^{(4)}$ 前行至 p 的终点, 即为所求的路. 这时, $up'v_bq_1^Rxp^{(4)}$ 即为一条 M/b- 可扩路, 其中, x 为 q 最后离开 p''' 的点, q_1^R 为从 u_0 沿 q(反方向) 至 x 的一段路, $p^{(4)}$ 为从 x 沿 p''' 至其端点的一段路.

今设 q 与 p' 有交点, 且设 y 为 q 与 p' 的最初交点, 则从 u 沿 p' 至 y 再沿 q_1^R 到 x, 然后沿 $p^{(4)}$ 至 p''' 之端点即为一条 M/b- 可扩路, 因为它与 b 不相交. □

由定理 3.8.1, 欲求 G 上一条 M- 可扩路, 可先求 G/b 上一条 M/b- 可扩路. 当一条 M/b- 可扩路求得后, 则可根据定理 3.8.1 证明充分性时所出现的两种情况, 求出相应的 M- 可扩路. 若在求 M/b- 可扩路的过程中又遇到花朵, 则依同样方法处理.

例如在图 3.8.6(b) 中, 我们可得 M/b- 可扩路 $ABCDV_bGIH$. 欲求相应的 M-可扩路, 只需将 v_b 恢复成花朵 EJF, 由此即得 M-可扩路 $ABCDEFJGIH$.

又如在图 3.8.7(b) 中, 我们有一条 M/b- 可扩路为 $v_{17}v_{10}v_9v_{18}$. 由此即得相应的一条 M- 可扩路为 $v_{17}v_{10}\ v_9v_8v_7v_{16}$.

对于例 3.8.1, 我们得到新的匹配集为 $\{AB, CD, EF, JG, IH\}$; 对于例 3.8.2, 则得到新的匹配集为 $\{v_1v_2,\ v_3v_4, v_5v_6, v_{16}v_7, v_8v_9, v_{10}v_{17}, v_{11}v_{12}, v_{13}v_{14}\}$.

5. **最优性的证明**

现在回到图 3.8.1 所示的排序问题, 一共有 10 个工件, 由刚才所说, 我们已得到了图 3.8.2 的 5 对匹配 $\{AB,\ CD, EF, JG, IH\}$. 这当然是一最大配集. 我们得到的初步加工顺序如表 3.8.1 所示. 经过与图 3.8.1 对照检查, 可看出这一加工顺序是可行的. 这显然是一最优排序.

表 3.8.1 初步加工顺序

A	C	E	J	I	—
B	D	F	G	H	—

3.8.5 CG 方法

关于寻求时间等长的 2 台机器的加工系统的最优排序还有别的方法. 下面介绍的 CG(Coffman, Graham) 方法即为其中之一. 这个方法看起来比上面的方法要简便一些. 其缺点是它不适用于某些特殊类型的问题.

1. CG 方法

假若一项工件 A 必须在 B 已加工完毕之后才能开始加工, 我们就称 A 为 B 的后继. CG 方法的主题思想是: 将每一项工件赋予一些数字. 这些数字是根据该工件所有的后继已经被赋予的数字来赋予的. 为了实施这一算法, 我们必须将所有多余的先后限制去掉. 也就是说: 若有 $A \to B, B \to C, A \to C$, 则可将 $A \to C$ 这个多余的去掉, 因为它是自然成立的. 开始时, 先将一项没有后继的工件赋予数字 1, 然后对于那些其所有的后继都已赋予数字的工件, 取它的后继者的数字排成一单降序列. 将这些单降序列依 "字典" 序加以排序. 例如, (5, 3, 2, 1) 依字典序就应排在 (5, 4, 2) 之前, (5, 3, 2) 依字典序就应排在 (6, 1), (5, 4, 2), (5, 3, 2, 1) 之前等等. 在将这些单降序列排好队之后, 便依次标上 $1, 2, 3, \cdots, n$. 标上之后, 就从具有数字 n 的工件开始按标号 $n, n-1, \cdots, 3, 2, 1$ 的顺序加工工件. 这样就做成了所要的时间表.

2. CG 方法的应用

例 3.8.3　用 CG 方法找出例 3.8.1 中工件加工顺序.

在图 3.8.1 中, 我们先将 H, I, J 这 3 个没有后继的工件依次赋予数字 1, 2, 3. 于是, 工件 G 得到序列 (1), 因为它只有一个后继 1. 它应得到标号 4. 这时, 所有后继已经得到标号的工件是 D, E, F, 它们都得到序列 (4), 分别得到标号 5, 6, 7. 这时, A, B, C 分别得到序列 (7, 6, 5), (7, 6, 3, 2), (7, 6, 3, 2). 依字典序, 它们得到的标号分别为 10, 9, 8. 其结果如图 3.8.10 所示.

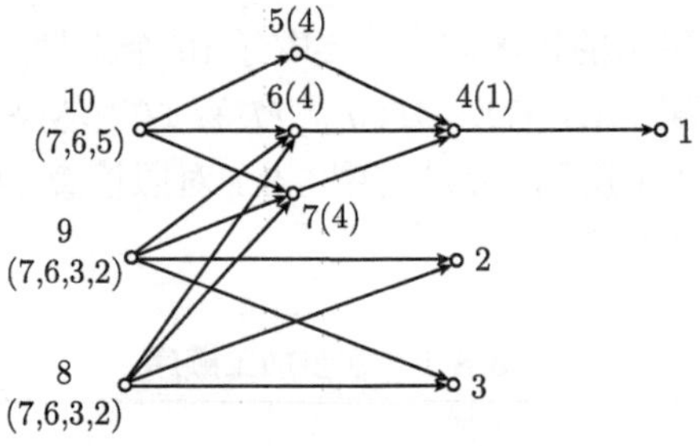

图 3.8.10　依字典序排列的结果

我们得到最后的加工顺序, 如表 3.8.2 所示.

表 3.8.2 最后的加工顺序

A	C	E	G	J
B	D	F	I	H

CG 方法在执行起来似乎比前面所讲的 Fujii 等的方法简便, 但却存在某些缺陷, 而且并不是对于所有的情况都能得出最优解. 下面例 3.8.4 足以说明这一点.

例 3.8.4 用 CG 方法不能找出图 3.8.11 的所有解.

我们先看图 3.8.11, 它是由左边的工件加顺序和右边的标号组成.

在图 3.8.11 中, 左边是表示关于工件 A, B, C, D, E, F, G, H 的加工顺序. 根据 CG 方法, 我们可以得出图 3.8.11 中右边所示的标号. 根据这一标号, 我们可得出加工顺序见表 3.8.3, 共占用 5 个单位时间.

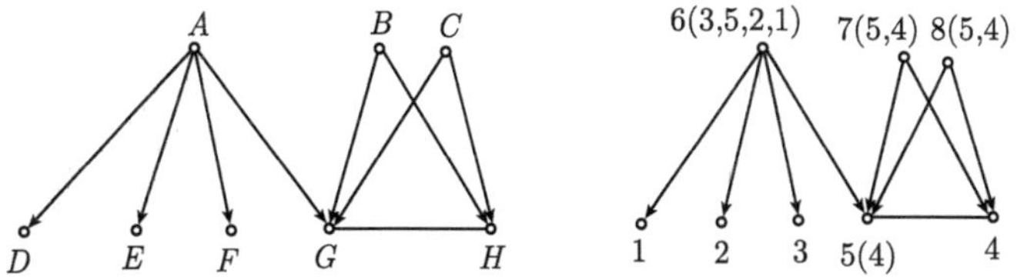

图 3.8.11 用 CG 方法不能找出所有解的例子

表 3.8.3 加工顺序

8	6	5	4	3
7	—	1	2	—

若用 Fujii 等的方法, 我们先找出工件 G 的加工顺序, 如图 3.8.12 所示.

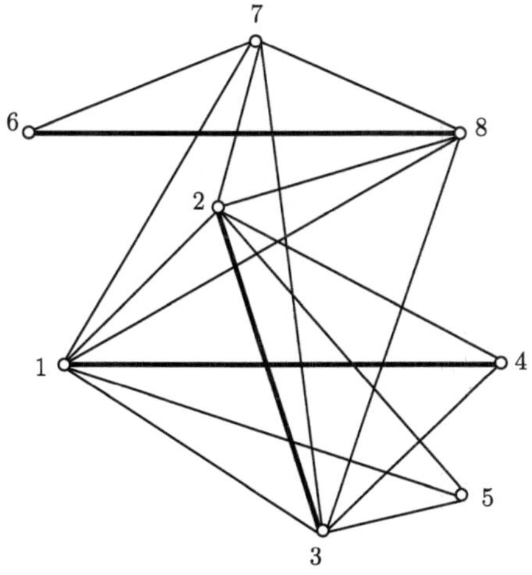

图 3.8.12 工件 G 的加工顺序

图 3.8.12 中粗黑线表示工件 G 加工顺序的一个匹配 $M: M = \{(6,8),(1,4),(2,3)\}$, 顶点 7 显然是关于 M 的一个外露点, 根据前述的做法, 我们可得工件 G 的一条交错路 $\{(7,6),(8,1),(4,2),(3,5)\}$. 于是, 我们得到新的匹配 $M' = \{7,6,8,1,4,2,3,5\}$. 这显然是一最大匹配. 根据这一匹配, 可得出加工顺序见表 3.8.4, 共占用 4 个单位时间, 它显然是一最优排序.

表 3.8.4　工件 G 的加工顺序

7	8	3	2
6	1	5	4

第4章　近似算法

4.1　概　　述

我们在第 1 章中已经提到, 在组合优化这一门学科中, 绝大多数的著名问题属于所谓的 NP 完备问题, 看来已不可能对它们找到任何简便的算法, 但是, 其中许多问题具有强烈的实际背景, 处理这些问题所取得的进展往往有助于提高生产效率和管理水平, 因此, 人们仍然对这些问题感兴趣, 并设法从各种渠道来寻找对付它们的办法, 目前用来处理这类问题的方法至少有下述 3 种类型.

4.1.1　设计算法

处理这类 NP 完备问题, 目前我们主要是通过设计某些算法来解决, 这些算法虽然是指数型的, 也就是说, 当遇到最坏情况时, 求最优解所需的运算次数可能随问题的规模的指数幂那样增长, 但是对于实际中所遇到的规模不太大的问题, 这类算法往往显得有效. 这种设计方法的缺点是: 一方面, 我们事先无法估计需要运算的次数; 另一方面, 虽然每迭代一次, 所得到的结果 (目标函数的值) 比前面会有所改进, 但是却无法估计出这一结果与真正的最优解所产生的结果之间的差距.

4.1.2　模拟求解

对于这种方法, 人们往往只满足于得到一个比原有的解答 (排序、方案) 更好的结果即可, 但如何设计出好的模拟方法, 这需要经验和技巧, 不是轻易地能找到的, 这是许多从事解决实际问题的人所关心的问题.

4.1.3　近似算法求解

此时要求设计出某种比较简单易行的算法, 并要求估计出：在这种算法之下, 所得到的解所对应的目标函数的值与最优解所对应的目标函数的值之间的差距. 本章将通过一些例子来介绍求近似解的方法.

4.2　近似解的定义

4.2.1　一些定义

关于近似解, 我们有几种定义, 各有其独自的含义, 我们首先回忆一下前面对于“问题”所给的定义, 所谓问题, 是指一个带有一组参数的问句. 例如, 设有 2 台性能相同的机器 M_1 和 M_2, 现有 n 个工件 $J_1, J_2, \cdots, J_n$ 要在 M_1 和 M_2 上各按规定的顺序加工, 每一个工件只需在 M_1 和 M_2 上各加工一次即算完工. 设 J_j 在 M_1 和 M_2 上所需的加工时间分别为 a_j 和 b_j, 试问: 如何将 $J_1, J_2, \cdots, J_n$ 安排一个顺序, 使得从第一个工件被加工开始到最后一个工件被加工完毕这段时间为最短? 在这问题中, n 和 $a_1, a_2, \cdots, a_n, b_1, b_2, \cdots, b_n$ 都为参数, 当对其中的参数给予具体数字之后, 我们就得到该问题的一个实例 (Instance), 有此了解, 我们就可以定义“近似解”.

定义 4.2.1 设 P 为一最小化问题 (即寻求最优解的问题), $\varepsilon > 0$ 为一给定常数, 一个算法 A 称为 P 的一个 ε-近似算法, 是指对于 P 的任何例题 I, 通过 A 可得出一个解, 其相应的目标函数的值 $F(I)$ 与 P 的最优值 (与最优解相应的目标函数的值)$F^*(I)$ 之间存在下列关系:

$$F(I) - F^*(I) \leqslant \varepsilon F^*(I), \tag{4.2.1}$$

其中假定 $F^*(I) > 0$, 我们称 $1+\varepsilon$ 为算法 A 的最劣比.

注意: 在这里我们假定 $F^*(I) > 0$, 若 $F^*(I) \leqslant 0$, 定义 4.2.1 不适用, 对于求极大值的问题, 要求 $\varepsilon < 0$.

定义 4.2.2 问题 P 的一个近似方案 (AS, Approximation Scheme) 是一个算法: 对于 P 的一个给定的例题 I 和一个需要的精确度 $\varepsilon > 0$, 通过这一算法, 可得出一个解, 当最优值 $F^*(I) > 0$ 时, 它所对应的值 $F(I)$ 满足 (4.2.1) 式.

定义 4.2.1 与定义 4.2.2 不同之处如下:

(1) 与 ε 的关系不同. 在定义 4.2.1 中, $\varepsilon > 0$ 是先给定的, 即算法可以与 ε 有关, 它只对于所给的 ε 有效; 在定义 4.2.2 中, 算法与 ε 无关, 它对于所有的 $\varepsilon > 0$ 都适用.

(2) 针对的问题不同. 定义 4.2.1 是就 P 来定义的, 而定义 4.2.2 则是就 I 来定义的.

在上述定义 4.2.1 和定义 4.2.2 中, 我们并没有考虑计算量, 若把计算量考虑进去, 则有下面的定义.

定义 4.2.3 一个多项式时间的近似方案 (PTAS, Polynomial Time Approximation Scheme) 是指这样的一个近似方案: 它对于任意给定的 $\varepsilon > 0$, 其计算量至多为问题的输入长度的一多项式.

定义 4.2.4 一个全多项式近似方案 (FPTAS, Full PTAS) 是一个 PTAS, 其计算量至多为例题的输入长度和 $1/\varepsilon$ 的一个二元多项式.

在本章中, 我们主要讨论在定义 4.2.1 意义下的近似解, 首先需要指出的是: 对于某些问题, 有的算法可以得出某一 ε_n-近似解, 对于比 ε_n 小的 $\varepsilon > 0$, 则不能得出

ε-近似解, 例如, 2.2 节中的例子, 当 $\varepsilon < \frac{1}{3} - \frac{1}{3m}$ 时, 则可举出反例使式子不成立, 有的问题, 例如, 旅行商问题, 则对任何 $\varepsilon > 0$, 都不存在 ε-近似算法.

4.2.2 实例

下面我们用例子来说明: 对于某些问题, 有的算法对任何固定的 $\varepsilon > 0$ 都不是 ε-近似算法, 也就是, 当 $\varepsilon > 0$ 给定后, 总可找到 P 的某个例子, 使得 (4.2.1) 式不成立.

例 4.2.1(点覆盖 (Node Covering) 问题) 给定一个图 $G = (V, E)$, 要求 V 的一个最小的子集 C, 使得对于任一 $e \in E$, 必有 C 中的某一点为其端点, 即当 $(u, v) \in E$ 时, 必有 $u \in C$ 或 $v \in C$.

这个问题已被证明为一 NP 完备问题, 因而不可能指望有任何简便的解法, 我们只有求助于近似算法, 容易使人想到的算法是所谓的 "贪婪算法"(Greedy Algorithm), 即在 G 的顶点中找出一个能覆盖住最多的边的顶点 (就是以它为一端点的边数最多的顶点), 将此顶点和与之相邻的边全部除去, 然后在余下的图中施行同样手续, 直到没有边余下为止, 将此陆续找出的顶点的全体记为 C, 此 C 显然是 G 的一覆盖集, 设 O 为 G 的一最优覆盖集, 我们现在来估计 $|C| - |O|$, 为此, 我们来看图 4.2.1. 图 4.2.1 的作法如下:

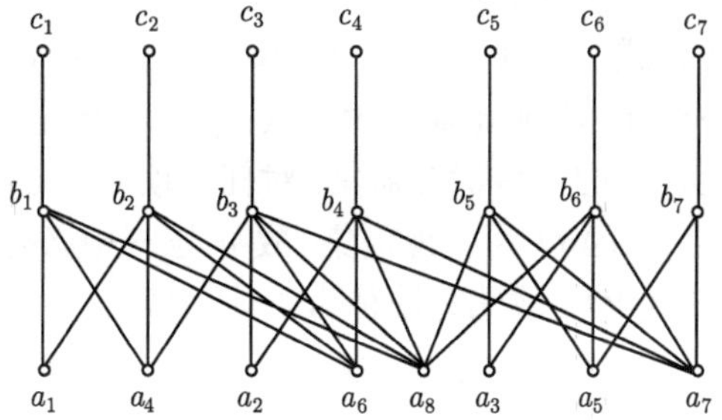

图 4.2.1 点覆盖图示

第一步: 将 b_i 与 c_i 两两相连, 然后把 $b_1, \cdots, b_7$ 分成两两一组, (图 4.2.1) 中是分成 $(b_1, b_2), (b_3, b_4), (b_5, b_6)$, 每一组下面连一个 a, 即图 4.2.1 中的 a_1, a_2, a_3.

第二步: 把 $b_1, \cdots, b_7$ 分成每 3 个一组, 每一组下面连一个新的 a, 即图 4.2.1 中的 a_4 和 a_5, 在分组的时候, 我们把上一步中没有用上的 b 先考虑进去 (即图 4.2.1 中的 b_7).

第三步: 把 $b_1, \cdots, b_7$ 分成每 4 个一组. 也是先把上一步中没有用上的 $b(b_4)$ 考虑进去, 此时只有一组, 即图 4.2.1 中的b_1, b_2, b_3, b_4, 再用 a_6 把它们连起来, 仿此得到 a_7 和 a_8, 我们总共得到了 $\left[\frac{7}{2}\right] + \left[\frac{7}{3}\right] + \left[\frac{7}{4}\right] + \left[\frac{7}{5}\right] = 8$ 个 a, 对于图 4.2.1, 若用上

述的贪婪算法来处理, 则第一个被除去的是 a_8 和与之相邻的边 $(a_8,b_1),\cdots,(a_8,b_6)$. 在作图时我们共进行了 5 步, 因此每一顶点 b_i 至多有 5+1=6 条边通过, 在将 a_8 和与其相邻的边除去之后, 不难看出, 余下的任一顶点至多有 4+1=5 条边通过, 于是我们又将 a_7 及与之相邻的边除去, 如此继续, 每次被除去的都是某一 a_i 和与之相邻的边, 最后, 剩下的就是 (b_i,c_i), $i=1,\cdots,7$, 于是, 用贪婪算法, 我们得到的 C 共由 8+7=15 个点所组成, 但真正最小的覆盖集显然是 $\{b_1,\cdots,b_7\}$, 也就是说, 对于贪婪算法, $\varepsilon \geqslant \dfrac{8}{7}$.

例 4.2.2(上述作法的推广)　我们很容易将上述作法推广到一般的 n 个点 b, 此时, 相应的 a 的个数为 $L(n)=\left[\dfrac{n}{2}\right]+\left[\dfrac{n}{3}\right]+\cdots+\left[\dfrac{n}{n-1}\right]$, 总共需除去的顶点的个数为 $L(n)+n$, 显而易见

$$n\sum_{i=2}^{n-1}\frac{1}{i}+2\leqslant L(n)+n\leqslant n\sum_{i=1}^{n-1}\frac{1}{i},$$

当 n 较大时, $L(n)\approx n\log n$, $L(n)$ 也就是 $|C|-|O|$, $|O|=n$, 故 $\varepsilon\geqslant\log n-2$, 当 $n\to\infty$ 时 ε 趋于无穷, 因此, 对于点覆盖问题, 贪婪算法不是一个 ε-近似算法, 不管 ε 是多大给定的数.

例 4.2.3(1-似算法)　现在我们来看一个简单的算法, 任取一条边 $(u,v)\in E$, 然后将 u 和 v 以及以 u 或 v 为顶点的边全部除去, 对于余下的图继续施行同样的手续, 直到没有边余下为止, 将如此除去的顶点 $u,v,\cdots$ 的全体记作 C, 显然, C 是 G 的一覆盖集, 设 O 为 G 的一最优覆盖集, 对任一顶点 $u\in C$, 由作法知, 必有一点 $v\in C$, 使得 $(u,v)\in E$, 因 O 为一覆盖集, 故 u 与 v 中必有一属于 O, 由此可知 $|C|\leqslant 2|O|$, 即 $|C|-|O|\leqslant|O|$, 故此算法称为 1- 近似算法.

4.3　一些排序问题的近似计算

本节中我们将介绍一些排序问题的近似计算方法, 我们之所以选取这些方法, 一方面是由于它们简单易行, 另一方面是由于有关的定理证明比较简单, 有关的材料主要来自 Graham(1976).

4.3.1　LPT 算法

定理 4.3.1　设 n 个工件 $J_1,J_2,\cdots,J_n$ 要在 m 台具有同样性能的机器 M_1, $M_2,\cdots,M_m$ 上加工, 每一个工件只需在其中一台机器上加工一次即能完工, J_1, $J_2,\cdots,J_n$ 之间没有先后的依存关系, 且 J_i 的加工时间为 τ_i, 假定 $\tau_1\geqslant\tau_2\geqslant\cdots\geqslant$

τ_n, LPT 表示将此 n 个工件按自然顺序 $J_1, J_2, \cdots, J_n$ 在 $M_1, M_2, \cdots, M_m$ 上加工，也就是说，当有一台机器空闲时，即将尚未投入加工的工件中编号最小者送上去加工，这样的加工方法通常以 LFD(Lowest Fit Decreasing) 或 LPT(Least Processing Time) 记之，其完工时间以 w_{LPT} 记之，令 w_{o} 表示在最优排序之下的完工时间，则有

$$\frac{w_{\text{LPT}}}{w_{\text{o}}} \leqslant \frac{4}{3} - \frac{1}{3m}. \tag{4.3.1}$$

换言之，将工件按其加工时间从大到小的这一顺序将工件依次放到 $M_1, M_2, \cdots, M_m$ 上去加工的算法是一种 $\frac{1}{3} - \frac{1}{3m}$ 近似算法.

证明 我们先考虑一种特殊情况：$n \leqslant 2m$，且存在一最优排序 O，使得在每一台机器 M_i 上至多只安排 2 个工件. 我们要证明，此时 LPT 也是一最优排序.

设在 O 下，m 台机器中有 $j(\leqslant m)$ 台只安排一个工件，其余 $m-j$ 台机器中每台安排 2 个工件，我们并假定，若一台机器 M_i 上安排 2 个工件 J_i 和 J_k，则加工时间较长的总是排在前面，即若 $\tau_i \geqslant \tau_k$，则 J_i 总是在 $_k$ 之前，不妨假定在 $M_1, M_2, \cdots, M_j$ 上都只安排一个工件，若 J_1(加工时间最长) 没有被安排在 $M_1, M_2, \cdots, M_j$ 之一，而是安排在 M_k 上 $(k > j)$，则可将 J_1 与 M_1 上的工件交换位置，此种交换显然不会增加总的完工时间，由于 O 是一最优排序，故经交换仍得一最优排序，对于 $J_2, \cdots, J_j$ 亦作同样处理，这样已将 $J_1, J_2, \cdots, J_j$(具有最长时间的 j 个工件) 排在 $M_1, M_2, \cdots, M_j$ 上，由于所有的 M_i 具有同样性能，可设 J_i 安排在 M_i 上. 设 J_{j+1} 与 J_n(注意我们已假定 $\tau_1 \geqslant \tau_2 \geqslant \cdots \geqslant \tau_n$) 分别被安排在 M_h 与 M_k 上，其中 M_h 上安排的是 J_{j+1} 和 J_i，在 M_k 上安排的是 J_l 和 J_n，则可将 J_i 和 J_n 交换，由于 $\tau_i \geqslant \tau_n, \tau_{j+1}+\tau_i \geqslant \tau_{j+1}+\tau_n, \tau_{j+1}+\tau_i \geqslant \tau_l+\tau_i$，这样做不会增加总的完工时间，对于 J_{j+2} 与 $J_{n-1}, \cdots$ 亦作同样处理，结果 (必要时可将机器重新编号) 使得将 $J_i(i \leqslant m)$ 均安排在 M_i 上，将 J_{m+l} 均安排在 M_{m-l+1} 上 $(l = 1, \cdots, n-m)$，在这样的安排下，总的完工时间不超过 (因而等于)w_{o}，故为一最优排序，显然，这也是一个 LPT 排序.

现在我们转入一般的情况，可以有 $n > 2m$，假设我们的结论不成立，即存在 $J_1, J_2, \cdots, J_n$ 与 $\tau_1 \geqslant \tau_2 \geqslant \cdots \geqslant \tau_n$，使得

$$\frac{w_{\text{LPT}}}{w_{\text{o}}} > \frac{4}{3} - \frac{1}{3m}.$$

设 n 为使上式成立的最小者，我们要证：在 LPT 排序之下，J_n 必在最后完工，假若不然，设 J_r 为最后完工的工件，$r < n$，我们考虑 $J_1, J_2, \cdots, J_r$，显而易见，对于 $J_1, J_2, \cdots, J_r$ 的最优排序，其总的完工时间 $w_{\text{o}}' \leqslant w_{\text{o}}$，另一方面，关于 $J_1, J_2, \cdots, J_r$ 的 LPT 排序，其总的完工时间 $w_{\text{LPT}}' = w_{\text{LPT}}$(因 J_r 为最后完工的工件，在 LPT 排

序下, $J_1, J_2, \cdots, J_r$ 的排序在两种情况之下是一样的). 由此即得

$$\frac{w'_{\mathrm{LPT}}}{w'_{\mathrm{o}}} \geqslant \frac{w'_{\mathrm{LPT}}}{w_{\mathrm{o}}} > \frac{4}{3} - \frac{1}{3m}. \tag{4.3.2}$$

这与 n 为使 (4.3.2) 式成立的最小数的假设矛盾. 令 S_n 为 J_n 开始加工的时间, 则 $w_{\mathrm{LPT}} = S_n + \tau_n$, 显然, 在 S_n 之前, 所有的 M_i 都无空闲, 故

$$S_n \leqslant \frac{1}{m}\sum_{j=1}^{n-1}\tau_j,$$

或

$$w_{\mathrm{LPT}} = s_n + \tau_n \leqslant \frac{1}{m}\sum_{j=1}^{n}\tau_j + \frac{m-1}{m}\tau_n.$$

另一方面, 显然有

$$w_{\mathrm{o}} \geqslant \frac{1}{m}\sum_{j=1}^{n}\tau_j.$$

由上述两式即得

$$w_{\mathrm{LPT}} \leqslant w_{\mathrm{o}} + \frac{m-1}{m}\tau_n,$$

或

$$\frac{w_{\mathrm{LPT}}}{w_{\mathrm{o}}} \leqslant 1 + \frac{m-1}{m}\frac{\tau_n}{w_{\mathrm{o}}}.$$

由 (4.3.2) 式, 即得

$$\frac{4}{3} - \frac{1}{3m} < 1 + \frac{m-1}{m}\frac{\tau_n}{w_{\mathrm{o}}},$$

或 $\tau_n > \dfrac{1}{3}w_{\mathrm{o}}$, 由于 $\tau_n = \min_{i=1,\cdots,n}\tau_i$, 此即表明: 在最优排序下, 每一 M_i 上至多只能安排 2 个工件, 这与假设 $n > 2m$ 矛盾, 故必有

$$\frac{w'_{\mathrm{LPT}}}{w_{\mathrm{o}}} \leqslant \frac{4}{3} - \frac{1}{3m}.$$

此即所要证明的 (4.3.1) 式. 下面例 4.3.1 说明 $\dfrac{4}{3} - \dfrac{1}{3m}$ 这一界限是无法改进的, 也就是说, 对于任何 $\varepsilon < \dfrac{1}{3} - \dfrac{1}{3m}$, 总有一 I 使 (4.2.1) 式不成立. □

例 4.3.1 取 $n = 2m+1$, 令

$$p_k = 2m - \left[\frac{k+1}{2}\right], \quad 1 \leqslant k \leqslant 2m, \quad p_{2m+1} = m.$$

容易看出

$$\frac{w'_{\mathrm{LPT}}}{w_{\mathrm{o}}} = \frac{4}{3} - \frac{1}{3m}.$$

读者不妨再考虑 $n \neq 2m+1$ 的情形.

4.3.2 完工时间的估算

这里所讨论的模型和定理 4.3.1 中所考虑的一样: 机器 $M_1, M_2, \cdots, M_m$ 都具有同样性能, 每一个工件 J_i 只需在其中一台机器上加工一次即完工, 各工件之间不存在先后制约关系, 对于一个给定算法 A, 令 w_{A} 表示在算法 A 之下最后一个完工的工件离开机器的时间, 我们现在来证明下面的定理.

定理 4.3.2 对于任意一个算法 A, 我们有

$$\frac{w_{\mathrm{A}}}{w_{\mathrm{o}}} \leqslant 1 + (m-1)\frac{\max_{1\leqslant i\leqslant n}\tau_i}{\sum_{i=1}^{n}\tau_i}. \tag{4.3.3}$$

证明 令 $\tau_j = \max_{1\leqslant i\leqslant n}\tau_i$, 显然, 在时刻 $w_{\mathrm{A}} - \tau_j$ 之前, 没有一台机器是空闲的, 同时至少有一台机器一直工作到时刻 w_{A}, 故得

$$\sum_{i=1}^{n}\tau_i \geqslant (m-1)(w_{\mathrm{A}} - \tau_j) + w_{\mathrm{A}}.$$

由此即得

$$w_{\mathrm{o}} \geqslant \frac{1}{m}\sum_{i=1}^{n}\tau_i \geqslant \frac{1}{m}((m-1)(w_{\mathrm{A}} - \tau_j) + w_{\mathrm{A}}).$$

因而有

$$\frac{w_{\mathrm{A}}}{w_{\mathrm{o}}} \leqslant 1 + \frac{m-1}{m}\frac{\tau_j}{w_{\mathrm{o}}} \leqslant 1 + (m-1)\frac{\max_{1\leqslant i\leqslant n}\tau_i}{\sum_{i=1}^{n}\tau_i}.$$ □

定理 4.3.3(Graham, 1969) 设 $\tau_1 \geqslant \cdots \geqslant \tau_n, 1 \leqslant k \leqslant n, k$ 为一固定数, 设 A_k 表示这样的一个算法: 将 $\{J_1, J_2, \cdots, J_k\}$ 进行最优排序, 放在前面先加工, 对于余下的 $n-k$ 个工件则任意安排一个顺序放在后面加工, 令 w_k 表示在 A_k 之下最后一个完工的工件离开机器的时刻, 则有

$$\frac{w_k}{w_{\mathrm{o}}} \leqslant 1 + \frac{1 - \dfrac{1}{m}}{1 + \left[\dfrac{k}{m}\right]}. \tag{4.3.4}$$

当 k 为 m 的倍数时, 上述结果不可能再改进.

证明 我们可假定 $n > k$, 令 w' 表示 $\{J_1, J_2, \cdots, J_k\}$ 在最优排序之下 k 个工件 $J_1, J_2, \cdots, J_k$ 中最后一个完工的工件离开机器的时间, 显然, 有 $w_k \geqslant w_{\mathrm{o}} \geqslant w'$. 若 $w_k = w'$, 则定理显然成立, 因此, 可设 $w_k > w'$, 令 $\tau_j = \max_{k+1\leqslant i\leqslant n}\tau_i$, 同定理

4.3.2 的证明一样, 在算法 A_k 之下, 在时刻 $w_k-\tau_j$ 之前, 每台机器都无空闲, 但总有一台机器一直工作到 w_k, 故得

$$\begin{aligned}\sum_{i=1}^{n}\tau_i &\geqslant (m-1)(w_k-\tau_j)+w_k\\ &\geqslant m(w_k-\tau_j)+\tau_j\end{aligned}\tag{4.3.5}$$

和

$$w_o\geqslant\frac{1}{m}\sum_{i=1}^{n}\tau_i\geqslant w_k-\frac{m-1}{m}\tau_j.\tag{4.3.6}$$

因至少有 $k+1$ 个工件的加工时间 $\geqslant\tau_j$, 且至少有一台机器要加工这 $k+1$ 个工件中的 $1+\left[\dfrac{k}{m}\right]$ 个, 故有

$$w_o\geqslant\left(1+\left[\frac{k}{m}\right]\right)\tau_j,$$

再由 (4.3.5) 式和 (4.3.6) 式即得

$$w_k\leqslant w_o+\frac{m-1}{m}\tau_j\leqslant w_o\left(1+\frac{1-\dfrac{1}{m}}{1+\left[\dfrac{k}{m}\right]}\right).\qquad\Box$$

欲证上述结果当 k 为 m 的倍数时不能再改进, 可设 $m|k, n=k+1+m(m-1)$,

$$\tau_i=\begin{cases}m, & 若\ 1\leqslant i\leqslant k+1,\\ 1, & 若\ k+2\leqslant i\leqslant k+1+(m-1)m.\end{cases}$$

我们可设 A_k 为按下面的顺序加工的算法:

$$\{J_1,\cdots,J_k,J_{k+2},\cdots,J_{k+1+m(m-1)},J_{k+1}\}.$$

易证: $w_o=k+m, w_k=k+2m-1$, 由此即得

$$\frac{w_k}{w_o}=\frac{k+2m-1}{k+m}=1+\frac{1-\dfrac{1}{m}}{1+\left[\dfrac{k}{m}\right]},\tag{4.3.7}$$

上述第二个等式成立是因为 $m|k$.

4.3.3 两台机器的情形

这里所讨论的模型仍和定理 4.3.1 相同, 为了叙述简单起见, 只限于讨论 $m=2$, 即 2 台机器的情形. 设 τ_i 为 J_i 在 M_1 或 M_2 上的加工时间, k 为一正整数, 令 $\overline{\tau}_i=\left[\frac{\tau_i}{k}\right]$($\frac{\tau_i}{k}$ 的整数部分), 现在根据原来关于 $J_1,J_2,\cdots,J_n$ 的加工问题, 即将 $J_1,J_2,\cdots,J_n$ 在 2 台具有同样性能的机器 M_1 和 M_2 上进行加工的最优排序问题 (原问题), 作一新问题如下: 设 J_i 加工时间为 $\overline{\tau}_i$, 如何给 $J_1,J_2,\cdots,J_n$ 安排一个最优排序? 我们假定 A_k 为新问题的一个最优排序算法, 即通过 A_k, 我们可得到新问题的一个最优排序, 现将原问题按此排序进行加工 (这一排序对原问题不一定是最优排序), 并设 w_k 为在 A_k 排序下最后一个完工的工件离开机器的时间, 我们有下面的定理.

定理 4.3.4(Sahni,1976)

$$\frac{w_k}{w_o}\leqslant 1+\frac{2nk}{\sum\limits_{i=1}^{n}\tau_i}. \tag{4.3.8}$$

证明 我们先证明

$$w_k-w_o\leqslant nk. \tag{4.3.9}$$

设 S_o 为原问题在最优排序之下分配在 M_1 上加工的工件所成之集, S_k 为在 A_k 排序下分配在 M_1 上加工的工件所成之集, 显然有

$$w_o=\max\left\{\sum_{J_i\in S_0}\tau_i,\ \sum_{J_i\notin S_0}\tau_i\right\}, \tag{4.3.10}$$

$$w_k=\max\left\{\sum_{J_i\in S_k}\tau_i,\ \sum_{J_i\notin S_k}\tau_i\right\}. \tag{4.3.11}$$

令

$$X=\max\left\{\sum_{J_i\in S_k}\overline{\tau}_i,\ \sum_{J_i\notin S_k}\overline{\tau}_i\right\}, \tag{4.3.12}$$

$$Y=\max\left\{\sum_{J_i\in S_0}\overline{\tau}_i,\ \sum_{J_i\notin S_0}\overline{\tau}_i\right\}. \tag{4.3.13}$$

因 S_k 为新问题在最优排序 A_k 之下分到 M_1 上加工的工件, X 即为最短的完工时刻, 故必

$$X\leqslant Y. \tag{4.3.14}$$

由定义, $0 \leqslant \frac{\tau_i}{k} - \overline{\tau}_i < 1$, 或 $0 \leqslant \tau_i - k\overline{\tau}_i < k$, 因至多只有 n 个工件, 故

$$0 \leqslant \sum_{i \in S} (\tau_i - k\overline{\tau}_i) < nk, \quad \forall S \subseteq \{J_1, \cdots, J_n\}, \tag{4.3.15}$$

由

$$\begin{aligned} w_k - kX &= \max\left\{\sum_{J_i \in S_k} \tau_i, \sum_{J_i \notin S_k} \tau_i\right\} - kX \\ &= \max\left\{\sum_{J_i \in S_k} \tau_i - kX, \sum_{J_i \notin S_k} \tau_i - kX\right\} \\ &\leqslant \max\left\{\sum_{J_i \in S_k} (\tau_i - k\overline{\tau}_i), \sum_{J_i \notin S_k} (\tau_i - k\overline{\tau}_i)\right\} \\ &< nk, \end{aligned} \tag{4.3.16}$$

由式 (4.3.10) 和式 (4.3.15), 有

$$\begin{aligned} w_o - kY &= w_o - k\max\left\{\sum_{J_i \in S_0} \overline{\tau}_i, \sum_{J_i \notin S_0} \overline{\tau}_i\right\} \\ &= \min\left\{w_o - \sum_{J_i \in S_0} k\overline{\tau}_i, w_o - \sum_{J_i \notin S_k} k\overline{\tau}_i\right\} \\ &\geqslant \min\left\{\sum_{J_i \in S_0} (\tau_i - k\overline{\tau}_i), \sum_{J_i \notin S_0} (\tau_i - k\overline{\tau}_i)\right\} \geqslant 0. \end{aligned} \tag{4.3.17}$$

由式 (4.3.16) 及式 (4.3.17), 即得

$$(w_k - kX) - (w_o - kY) \leqslant nk,$$

或

$$w_k - w_o \leqslant nk - k(Y - X),$$

由式 (4.3.14), 有 $w_k - w_o \leqslant nk$, 此即式 (4.3.9), 由式 (4.3.9) 及不等式 $w_o \geqslant \frac{1}{2}\sum_{i=1}^{n} \tau_i$, 我们有

$$\frac{w_k}{w_o} \leqslant 1 + \frac{2nk}{\sum_{i=1}^{n} \tau_i}. \qquad \square$$

欲使上式之精确度 $\leqslant \varepsilon$, 可取 $k=\left[\dfrac{\varepsilon\sum\limits_{i=1}^{n}\tau_i}{2n}\right]$. w_k 比 w_o 优越之处是在于：原问题的 τ_i 已代之以 $\overline{\tau}_i$, 即将问题的规模缩小到它的 $\dfrac{1}{k}$, 对于有些方法, 例如本节开始的 LPT, 这样的处理并不重要, 但对于某些算法, 这样的缩小可以在计算量上带来大的益处.

例 4.3.2 设 M_1 和 M_2 为两台性能相同的机器, 工件 $J_i(i=1,\cdots,n)$ 在 M_1 或 M_2 上的加工时间为 τ_i, 每一 J_i 只需在 M_1 或 M_2 上加工一次即告完工, 试将 $J_1,J_2,\cdots,J_n$ 安排一个排序, 使最后一个完工的工件离开机器的时间为最小.

解 设 B 为任一给定的算法, 令 $b=\sum\limits_{i=1}^{n}\tau_i$, 又令 S 表示在算法 B 之下, $\{J_1,\cdots,J_n\}$ 中分到 M_1 上加工的工件, 显然有

$$w_{\mathrm{B}}=\max\left\{\sum_{J_i\in S}\tau_i,\sum_{J_i\notin S}\tau_i\right\}.$$

w_{B} 表示在算法 B 之下最后一个完工的工件离开机器的时间. 最优的算法也就是使上式右边达到最小的算法, 上式右边括号中 2 个和数必有一个 $\geqslant \dfrac{b}{2}$, 另一个 $\leqslant \dfrac{b}{2}$, 不妨设 $\sum\limits_{J_i\in S}\tau_i\leqslant\dfrac{b}{2}$, 我们的目的就是要找出一个算法 A, 使得通过算法 A 所得出的 S 满足如下关系：

(1) $\sum\limits_{J_i\in S}\tau_i\leqslant\dfrac{b}{2}$;

(2) 对于 $\{J_1,\cdots,J_n\}$ 的任一子集 S', 若 $\sum\limits_{J_i\in S'}\tau_i\leqslant\dfrac{b}{2}$, 则

$$\sum_{J_i\in S'}\tau_i\leqslant\sum_{J_i\in S}\tau_i.$$

这样的算法显然是一最优算法, 欲得出这一算法, 我们现对 $1\leqslant j\leqslant\dfrac{b}{2}$ 定义函数 $T(i,j)$ 如下：

$$T(1,j)=\begin{cases}0, & j\neq\tau_1,\\ 1, & j=\tau_1.\end{cases}$$

$$T(i+1,j)=\begin{cases}i+1, & \text{若 } j=\tau_{i+1}, \text{ 或 } T(i,j-\tau_{i+1})\neq 0,\\ T(i,j), & \text{否则}.\end{cases}$$

由定义, 显然有 $T(i,j) \leqslant i$, 现在对 i 施行归纳法来证明

$$T(i,j) = \begin{cases} 0, & \text{若不存在 } U \subseteq \{J_1,\cdots,J_i\}, \text{使得} \sum\limits_{J_l \in U} \tau_l = j, \\ q, & \text{若存在 } U \subseteq \{J_1,\cdots,J_i\}, \text{使得} \sum\limits_{J_l \in U} \tau_l = j, \\ & \text{且 } q = \max\limits_U \max\{l | J_l \in U\} \end{cases} \tag{4.3.18}$$

具体过程如下:

(i) $i = 1$ 时, (4.3.18) 式显然成立.

(ii) 设 (4.3.18) 式对 i 成立, 下面证明它对 $i+1$ 也成立:

(ii)$_1$ 若不存在 $U \subseteq \{J_1,\cdots,J_{i+1}\}$, $\sum\limits_{J_l \in U} \tau_l = j$, 则显然有 $j \neq \tau_{i+1}$, 今证明 $T(i, j-\tau_{i+1}) = 0$, 若有 $T(i, j-\tau_{i+1}) \neq 0$, 则由归纳法假设, 存在 $U \subseteq \{J_1,\cdots,J_i\}$, 使得 $\sum\limits_{J_l \in U} \tau_l = j - \tau_{i+1}$, 亦即 $\sum\limits_{J_l \in U} \tau_l + \tau_{i+1} = j$, 得出矛盾, 故 $T(i, j-\tau_{i+1}) = 0$, 由定义, 有 $T(i+1, j) = T(i,j) = 0$, 因为由假设可知, 不存在 $U \subseteq \{J_1,\cdots,J_i,J_{i+1}\}$, 使得 $\sum\limits_{J_l \in U} \tau_l = j$.

(ii)$_2$ 设存在 $U \subseteq \{J_1,\cdots,J_i,J_{i+1}\}$, 使得 $\sum\limits_{J_l \in U} \tau_l = j$, 且 $\max\{l|J_l \in U\} = i+1$. 若 $\sum\limits_{J_l \in U \backslash \{J_{i+1}\}} \tau_l = j - \tau_{i+1} = 0$, 即 $j = \tau_{i+1}$ 则由定义, $T(i+1, j) = i+1 = \max\limits_U \max\{i|J_i \in U\}$, 若 $j - \tau_{i+1} \neq 0$, 则由归纳法假设, $T(i, j-\tau_{i+1}) = k' \neq 0$, 因而 $T(i+1, j) = i+1$.

(ii)$_3$ 设存在 $U \subseteq \{J_1,\cdots,J_i,J_{i+1}\}$, 使得 $\sum\limits_{J_l \in U} \tau_l = j$, 但对于任何这种 U, $\max\{l|J_l \in U\} = q \leqslant i$, 因而 $J_{i+1} \notin U$, 此时显然有 $j \neq \tau_{i+1}$, 且不存在 $U \subseteq \{J_1,\cdots,J_i,J_{i+1}\}$, 使得 $\sum\limits_{J_l \in U} \tau_l = j - \tau_{i+1}$, 由归纳法假设, $T(i, j-\tau_{i+1}) = 0$, 因而有 $T(i+1, j) = T(i,j) = q$, 此即证明 (4.3.18) 对于 $i+1$ 亦成立.

令 $j_0 = \max\left\{j | T(n,j) \neq 0, 0 \leqslant j \leqslant \dfrac{b}{2}\right\}$, 与此 j_0 相对应的 U_0 显然满足关系:

(a) $\sum\limits_{J_l \in U_0} \tau_l = j_0 \leqslant \dfrac{b}{2}$;

(b) 对于任何 $U' \subseteq \{J_1,J_2,\cdots,J_n\}$, 若 $1 \leqslant \sum\limits_{J_l \in U'} \tau_l = j \leqslant \dfrac{b}{2}$, 则必有 $\sum\limits_{J_l \in U'} \tau_l = j \leqslant j_0$, 即 U_0 为所求的 S.

显而易见, 求出上述 S 所需的运算次数为 $O\left(n\sum\limits_{i=1}^{n} \tau_i\right)$, 欲求 (4.3.8) 式中的

w_k, 所需要的运算次数为

$$O\left(n\sum_{i=1}^{n}\overline{\tau}_i\right)=O\left(\frac{n}{k}\sum_{i=1}^{n}\tau_i\right).$$

欲使 $\dfrac{2nk}{\sum_{i=1}^{n}\tau_i}\leqslant\varepsilon$, 可取 $k=\left[\dfrac{\varepsilon}{2n}\sum_{i=1}^{n}\tau_i\right]$. 此时, 求 S 所需的运算次数为 $O\left(\dfrac{n^2}{\varepsilon}\right)$. 由定义, 算法 A_k 为上述问题的一个全多项式近似方案.

上述结果可推广到多台机的情形, 但证明要复杂得多.

4.4 装箱问题

设有许多具有同样结构和负荷的箱子 $B_1,B_2,B_3,\cdots$, 其数目足供我们所欲达到的目的之用, 即可假设其数目为无限, 并可设每个箱子的负荷为 1. 也就是说, 其可载的最大限量 (例如质量) 为一个单位 (比如 100kg, 1t 等), 今设有 n 个物体 $J_1,J_2,\cdots,J_{n-1},J_n$. 它们的质量为 a_i, $0<a_i\leqslant 1, i=1,2,\cdots,n$. 我们需要将 $J_1,J_2,\cdots,J_{n-1},J_n$ 装入箱内, 所谓装箱问题 (Bin Packing Problem), 是指寻找一种方法, 使得对于任意给定的 $a_1,a_2,\cdots,a_n$, 按照这种方法去装箱, 就能以最少数目的箱子将 $J_1,J_2,\cdots,J_{n-1},J_n$ 全部装下.

许多实际问题都可化为装箱问题. 例如, 轧钢厂生产出来的钢条一般为同一长度, 而用户所需的钢条则可能具有各种不同的尺寸, 如何根据用户提出的要求, 用最少的钢条裁出他们所需的定货. 这显然是上述装箱问题. 又如造纸厂生产出来的纸一般卷成具有同样宽度的纸筒. 但用户所需的宽度则可能有许多差别, 如何根据若干用户提出订单用最少的卷筒裁出所需的定货, 这显然与上述问题同类.

上面所说的装箱问题是这类问题中最早所研究的, 也是提法上最简单的问题. 即使是这一问题, 也已被证明为一 NP 难 (NP-Hard) 问题, 也就是说, 要对它寻求有效的 (即多项式的) 算法看来是无望的, 除了这一经典的问题之外, 尚有一些别的类型的装箱问题. 比如说, $J_1,J_2,\cdots,J_{n-1},J_n$ 的质量 (或尺寸) 事先并不知道, 来货是随到随装, 此类问题称为在线的 (On - Line) 装箱问题. 此外, 由于场地的限制, 在同一时间只能容许一定数量的箱子停留现场可供使用, 这样就会影响装法的选取. 诸如此类的问题还相当多. 因此, 装箱问题便形成了一个具有相当广泛内容的课题. 本书的目的旨在介绍一些较为典型的, 研究成果已较成熟的问题, 特别是由作者或在作者指导之下由某些同志作出的成果. 若欲知道更多的情况, 可参考 Coffman 等所写的*Approximation Algorithms for Bin Packing* (1997).

我们先从一些简单的问题开始.

4.4.1 NF 算法

NF(Next Fit) 算法是这样的: 设物体 $J_1, J_2, \cdots, J_{n-1}, J_n$ 的质量分别为 a_1, $a_2, \cdots, a_n$, $0 < a_i \leqslant 1, i = 1, 2, \cdots, n$, 箱子 $B_i(i = 1, 2, \cdots)$ 的容量都是 1, 先将 a_1 装入 B_1, 若 $a_1 + a_2 \leqslant 1$, 则将 a_2 装入 B_1, 此时再对 a_3 作同样的考虑. 若 $a_1+a_2+\cdots+a_j \leqslant 1$, 而 $a_1+a_2+\cdots+a_j+a_{j+1} > 1$, 则 B_1 已装入 $a_1, a_2, \cdots, a_j$, 将其关闭, 将 a_{j+1} 装入 B_2, 同法进行, 直到所有的物件装完为止. 设最优装法所需的箱子数为 m, NF 装法所需者为 k, 则因在最优装法之下, 装入每一箱子的容量至多为 1, 而在 NF 装法之下, 相邻两箱子所装入的物件质量之和必然 > 1, 故得 $\mathrm{NF}(L) \leqslant 2m = 2\mathrm{OPT}(L)$. 因此, 在 (4.2.1) 式中 $\varepsilon \leqslant 1$. 例如, 当 $L = \left(\frac{1}{2}, \frac{1}{2N}, \cdots, \frac{1}{2}, \frac{1}{2N}\right)$ 时 (共有 $4N$ 个), 显然 $\mathrm{OPT}(L) = N + 1$, 而 $\mathrm{NF}(L) = 2N$. 这说明 $\varepsilon = 1$ 是不能变小的, 最优装法是将重量为 $\frac{1}{2}$ 的物体两两装在一起, 把重量为 $\frac{1}{2N}$ 的全部装入一个箱子.

4.4.2 FF 算法

FF(First Fit) 算法由 Garey 等 (1971) 提出, 其方法如下: 先将所给的物体任意排一个顺序, 记 $L = \{a_1, a_2, \cdots, a_n\}$, a_i 为 J_i 的质量, 依次将 $J_1, J_2, \cdots, J_{n-1}, J_n$ 放入箱内, 但对固定的 k, J_k 是放在能容纳它的具有最小标号的箱子, 即将 J_1 放入 B_1, 对于 J_2, 若能放入 B_1, 则放入 B_1, 若 B_1 不能容纳, 也就是 $a_1 + a_2 > 1$, 则放入 B_2; 如果 J_2 已放入 B_2, 对于 J_3, 则依次检查 B_1 和 B_2, 若 B_1 能容纳, 则放入 B_1, 否则查看 B_2, 若 B_2 能容纳, 则放入 B_2, 否则启动 B_3, 如此继续进行, 对于所给的表 L, 依 FF 算法放置所需的箱子的个数记作 FF(L), 我们先来证明下面的定理.

定理 4.4.1(Johnson et al., 1974) 对于装箱问题, 若在最优装箱方法之下所需的箱子数为 $\mathrm{OPT}(L)$ (即必不可少的箱子数), 则有

$$\mathrm{FF}(L) \leqslant \frac{17}{10}\mathrm{OPT}(L) + 2.$$

证明 作函数

$$\omega(\alpha) = \begin{cases} \frac{6}{5}\alpha, & 0 \leqslant \alpha \leqslant \frac{1}{6}, \\ \frac{9}{5}\alpha - \frac{1}{10}, & \frac{1}{6} < \alpha \leqslant \frac{1}{3}, \\ \frac{6}{5}\alpha + \frac{1}{10}, & \frac{1}{3} < \alpha \leqslant \frac{1}{2}, \\ 1, & \frac{1}{2} < \alpha \leqslant 1. \end{cases}$$

显然, 有

$$\frac{6}{5} \leqslant \frac{\omega(\alpha)}{\alpha} \leqslant \frac{3}{2}, \quad \alpha \leqslant \frac{1}{2}. \tag{4.4.1}$$

其函数图像如图 4.4.1 所示, 我们先讨论如下一些问题, 然后对定理 4.4.1 加以证明.

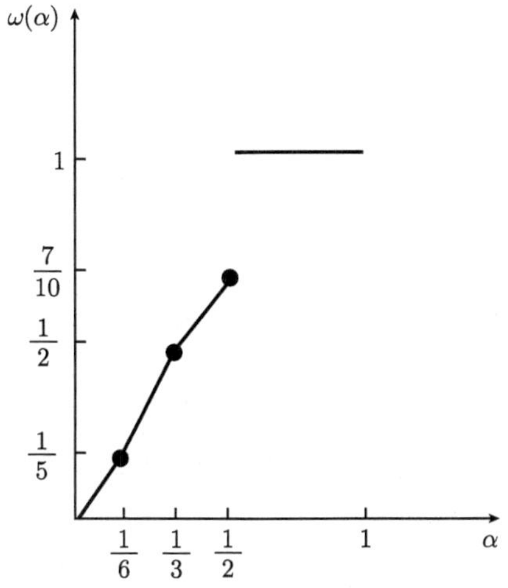

图 4.4.1 函数 $\omega(\alpha)$ 的图像

1. **同一箱装物问题**

命题 4.4.1 设在同一箱中所装物体的质量分别为 $b_1,\cdots,b_k$, 则有

$$\sum_{i=1}^{k}\omega(b_i)\leqslant\frac{17}{10}.$$

证明 若 $\sum\limits_{i=1}^{k}b_i<\frac{1}{2}$, 则

$$\sum_{i=1}^{k}\omega(b_i)\leqslant\frac{7}{10}. \tag{4.4.2}$$

若有某个 b_i, 比如 $b_1\geqslant\frac{1}{3}$, 令 $b_1=\frac{1}{3}+\beta_1$, 由 $\sum\limits_{i=1}^{k}b_i<\frac{1}{2}$, 必有 $b_1<\frac{1}{2}$, 此时有

$$\beta_1+\sum_{i=2}^{k}b_i<\frac{1}{2}-\frac{1}{3}=\frac{1}{6},$$

故必有 $\beta_1<\frac{1}{6},b_i<\frac{1}{6},i\geqslant 2$, 由于

$$\omega(b_1)=\frac{6}{5}b_1+\frac{1}{10}=\frac{2}{5}+\omega(\beta_1)+\frac{1}{10}=\frac{1}{2}+\omega(\beta_1),$$

即得

$$\begin{aligned}\sum_{i=1}^{k}\omega(b_i) &=\frac{1}{2}+\omega(\beta_1)+\sum_{i=2}^{k}\omega(b_i)\\ &=\frac{1}{2}+\frac{6}{5}\left(\beta_1+\sum_{i=2}^{k}b_i\right)\\ &<\frac{1}{2}+\frac{1}{5}=\frac{7}{10},\end{aligned}$$

故可设所有的 $b_i<\frac{1}{3}$. 若有 2 个 b_i, 比如 b_1 和 b_2, 都不大于 $\frac{1}{6}$, 但 $b_1+b_2\geqslant\frac{1}{6}$, 则由 $b_1+b_2\leqslant\frac{1}{3}$, 有 $\omega(b_1)+\omega(b_2)=\frac{6}{5}(b_1+b_2)\leqslant\frac{9}{5}(b_1+b_2)-\frac{1}{10}=\omega(b_1+b_2)$. 于是可将 $\omega(b_1)+\omega(b_2)$ 代以 $\omega(b_1+b_2)$ 而不影响我们的证明. 于是, 只需考虑下面的情况即可

$$0\leqslant b_1\leqslant\frac{1}{6},\quad \frac{1}{6}<b_i\leqslant\frac{1}{3},\quad i=2,3,\cdots,k.$$

由于 $\sum\limits_{i=1}^{k}\omega(b_i)<\frac{1}{2}$, 显然有 $k\leqslant 3$. 今分如下两种情况讨论:

(i) $k=2$, $0\leqslant b_1\leqslant\frac{1}{6}<b_2\leqslant\frac{1}{3}$;

(ii) $k=3$, $0\leqslant b_1\leqslant\frac{1}{6}<b_2\leqslant b_3\leqslant\frac{1}{3}$.

对于 (i), 显然有

$$\omega(b_1)+\omega(b_2)=\frac{6}{5}b_1+\frac{9}{5}b_2-\frac{1}{10}\leqslant\frac{1}{5}+\frac{3}{5}-\frac{1}{10}=\frac{7}{10}.$$

(4.4.2) 式成立, 对于 (ii), 由于 $b_1+b_2+b_3<\frac{1}{2}$, 有

$$\omega(b_1)+\omega(b_2)+\omega(b_3)=\frac{6}{5}b_1+\frac{9}{5}(b_2+b_3)-\frac{1}{5}=\frac{9}{5}(b_1+b_2+b_3)-\frac{3}{5}b_1-\frac{1}{5}<\frac{7}{10}.$$

至此, (4.4.2) 式已证明, 因为每一个箱中至多有一个 $b_i>\frac{1}{2}$, 所以命题 4.4.1 得证.□

2. 粗量

定义 4.4.1 设在箱子 $B_1,\cdots,B_{i-1}$ 中, $B_j(j\leqslant i-1)$ 已被装入的总质量为 $1-\alpha_j$, 则称 $\alpha=\max_{1\leqslant j<i}\alpha_j$ 为 B_i 的粗量 (Coarseness). 定义 B_1 的粗量为 0.

我们先证明下述命题:

命题 4.4.2 设 B_i 的粗量 $\alpha<\frac{1}{2}$, 又设在 FF 装箱方法下, 已装入 B_i 的物件 (设其个数为 k) 的质量分别为 $b_1\geqslant\cdots\geqslant b_k$, 若 $\sum\limits_{j=1}^{k}b_j\geqslant 1-\alpha$, 则 $\sum\limits_{j=1}^{k}\omega(b_j)\geqslant 1$.

证明 若 $b_1 > \frac{1}{2}$, 则由定义, $\omega(b_1) = 1$, 结论显然成立, 故可设 $b_1 \leqslant \frac{1}{2}$. 按照 FF 装箱方法的规定, 所有的 $b_1, \cdots, b_k$ 都必大于 α. 现分 3 种情况讨论:

(i) $\alpha \leqslant \frac{1}{6}$. 这时, $\sum_{i=1}^{k} b_i \geqslant 1-\alpha \geqslant \frac{5}{6}$. 由 (4.4.1) 式得, $\frac{\omega(b_i)}{b_i} \geqslant \frac{6}{5}, i = 1, \cdots, k$. 由此即得 $\sum_{i=1}^{k} \omega(b_i) \geqslant \frac{6}{5} \sum_{i=1}^{k} b_i \geqslant 1$.

(ii) $\frac{1}{3} < \alpha < \frac{1}{2}$. 这时若 $k=1$, 则 $b_1 = 1-\alpha > \frac{1}{2}$, 与假设相违, 故必有 $k \geqslant 2$. 由于 B_i 的粗量 $\alpha > \frac{1}{3}$, 故 $b_i > \frac{1}{3}$, 于是有

$$\begin{aligned}\sum_{i=1}^{k} \omega(b_i) &\geqslant \omega(b_1) + \omega(b_2) \\ &= \frac{6}{5}(b_1 + b_2) + \frac{1}{5} \\ &\geqslant \frac{6}{5} \times \frac{2}{3} + \frac{1}{5} = 1,\end{aligned}$$

结论成立.

(iii) $\frac{1}{6} < \alpha \leqslant \frac{1}{3}$. 这时由于 $b_1 + \cdots + b_k \geqslant 1-\alpha > \frac{2}{3}$, 故必 $k \geqslant 2$. 现分以下 3 个方面讨论:

(a) 若 $b_1 \geqslant b_2 \geqslant \frac{1}{3}$, 则由

$$\omega(b_1) + \omega(b_2) = \frac{6}{5}(b_1 + b_2) + \frac{1}{5} \geqslant \frac{6}{5} \times \frac{2}{3} + \frac{1}{5} = 1,$$

结论成立.

(b) 若 $b_1 \geqslant \frac{1}{3} \geqslant b_2 > \alpha$, 则由式 (4.4.1) 得

$$\begin{aligned}\sum_{i=1}^{k} \omega(b_i) &\geqslant \frac{6}{5}b_1 + \frac{1}{10} + \frac{9}{5}b_2 - \frac{1}{10} + \frac{6}{5}\sum_{i=3}^{k} b_i \\ &= \frac{6}{5}\sum_{i=1}^{k} b_i + \frac{3}{5}b_2 \\ &\geqslant \frac{1}{5}(1-\alpha) + \frac{3}{5}\alpha \\ &= \frac{6}{5} - \frac{3}{5}\alpha \geqslant 1,\end{aligned}$$

因 $\alpha < \frac{1}{3}$.

(c) 若 $\frac{1}{3} > b_1 > b_2 > \alpha$, 则有

$$\begin{aligned}\sum_{i=1}^{k} b_i &\geqslant \frac{9}{5}(b_1+b_2) - \frac{1}{5} + \frac{6}{5}\sum_{i=3}^{k} b_i \\ &\geqslant \frac{6}{5}\sum_{i=1}^{k} b_i + \frac{3}{5}\times 2\alpha - \frac{1}{5} \\ &\geqslant \frac{6}{5}(1-\alpha) + \frac{6}{5}\alpha - \frac{1}{5} = 1.\end{aligned}$$

综上所述, 命题 4.4.2 得证. □

3. $\sum\limits_{j=1}^{k} b_j$ **的估计**

命题 4.4.3　设放入 B_i 中物件的质量为 $b_1 \geqslant b_2 \geqslant \cdots \geqslant b_k$, B_i 的粗量 $\alpha < \frac{1}{2}$ 且 $\sum\limits_{j=1}^{k} \omega(b_j) = 1-\beta$, 这里 $\beta > 0$, 则只有下列两种情况之一可能出现:

(i) $k=1,\ b_1 \leqslant \frac{1}{2}$;

(ii) $k \geqslant 2,\ \sum\limits_{j=1}^{k} \omega(b_j) \leqslant 1 - \alpha - \frac{5}{9}\beta$.

证明　(i) 若 $k=1$, 则由 $\omega(b_1) = 1-\beta < 1$, 故必 $b_1 \leqslant \frac{1}{2}$.

(ii) 现设 $k \geqslant 2$, 若 $\sum\limits_{j=1}^{k} b_j \geqslant 1-\alpha$, 则由命题 4.4.2, $\sum\limits_{j=1}^{k} \omega(b_j) \geqslant 1$, 与 $\beta > 0$ 的假设相违, 故可设 $\sum\limits_{j=1}^{k} b_j = 1-\alpha-\gamma, \gamma > 0$. 取 $\varepsilon = \min\left\{\frac{1}{2} - b_1, \gamma\right\}$. 现将物件 $J_1, J_2, J_3, \cdots, J_k$ 代入以物件 $J_1', J_2', J_3, \cdots, J_k$, 这里, J_1' 的质量为 $\delta_1 = b_1 + \varepsilon$, J_2' 的质量为 $\delta_2 = b_2 + \gamma - \varepsilon$, 显然有 $\delta_1 \geqslant b_1$, $\delta_2 \geqslant b_2$, 且 $\delta_1 \leqslant \frac{1}{2}$, $\delta_2 \leqslant \frac{1}{2}$. 实际上, 若 $\varepsilon = \frac{1}{2} - b_1 \leqslant \gamma$, 则

$$\begin{aligned}&\delta_1 = \frac{1}{2}, \\ &\delta_2 = b_2 + \gamma - \frac{1}{2} + b_1 \leqslant 1 - \alpha - \frac{1}{2} = \frac{1}{2} - \alpha;\end{aligned}$$

若 $\varepsilon = \gamma$, 则

$$\begin{aligned}&\delta_1 = b_1 + \gamma \leqslant b_1 + \frac{1}{2} - b_1 = \frac{1}{2}, \\ &\delta_2 = b_2.\end{aligned}$$

于是, 对于 $J_1', J_2', J_3, \cdots, J_k$, 有

$$\delta_1 \geqslant b_1 > \alpha, \quad \delta_2 \geqslant b_2 > \alpha, \quad \delta_1 + \delta_2 = b_1 + b_2 + \gamma,$$

所以

$$\delta_1 + \delta_2 + \sum_{j=3}^{k} b_j = 1 - \alpha.$$

由命题 4.4.2, 得

$$\omega(\delta_1) + \omega(\delta_2) + \sum_{i=3}^{k} \omega(b_i) \geqslant 1,$$

根据 $\omega(\alpha)$ 的图像, 容易看出

$$\begin{aligned}
\omega(\delta_1) &= \omega(b_1 + \varepsilon) \leqslant \omega(b_1) + \frac{9}{5}\varepsilon, \\
\omega(\delta_2) &= \omega(b_2 + \gamma - \varepsilon) \leqslant \omega(b_2) + \frac{9}{5}(\gamma - \varepsilon).
\end{aligned}$$

于是得

$$1 \leqslant \omega(\delta_1) + \omega(\delta_2) + \sum_{i=3}^{k} \omega(b_i) \leqslant \sum_{i=1}^{k} \omega(b_i) + \frac{9}{5}\gamma,$$

故得 $1 - \beta = \sum\limits_{i=1}^{k} \omega(b_i) \geqslant 1 - \frac{9}{5}\gamma$, 即 $\gamma \geqslant \frac{5}{9}\beta$, 因而有 $\sum\limits_{i=1}^{k} b_i = 1 - \alpha - \gamma \leqslant 1 - \alpha - \frac{5}{9}\beta$, 此即所欲证明的. □

4. **定理 4.4.1 的证明**

设 $\tilde{W}(L) = \sum\limits_{i=1}^{k} \omega(b_i)$, 这里, $J_1, J_2, \cdots, J_{n-1}, J_n$ 为所给物件的任一排序, $L = \{b_1, b_2, \cdots, b_n\}$ 为与此排序相应的质量顺序表. 现将 FF 装法用于 L, 令 $\mathrm{FF}(L)$ 为 L 在 FF 装箱方法 (FF 装法) 之下所需要的箱子数. 令 $B_1', \cdots, B_k'$ 为 FF 装法下的所有非空箱子, 且满足条件

$$\sum_{J_j \in B_i'} \omega(b_j) = 1 - \beta_i, \quad \beta_i > 0.$$

设 α_i 为 B_i' 的粗量, 由于 $\sum\limits_{J_j \in B_i'} \omega(b_j) < 1$, 因而 B_i' 中不含大于 $\frac{1}{2}$ 的物件, 所以

$\alpha_i < \frac{1}{2}$. 对 $i = 2, \cdots, m$, 由命题 4.4.3 和粗量的定义得

$$\begin{aligned}\alpha_{i-1} + \frac{5}{9}\beta_{i-1} &\leqslant 1 - \sum_{J_j \in B'_{i-1}} \omega(b_j) \\ &\leqslant 1 - \sum_{J_j \in B'_{i-1}} b_j \\ &\leqslant \alpha_i.\end{aligned}$$

所以有

$$\sum_{i=1}^{m-1} \beta_i \leqslant \frac{9}{5} \sum_{i=2}^{m} (\alpha_i - \alpha_{i-1}) = \frac{9}{5}(\alpha_m - \alpha_1) \leqslant \frac{9}{5} \times \frac{1}{2} < 1.$$

显然 $\beta_m < 1$, 所以 $\sum_{i=1}^{m} \beta_i < 2$, 因而下式成立

$$\mathrm{FF}(L) \leqslant \tilde{W}(L) + 2.$$

由命题 4.4.1 可得

$$\tilde{W}(L) \leqslant \frac{17}{10}\mathrm{OPT}(L),$$

所以

$$\mathrm{FF}(L) \leqslant \frac{17}{10}\mathrm{OPT}(L) + 2, \quad \forall L.$$

4.4.3 BF 算法

另一种与 FF 方法相似的装法是这样: 先将物件任意給一个排序 $J_1, J_2, \cdots, J_{n-1}, J_n$, 然后按表 $L = \{a_1, a_2, \cdots, a_n\}$ 依次将 $J_1, J_2, \cdots, J_{n-1}, J_n$ 放入箱内. 在安排第 k 个物件 J_k 时, J_k 是放在一个使得在 J_k 放入之后, 使得所剩余的空间为最小的箱 B_i. 换言之, 设在处理 J_k 时, $B_1, \cdots, B_l$ 非空, 而 B_{l+1} 尚未启动, 设 $B_1, \cdots, B_l$ 所余的空间 (当 J_k 尚未放入时) 分别为 $\alpha_1, \cdots, \alpha_l$. 若 $a_k > \max_{i \in \{1,2,\cdots,l\}} \alpha_i$, 则将 J_k 置于 B_{l+1} 内; 若 $a_k \leqslant \max_{i \in \{1,2,\cdots,l\}} \alpha_i$, 则从所有 $\alpha_i \geqslant a_k$ 的 B_i 中, 选一个使得 $\alpha_j - a_k$ 为最小的 B_j, 将 J_k 放入 B_j. 这样的装箱方法称为 BF(Best Fit) 装法. 对于 BF 装法, 上述关于 FF 装法的结果仍然成立. 其证明基本类似.

4.5 装箱问题 (续)

最简便的装箱方法是先来先装, 装完一箱便送走一箱, 这就是 4.4 节中所说的 NF 方法, 它的最劣比为 2. 本节所述的结果和证明由 Baker 和 Coffman 于 1981 年给出, 与 4.4 节一样, 假设所有箱子的容量都为 1, 若所给的 n 个物件已经按照其质

量从大到小的顺序排列, 即 $a_1 \geqslant a_2 \geqslant a_3 \cdots \geqslant a_n$, 然后按 NF 装法装箱, 这样的装法我们以 NFD (Next Fit Decreasing) 记之. 以 NFD(L) 表示在 NFD 方法之下, 装完 L 中的物件所需的箱子数. 在本节中, 我们要对最劣比 $\dfrac{\mathrm{NFD}(L)}{\mathrm{OPT}(L)}$ 的上界做一估计, 下面我们总假定 $a_1 \geqslant a_2 \geqslant a_3 \geqslant \cdots \geqslant a_n$.

4.5.1 记号

设 S 为一正整数, 令

$$t_1(S) = S+1, \quad t_2(S) = S+2,$$
$$t_{i+1}(S) = t_i(S)[t_i(S)-1]+1, \quad i \geqslant 2,$$

$t_i(S)$ 是一个发散得很快的数列, 当 $S = 1,2,3$ 时, 所对应的数列分别如下:

$$2,\ 3,\ 7,\ 43,\ 1807,\ \cdots,$$
$$3,\ 4,\ 13,\ 157,\ 24493,\ \cdots,$$
$$4,\ 5,\ 21,\ 421,\ 176821,\ \cdots.$$

对于给定的 $L = \{a_1, a_2, \cdots, a_n\}$, 取 S, 使得 $\dfrac{1}{S+1} < a_1 \leqslant \dfrac{1}{S}$, 对于这样固定的 S, 在不引起混淆的情况下, 我们将 $t_i(S)$ 简写作 t_i, 并记

$$\gamma = \gamma_S = \sum_{i=1}^{\infty} \frac{1}{t_i - 1},$$

$$\gamma^* = \gamma_S^* = \frac{S-1}{S} + \gamma,$$

显而易见, γ^* 为 S 之一单降函数.

由定义, 有

$$\frac{1}{t_i(t_i-1)} = \frac{1}{t_{i+1}-1},$$

或

$$\frac{1}{t_i - 1} - \frac{1}{t_i} = \frac{1}{t_{i+1}-1}, \quad i \geqslant 2.$$

由此即得

$$\sum_{i=1}^{\infty} \frac{1}{t_i} = \frac{1}{t_2 - 1} + \frac{1}{t_1} = \frac{2}{S+1}, \tag{4.5.1}$$

$$\frac{2}{S+1} - \sum_{i=1}^{k-1} \frac{1}{t_i} = \frac{1}{t_k - 1}. \tag{4.5.2}$$

对于区间 $I_k = \left(\dfrac{1}{k+1}, \dfrac{1}{k}\right]$, 若 k 等于某一个 $t_i - 1$, 则称 I_k 为一个 γ 区间; 若

$a_j \in I_k$，则称 J_j 为一个 γ 物件, 对于任意正整数 k 和 $a \in I_k$，我们定义权函数为

$$\omega(a)=\begin{cases}\dfrac{1}{k}, & I_k \text{ 为一 } \gamma \text{ 区间},\\ \dfrac{k+1}{k}a, & \text{否则}.\end{cases}$$

$S=1$ 时, 其图像如图 4.5.1 所示.

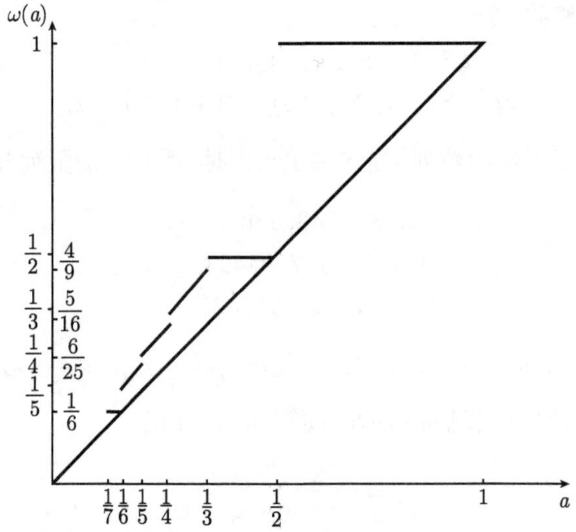

图 4.5.1　$S=1$ 时权函数的图像

若箱子 B 中所装之物件 $J_{i_1},\cdots,J_{i_t}$ 之质量分别为 $b_1,\cdots,b_t$, 则记

$$\omega(B)=\sum_{t=1}^{t}\omega(b_i),$$

并记

$$\omega(b_1+\cdots+b_t)=\sum_{t=1}^{t}\omega(b_i).$$

容易看出, $\omega(a)$ 为 a 之一非降函数, 它在每一 γ 区间中为一常数, 在其余区间中为严格单增, $\dfrac{\omega(a)}{a}$ 则在每一 γ 区间中为单降, 在每一其余区间中为一常数, 且有 $\dfrac{\omega(a)}{a}\geqslant 1$.

4.5.2　引理和定理

引理 4.5.1　$\omega(L)\geqslant \mathrm{NFD}(L)-3$, 其中, $\omega(L)=\sum\limits_{i=1}^{n}\omega(a_i)$.

证明 在 NFD 装法下, 除去最后一个箱子外, 我们将其余 $\text{NFD}(L)-1$ 个箱子分成 2 类, 属于第一类中的每一个箱子, 其所装的物件都属于同一区间, 属于第二类中的每一个箱子, 则装有属于 2 个或 2 个以上区间的物件. 对于第一类箱子 B, 若其物件都来自区间 I_k, 则它装有恰好 k 个物件. 由定义, 有 $\omega(B) \geqslant \frac{k}{k} = 1$. 我们将属于第二类中的箱子称为过渡箱子, 又将过渡箱子分成下面两种情形来考虑:

(i) B 中至少装有一 γ 物件, 设 B 中最轻的物件属于 I_k. 由过渡箱子的定义, $k \geqslant S+1$. 由 NFD 方法的定义, B 中余下的空间至多为 $\frac{1}{k}$. 也就是说, B 中至少有 $1-\frac{1}{k}$ 的空间已被填满. 因对于任何 $a>0$, 有 $\frac{\omega(a)}{a} \geqslant 1$, 所以

$$\omega(B) = \sum_{b_i \in B} \omega(b_i) \geqslant \sum_{b_i \in B} b_i \geqslant 1 - \frac{1}{k}.$$

因为至多有 2 个过渡箱子装有属于同一 γ区间的物件, 故所有过渡箱子的短缺量 $(1-\omega(B))$ 的总和 $\leqslant 2\sum\limits_{k} \frac{1}{k}$, 求和范围是所有使得 $\left(\frac{1}{k+1}, \frac{1}{k}\right]$ 为一 γ 区间的 $k \geqslant S+1$. 由此即得: 由那些至少包含有一个 γ 物件的过渡箱子所造成的总的短缺量 H 为

$$H \leqslant 2\sum_{i=2}^{\infty} \frac{1}{t_i - 1} = 2\left(\gamma_S - \frac{1}{S}\right) \leqslant 2(\gamma_S^* - 1) \leqslant 2(\gamma_1^* - 1) < \frac{3}{2}. \tag{4.5.3}$$

(ii) B 中无 γ 物件, 设 B 中最轻的物件属于 I_k, 同前, B 中至少有 $1-\frac{1}{k}$ 的空间被填满, 因 B 中没有 γ 物件, 故 $\frac{\omega(a)}{a} \geqslant \frac{k+1}{k}$. 于是, 与 (i) 类似, 我们有

$$\omega(B) \geqslant \frac{k-1}{k} \cdot \frac{k+1}{k} = 1 - \frac{1}{k^2},$$

或

$$1 - \omega(B) \leqslant \frac{1}{k^2}.$$

因非 γ 区间之 $k \geqslant S+3$, 故这种过渡箱子的总的短缺量 H 为

$$H \leqslant \sum_{k \geqslant S+3} \frac{1}{k^2} \leqslant \frac{\pi^2}{6} - \frac{49}{36} < \frac{1}{2}. \tag{4.5.4}$$

根据式 (4.5.3) 和式 (4.5.4), 由所有过渡箱子造成的短缺量 $H \leqslant \frac{3}{2} + \frac{1}{2} = 2$. 因最后一箱子的质量不超过 1, 故得

$$\omega(L) \geqslant \text{NFD}(L) - 3. \tag{4.5.5}$$

引理 4.5.2 在 L 的任何装箱方法之下, 任一个箱子的权不超过 γ^*, 因而有

$$\omega(L) \leqslant \gamma^* \mathrm{OPT}(L).$$

证明 下面按在 $\left(\frac{1}{S+1}, \frac{1}{S}\right]$ 中有 B 中的 S 个物件和有 $h \leqslant S-1$ 个物件两种情况来讨论.

(i) 在 $\left(\frac{1}{S+1}, \frac{1}{S}\right]$ 中有 B 中的 S 个物件, 设在 $I_S = \left(\frac{1}{S+1}, \frac{1}{S}\right]$($\gamma$ 区间) 中有 B 中的 S 个物件, 它们的总的重量 $\geqslant \frac{S}{S+1}$. 设 B 中除此 S 个物件之外其余物件的重量分别为 $q_1 \geqslant \cdots \geqslant q_m$. 如果

(a) $q_1 \in \left(\frac{1}{S+2}, \frac{1}{S+1}\right]$. 此时有

$$q_2 + \cdots + q_m \leqslant 1 - \frac{S}{S+1} - \frac{S}{S+2} = \frac{1}{(S+1)(S+2)} = \frac{1}{t_3 - 1},$$

故 $q_2 \in \left(\frac{1}{t_3}, \frac{1}{t_3-1}\right]$ 或 $q_2 \leqslant \frac{1}{(S+1)(S+2)+1} = \frac{1}{t_3}$. 于是, 由 $\frac{\omega(q_i)}{q_i} \leqslant \frac{t_3+1}{t_3}, \forall i \geqslant 2$, 当 $a \in I_k$ 时, 显然有

$$\frac{\omega(a)}{a} \leqslant \frac{k+1}{k},$$

$$\sum_{i=2}^{m} \omega(q_i) \leqslant \frac{t_3+1}{t_3} \cdot \frac{1}{t_3-1},$$

$$\omega(B) \leqslant 1 + \frac{1}{S+1} + \frac{1}{t_3-1} + \frac{1}{t_4-1} \leqslant \gamma^*.$$

(b) $q_1 \notin \left(\frac{1}{S+2}, \frac{1}{S+1}\right]$. 此时 $q_2 \leqslant \frac{1}{t_2}$, 对于 $i \geqslant 1$, 有

$$\frac{\omega(q_i)}{q_i} \leqslant \frac{S+3}{S+2},$$

$$\sum_{i=1}^{m} q_i \leqslant 1 - \frac{S}{S+1} = \frac{1}{S+1},$$

$$\omega\left(\sum_{i=1}^{m} q_i\right) \leqslant \frac{S+3}{S+2} \cdot \frac{1}{S+1} = \frac{1}{S+1} + \frac{1}{(S+1)(S+2)},$$

$$\omega(B) \leqslant \frac{S-1}{S} + \frac{1}{S} + \frac{1}{S+1} + \frac{1}{(S+1)(S+2)} \leqslant \gamma^*.$$

(ii) 在 $\left(\frac{1}{S+1}, \frac{1}{S}\right]$ 中有 B 中的 $h \leqslant S-1$ 个物件. 同前, 此时有

$$p_1 + \cdots + p_h \geqslant \frac{h}{S+1}, \quad \omega(p_1 + \cdots + p_h) \leqslant \frac{h}{S},$$

其中 $p_1,\cdots,p_h$ 为在 $\left(\dfrac{1}{S+1},\dfrac{1}{S}\right]$ 中的 B 的物件的质量. 显而易见,

$$\begin{aligned}
&\sum_{i=1}^{m} q_i \leqslant 1-\frac{h}{S+1},\\
&\omega\left(\sum_{i=1}^{m} q_i\right) \leqslant \frac{S+2}{S+1}\left(1-\frac{h}{S+1}\right),\\
&\omega(B) \leqslant \frac{h}{S}+\frac{S+2}{S+1}\left(1-\frac{h}{S+1}\right)\\
&\qquad = h\left(\frac{1}{S}-\frac{1}{S+1}-\frac{1}{(S+1)^2}\right)+\frac{1}{S+1}+1,
\end{aligned}$$

欲使上式 $\leqslant \dfrac{S-1}{S}+\dfrac{1}{S}+\dfrac{1}{S+1}+\dfrac{1}{(S+1)(S+2)}<\gamma^*$, 只需

$$\frac{h}{S(S+1)^2} \leqslant \frac{1}{(S+1)(S+2)},$$

或

$$h \leqslant \frac{S(S+1)}{S+2}.$$

上式显然对 $h \leqslant S-1$ 都成立. 综合引理 4.5.1 及引理 4.5.2 即得如下定理.

定理 4.5.1 对于 $L=(p_1,\cdots,p_n), p_1 \geqslant p_2 \geqslant \cdots \geqslant p_n$, 设 S 为一整数, 使得 $p_1 \in \left(\dfrac{1}{S+1},\dfrac{1}{S}\right]$, 则

$$\mathrm{NFD}(L) \leqslant \gamma_S^* \mathrm{OPT}(L)+3. \tag{4.5.6}$$

4.5.3 例子

下面的例子说明 γ_S^* 为使用定理对所有 L 成立的最小数.

例 4.5.1 设 S 与 k 已给定, 取 $m=l(t_k-1)$, 这里 l 为一充分大的正整数, 取 $\varepsilon>0$ 适当小, 记 $t_i=t_i(S), i=1,\cdots,k$, 取重量为 $\dfrac{1}{S+1}+\varepsilon$ 的物件 $m(S-1)$ 个, 重量为 $\dfrac{1}{t_1}+\varepsilon,\dfrac{1}{t_2}+\varepsilon,\cdots,\dfrac{1}{t_k}+\varepsilon$ 的物件各 m 个. 因 $t_1=S+1$, 故重量为 $\dfrac{1}{t_1}+\varepsilon$ 的物件共 mS 个. 由式 (4.5.1) 容易看出: 对于固定的 k, 当 $\varepsilon>0$ 充分小时, 有

$$\frac{S-1}{S+1}+\sum_{i=1}^{k}\frac{1}{t_i}+(k+S-1)\varepsilon<1. \tag{4.5.7}$$

现做如下装箱: 每一个箱先装 $S-1$ 个重量为 $\dfrac{1}{S+1}+\varepsilon$ 之物件, 然后装入重量分别为 $\dfrac{1}{t_1}+\varepsilon,\dfrac{1}{t_2}+\varepsilon,\cdots,\dfrac{1}{t_k}+\varepsilon$ 的物件各 1 个, 由式 (4.5.7) 可知, 这是一种可行的装

箱方法, 于是有 $\mathrm{OPT}(L) \leqslant m$.

对于 NFD 方法, 我们先将这 $m(k+S-1)$ 个物件从大到小排列, 因

$$m = l(t_k - 1) = lt_{k-1}(t_{k-1} - 1) = \cdots,$$

故对任何 $i = 1, \cdots, k$, m 为 $t_i - 1$ 的倍数. 显而易见, 按照 NFD 方法, 前面的 $m-1$ 个箱子每个恰好装 S 个质量为 $\frac{1}{S+1} + \varepsilon$ 的物件; 之后便是一个过渡箱子, 装有 S 个质量为 $\frac{1}{S+1} + \varepsilon$ 和一个质量为 $\frac{1}{t_2} + \varepsilon$ 的物件, 然后又是 $\frac{m}{t_2+1} - 1$ 个箱子, 各装质量为 $\frac{1}{t_2} + \varepsilon$ 的物件; 接着又是一个过渡箱子, 如此继续, 最后是一个仅装载质量为 $\frac{1}{t_k} + \varepsilon$ 的物件的箱子, 于是有

$$\mathrm{NFD}(L) \geqslant m + m \sum_{i=2}^{m} \frac{1}{t_i - 1} - (k+1),$$

由此即得

$$\frac{\mathrm{NFD}(L)}{\mathrm{OPT}(L)} \geqslant 1 + \sum_{i=2}^{m} \frac{1}{t_i - 1} - \frac{k+1}{m} = \frac{S-1}{S} + \sum_{i=1}^{m} \frac{1}{t_i - 1} - \frac{k+1}{m}.$$

将 k 与 l 取得适当大, 可使上式右边充分接近于 γ_S^*. 例如, 当 $S = 1, k \geqslant 5$, 取 l 充分大, 即有 $\frac{\mathrm{NFD}(L)}{\mathrm{OPT}(L)} > 1.691$, 而

$$\gamma_1^* = 1.691\cdots, \ \gamma_2^* = 1.426\cdots, \ \gamma_3^* = 1.302\cdots, \ \gamma_4^* = 1.233\cdots, \cdots.$$

4.6 FFD 算法

4.6.1 FFD 算法的由来

在 4.5 节已证明: 对于任一顺序表 L, 有 $\mathrm{FF}(L) \leqslant \frac{17}{10}\mathrm{OPT}(L) + 2$. D. S. Johnson 等曾指出:对于任意大的 N, 可造出一张顺序表 L_N 使得 $\mathrm{FF}(L_N) \geqslant \frac{17}{10}\mathrm{OPT}(L_N) - 2$. 因此, $\frac{17}{10}$ 这一数字已经不能再改进. Coffman 等于 1985 年在一个简单例子中提出 $\mathrm{FF}(L) \geqslant \frac{5}{3}\mathrm{OPT}(L)$, 这里,

$$L = \left\{\frac{1}{6} - 2\varepsilon, \cdots, \frac{1}{6} - 2\varepsilon, \frac{1}{3} + \varepsilon, \cdots, \frac{1}{3} + \varepsilon, \frac{1}{2} + \varepsilon, \cdots, \frac{1}{2} + \varepsilon\right\},$$

其中, 同一尺寸的物件都为 N 个(不妨设 N 为 6 的倍数), 显然最优装箱方法为: 每

一个箱子都是 $\left\{\frac{1}{6}-2\varepsilon, \frac{1}{3}+\varepsilon, \frac{1}{2}+\varepsilon\right\}$. 这一例子显示出：当大的物件放在表的后端时, FF 装箱方法效果很差, 因此, 就出现了 FFD 方法. 这种方法是先将顺序表 L 进行处理, 使得 $a_1 \geqslant a_2 \geqslant \cdots \geqslant a_n$, 然后运用 FF 方法于表 L. 例如将上述表 L 倒过来, 则得 $\mathrm{FFD}(L)=N$, 也就是最优解. 对于一般的表 L, D. S. Johnson 于 1973 年得到了下面的著名结果: $\mathrm{FFD}(L) \leqslant \frac{11}{9}\mathrm{OPT}(L)+4$. 系数 $\frac{11}{9}$ 是不能改进的, 这可由下述例子 (Coffman et al., 1985) 看出

$$L=\left\{\frac{1}{2}+\varepsilon, \cdots, \frac{1}{2}+\varepsilon, \frac{1}{4}+2\varepsilon, \cdots, \frac{1}{4}+2\varepsilon, \frac{1}{4}+\varepsilon, \cdots, \frac{1}{4}+\varepsilon, \frac{1}{4}-2\varepsilon, \cdots, \frac{1}{4}-2\varepsilon\right\},$$

其中尺寸为 $\frac{1}{4}-2\varepsilon$ 的是 $12N$ 个, 其余的每一种为 $6N$ 个, 最优装法的箱子只有 2 种: $\left\{\frac{1}{2}+\varepsilon, \frac{1}{4}+\varepsilon, \frac{1}{4}-2\varepsilon\right\}$ 和 $\left\{\frac{1}{4}+2\varepsilon, \frac{1}{4}+2\varepsilon, \frac{1}{4}-2\varepsilon, \frac{1}{4}-2\varepsilon\right\}$, 前者为 $6N$ 个, 后者为 $3N$ 个. D. S. Johnson 的证明很长, 据说超过 100 页, 全文一直没有发表过, 但他的这一结果却引起了许多关于装箱问题的研究, 其中有的是对一些新提出的装箱方法进行研究; 另一些则根据一些实际装箱问题进行研究. D. S. Johnson 所得到的结果的确很好, 因为 $\frac{11}{9}$ 远比 $\frac{17}{10}$ 要好得多. 这说明 FFD 方法比 FF 方法远为优越. 由于他的证明太长, 不少人想得到一个较简单的证明, 直至 1985 年 Baker 才证明 $\mathrm{FFD}(L) \leqslant \frac{11}{9}\mathrm{OPT}(L)+3$ 对所有 L 成立. 他的证明比 D. S. Johnson 的要简单得多, 但也有 22 页.

4.6.2 定理和证明

1. FFD 算法的表达式.

下面的定理 4.6.1 是 Yue 在 1991 年给出的 FFD 算法的一个表达式. 定理 4.6.2 是 Li 和 Yue 在 2000 年给出的另一个表达式. 我们这里先给出 Yue 在 1991 年的表达式的证明, 证明方法是 Li 和 Yue 在 2000 年采用的方法, 这方法比原来的简单很多, 这主要得益于引理 4.6.2.

定理 4.6.1 对于任意给定的 L, 有

$$\mathrm{FFD}(L) \leqslant \frac{11}{9}\mathrm{OPT}(L)+1. \tag{4.6.1}$$

证明 设 L 已经给定, 令 P 和 P^* 分别表示关于 L 的 FFD 装箱和最优装箱. 令 G 表示 L 中大于 $\frac{1}{2}$ 的物件所成之集, G 中任一物件在不引起误会的情况下也以 G 记之. 包含有 G 中物件的箱子称为 G-箱. 令 $B=\{(G,\cdot,\cdot),(G,*,*)\}$. 这里

$(G,\cdot,\cdot)$ 和 $(G,*,*)$ 分别表示在 FFD 和 OPT 方法之下, 包含同一 G 的箱子, 我们将 $(G,\cdot,\cdot)$ 记作 B-P, 将 $(G,*,*)$ 记作 B-P^*. 令 x 表示 L 中的最小物件. 在不引起误会之下, 物件 x_i 的尺寸 (重量) 也记作 x_i. 若 B-P 总共包含 i 个物件, B-P^* 总共包含 j 个物件, 则 G-箱 $B=\{(G,\cdot,\cdot),(G,*,*)\}$ 称为一 G-ij-箱.

我们的证明是基于权函数与最小反例的结合使用. 对于一个物件 p, 我们赋予它一个权 $W(p)\leqslant p$. $W(p)$ 称为权函数. 我们今后定义的权函数 W 对给定的物件序列 L 中的非 -G 物件只取有限个值, 我们分别记这有限个值为 $W_i(i=1,2,\cdots,K)$, 在 W 已经给定之下, 我们将 L 中所有的非 G 中的物件进行分类, 记 $R_i=\{y|y\in L\backslash G, W(y)=W_i\}$. 称 R_i 为 W 的一个域, 或简称域 i. 属于 R_i 的物件, 在不引起误会之下, 简记作 x_i. 例如 $\{G,x_3,x_3\}$ 表示此箱中的第二个和第三个物件属于 R_3. 虽然它们的尺寸可能不同. 一般说来, 当 $i<j$ 时, 有 $x_i>x_j$. 我们将 $W(x_i)+W(x_j)$ 简记作 $W(x_i+x_j)$ 或 $W(x_i,x_j)$.

2. 最小反例

下面, 我们假设 L 是 (4.6.1) 式的一个最小反例, 即对于此 L, 有

$$\mathrm{FFD}(L)>\frac{11}{9}\mathrm{OPT}(L)+1, \tag{4.6.2}$$

且对任何满足 (4.6.2) 式的 L', 必有 $|L'|\geqslant|L|$, 这里 $|L|$ 表示 L 所含的元素个数. 根据此定义, 可假定 L 在 FFD 装法下, 最后一个箱子只包含一个最小物件, 设这个最小物件为 x.

引理 4.6.1 每一最优箱子 (即最优装箱法之下的箱子) 至少包含 3 个物件.

证明 设 (y,y') 为一最优箱, $y\geqslant y'$. 令 $B=(y,y^0,\cdot)$ 为 y 所属的 FFD 箱. 若 $y_0\geqslant y'$, 我们将 B 中的所有物件从 L 中除去. 令 $L'=L\backslash B$. 显而易见, 在 FFD 装法之下, L' 与 L 不同之处只在于 L' 的装箱少了一个 B, 因而 $\mathrm{FFD}(L)=\mathrm{FFD}(L')-1$. 至于 $\mathrm{OPT}(L')$, 在将 B 除去后, 我们将 y' 放在原来由 y^0 占据的位置. 于是, 我们有 $\mathrm{OPT}(L')\leqslant\mathrm{OPT}(L)-1$. 由此即得 $\mathrm{FFD}(L')=\mathrm{FFD}(L)-1>\dfrac{11}{9}\mathrm{OPT}(L')-1\geqslant\dfrac{11}{9}(\mathrm{OPT}(L')-1)+1\geqslant\dfrac{11}{9}\mathrm{OPT}(L')+1$. 这与 L 是 (4.6.1) 式的最小反例矛盾. 若 $y^0<y'$, 由 FFD 装箱方式及 $y\geqslant y'$, y' 必然放在 y^0 所在的 B 箱之前的一个 FFD 箱 $B'=(z,y',\cdot)$, 其中 $z\geqslant y$, 将 B' 从 L 中除去并运用上述同样的论证, 即可得同样的结果. □

如上所述, 设 L 是 (4.6.1) 式的一最小反例. 我们的目的是要证明这一说法不能成立, 即不可能有反例存在. 根据最后一个 FFD 箱里的最小物件 x, 我们的证明分下面 3 种情况进行:

情况 a: $\dfrac{1}{4}<x\leqslant\dfrac{1}{3}$;

情况 b: $\frac{1}{5} < x \leqslant \frac{1}{4}$;

情况 c: $\frac{2}{11} < x \leqslant \frac{1}{5}$.

这是因为当 $x > \frac{1}{3}$ 时不能有 3-箱存在, 由引理 4.6.1 知 (4.6.1) 式的成立. 当 $x \leqslant \frac{2}{11}$ 时,

$$\mathrm{OPT}(L) \geqslant \sum_{i=1}^{n} a_i > (1-x)\mathrm{FFD}(L) - (1-2x) \geqslant \frac{11}{9}\mathrm{FFD}(L) - \frac{7}{11},$$

(4.6.1) 式也成立.

3. 权函数与短缺量

对于给定的最小反例 L, 令 $W(L)$ 表示 L 的总权, $\delta = \frac{1}{36}(1-x)$, 则 $1-x = 36\delta$, $\frac{11}{9}(1-x) = 44\delta$. 我们的目的是要建立不等式

$$\mathrm{FFD}(L)(1-x) \leqslant W(L) + A \leqslant \frac{11}{9}\mathrm{OPT}(L)(1-x) + a, \tag{4.6.3}$$

其中, A 和 a 为 2 个常数, 且 $a < \frac{10}{9}(1-x) = 40\delta$. 因而得到

$$\mathrm{FFD}(L) < \frac{11}{9}\mathrm{OPT}(L) + \frac{10}{9} = \frac{11}{9}\mathrm{OPT}(L) + 1 + \frac{1}{9}.$$

再根据 FFD(L) 和 OPT(L) 都是正整数得到

$$\mathrm{FFD}(L) \leqslant \frac{11}{9}\mathrm{OPT}(L) + 1.$$

若所有 FFD 箱的权 $\geqslant 1-x$, 且每一个 OPT 箱的权 $\leqslant \frac{11}{9}(1-x)$, 我们令 $A = a = 0$, 即得证. 我们后面定义的权函数能保证每一个 OPT 箱的权 $\leqslant \frac{11}{9}(1-x)$. 但不幸的是, 有些 FFD 箱, 其权可能 $< 1-x$. 如果一个 FFD 箱 B 的权有 $W(B) < 1-x$, 则我们称这个箱 B 是短缺箱, 且称 $d = 1-x-W(B)$ 为这个箱的短缺量 (Shortage). 设 B^* 是最优箱, B 是 FFD 箱, 如果 $\frac{11}{9}(1-x) - W(B^*) = e > 0$, 或 $W(B) - (1-x) = e > 0$, 则称 B^* 或 B 有平衡量 e. 当一个 FFD 箱有短缺时, 我们需要填补这个箱的权, 使其达到 $1-x$. 如果一个 FFD 箱有短缺, 而同时一些最优箱有不小于短缺的平衡量, 则我们可以在那些有平衡量的最优箱和这个有短缺的 FFD 箱同时增加与短缺相等的权, 这时称短缺得到平衡. 我们称这种方式为第一类平衡方式. 而如果一个 FFD 箱有短缺, 而同时另一些 FFD 箱有不小于短缺的平衡量, 则我们可以

增加这个有短缺的 FFD 箱的权而减少等量的另外那些有平衡量的 FFD 箱的权即可. 我们称这种方式为第二类平衡方式. 如果只在某个 FFD 箱中增加权而没相应在一个或几个 OPT 箱中增加等量的权也没在另外一个或几个 FFD 箱中减少等量的权, 这种方式称为第三类平衡方式. 显然第二类平衡方式不增加权的总量, 只有第一和第三类平衡方式增加权的总量. 今后我们在一个最优箱中增加权时, 一定不能使其权超过 $\frac{11}{9}(1-x)$, 而任何一个 FFD 箱的权一定要填补到 $1-x$. 这样令 a 代表第三类平衡方式的总平衡量, A 代表第一和第三类平衡方式的总平衡量, 就有 (4.6.3) 成立. 在后面的证明过程中我们只要估计 (4.6.3) 式中 a 的大小, 即第三类平衡方式的总平衡量.

我们今后对于前面定义的 G-箱 $B=\{(G,\cdot,\cdot),(G,*,*)\}$ 通常不单独考虑 B-P 或 B-P^* 的权, 而是综合考虑 B-P 和 B-P^* 的权, 即只考虑它们之间的非平衡量. 令

$$d=1-x-W(G,\cdot,\cdot)+W(G,*,*).$$

若 $d\leqslant\frac{11}{9}(1-x)$, 则我们称 G-箱是可以自己平衡的. 若 $d<\frac{11}{9}(1-x)$, 则我们称这个 G-箱有 $\frac{11}{9}(1-x)-d$ 的平衡量, 即可在 FFD 箱和 OPT 箱中同时加入量为 $\frac{11}{9}(1-x)-d$ 的权. 若 $d>\frac{11}{9}(1-x)$, 则我们称这个 G-箱有 $d-\frac{11}{9}(1-x)$ 的短缺.

物件 p 在 FFD 方法下放入一个箱子 B_i 时, 若所有编号大于 i 的箱子都是空的, 则称 p 为一正则 (Regular) 物件. 否则称之为一回流 (Fallback) 物件. 恰好装有 k 个物件的箱子称为一个 k-箱.

引理 4.6.2　设 L 是最小反例, 如果存在 G-23-箱

$$B=\{(G,x_i),(G,x_p,x_q)\}$$

满足 $x_i<x_p+x_q$, 则存在一个最小反例, 它没有尺寸大小在区间 $(x_i,x_p+x_q]$ 内的物件.

证明　如果 L 中有物件 x_j 满足 $x_i<x_j\leqslant x_p+x_q$, 则在 FFD 装法中, x_j 一定放入 B 前面的 G-2-箱. 这样我们令尺寸落入区间 $(x_i,x_p+x_q]$ 的物件的尺寸都等于 x_i, 其他物件的尺寸不变, 这样得到的物件序列的 FFD 装箱数与 L 的 FFD 装箱个数一样, 而最优箱不会增加, 所以也是一个最小反例. □

4. 对反例不存在的证明

在下面的分析中, 我们令 B_p 和 B_p^* 分别表示物件 p 所放入的 FFD 箱和最优箱.

情况 a: $\dfrac{1}{4} < x \leqslant \dfrac{1}{3}$.

对于这种情况, 权函数的定义如表 4.6.1.

表 4.6.1 情况 a 的权函数的定义

行	典型物件	R_i	$W(p)$	B_i	B_i 的总权
0	G	$\left(\frac{1}{2},1\right]$	—	—	—
1	x_1	$\left(\frac{1-x}{2},\frac{1}{2}\right]$	$\frac{3}{8}-\frac{\Delta}{2}=18\delta$	(r,r)	36δ
2	x_2	$\left(\frac{1-y}{2},\frac{1-x}{2}\right]$	$\frac{1}{4}-\frac{\Delta}{3}=12\delta$	(r,r,r)	36δ

因 $G+2x>1$, 我们不可能有 G-3-箱. 由引理 4.6.1, 对于一个最小反例, 不存在任何 G-箱. 显而易见, 作为一个最优箱, 至多有 4 种可能性: $(x_1,x_1),(x_1,x_2)$, $(x_1,x_2,x_2),(x_2,x_2,x_2)$, 权尽可能大的只有 (x_1,x_2,x_2). 因为

$$W(x_1,x_2,x_2)=18\delta+12\delta+12\delta=44\delta-2\delta.$$

所以每一最优箱的权 $<44\delta$. 现在可能存在一 FFD 箱 $B=(x_1,x_2)$, 其权 $=36\delta-6\delta$. 最后一个 FFD 箱的权为 $12\delta=36\delta-24\delta$. 因而得到 (4.6.3) 式. 此时, $a=24\delta+6\delta=30\delta$.

情况 b: $\dfrac{1}{5} < x \leqslant \dfrac{1}{4}$.

设 y 为 $\left(\dfrac{1-x}{3},\dfrac{1}{3}\right]$ 中最小的正则物件, 若有这种物件存在的话, 否则, 令 $y=\dfrac{1}{3}$. 对这种情况, 权函数 $W(p)$ 由表 4.6.2 定义

$$x=\frac{1}{5}+\Delta,\quad 0<\Delta\leqslant\frac{1}{20},\quad 1-x=36\delta,\quad \frac{11}{9}(1-x)=44\delta.$$

表 4.6.2 情况 b 的权函数的定义

行	典型物件	R_i	$W(p)$	B_i	B_i 的总权
0	G	$\left(\frac{1}{2},1\right]$	$G-\delta$	—	—
1	x_1	$\left(\frac{1-x}{2},\frac{1}{2}\right]$	$\frac{2}{5}-\frac{1}{2}\Delta=18\delta$	(r,r)	$\frac{4}{5}-\Delta=36\delta$
2	x_2	$\left(\frac{1-y}{2},\frac{1-x}{2}\right]$	$\frac{1}{3}-\frac{5}{12}\Delta=15\delta$	$(r,r,f),f\in I$	$\geqslant\frac{4}{5}-\Delta+3\delta$
3	x_3	$\left[y,\frac{1-y}{2}\right]$	$\frac{4}{15}-\frac{1}{3}\Delta=12\delta$	(r,r,r)	$\frac{4}{5}-\Delta$
4	x_4	$[x,y)=I$	$\frac{1}{5}-\frac{1}{4}\Delta=9\delta$	$(r,r,,r,r)$	$\frac{4}{5}-\Delta$

权尽可能大的非 G 最优箱及其权见表 4.6.3.

表 4.6.3　权尽可能大的非 G 最优箱

箱	$x_1x_2x_4$	$x_1x_3x_3$	$x_2x_2x_4$	$x_2x_3x_3$	$x_3x_3x_3$	$x_2x_4x_4x_4$	$x_3x_3x_4x_4$
权	$44\delta-2\delta$	$44\delta-2\delta$	$44\delta-5\delta$	$44\delta-5\delta$	$44\delta-8\delta$	$44\delta-2\delta$	$44\delta-2\delta$

从表 3.6.3 可以看出, 非 G 最优箱的权不超过 $44\delta-2\delta$, 下面考虑 G-箱.

系 4.6.1　(i) $1-x-w(G,x_2)+w(G,x_3,x_4)=44\delta-2\delta$;

(ii) $1-x-w(G,x_3)+w(G,x_3,x_4)=44\delta+\delta$;

(iii) $1-x-w(G,x_3)+w(G,x_4,x_4)=44\delta-2\delta$;

(iv) $1-x-w(G,x_4)+w(G,x_4,x_4)=44\delta+\delta$;

(v) $1-x-w(G,x_i,x_j)+w(G,x_p,x_q)\leqslant 44\delta-5\delta$.

从上面可以看出, 只有形如 $B=\{(G,x_3'),(G,x_3,x_4)\}$ 和 $B'=\{(G',x_4'),(G',x_4,x_4)\}$ 的 G-23-箱是不可以自己平衡的. 如果有形如 $B'=\{(G',x_4'),(G',x_4,x_4)\}$ 的 G-23-箱, 由引理 4.6.2, 则没有 $R_2\cup R_3$ 中的物件, 因而形如 $B=\{(G,x_3'),(G,x_3,x_4)\}$ 的箱不存在. 由于最多只有大小为 δ 的短缺量不能由自己平衡, 考虑物件 x_4' 落入的最优箱 $B^*_{x_4'}$, 若 $B^*_{x_4'}$ 是非 G-箱, 从表 4.6.3 可以看出, 任一最优非 G-箱中若有 k 个 x_4, 则它至少可以提供 $k\delta$ 的平衡量, 因而 B' 可以由 x_4' 落入的最优非 G-箱平衡. 若 $B^*_{x_4'}$ 是 G-箱, 则它一定落入形如 $\overline{B}=\{(G,x_1),(G,x_p,x_4')\}$ 的 G-23-箱或形如 $\overline{B}=\{(G,x_i,x_j),(G,x_p,x_4')\}$ 的 G-33-箱. 两者都有

$$W(B-P^*)+1-x-W(B-P)\leqslant 44\delta-5\delta.$$

所以我们可以由 x_4' 落入的最优 G-箱为 B' 提供大小为 δ 的平衡量, 即 B' 的短缺总能得到平衡. 如果有形如 $B=\{(G,x_3'),(G,x_3,x_4)\}$ 的 G-23-箱, 我们可以类似得到 B 的短缺可以由 x_3' 放入的最优箱得到平衡. 现在考虑非 G 短缺 FFD 箱, 由于最后一个 FFD 箱的权 $=\dfrac{1}{5}-\Delta=36\delta-27\delta$, 即最后一个 FFD 箱有量为 27δ 的短缺. 而在 FFD 箱中还有可能出现 2 个有短缺的箱子:

$$B_1=(\overline{x}_1,\overline{x}_3),\quad B_2=(x_3^*,x_p,x_q),\quad q\geqslant p\geqslant 3,$$

即在域 R_1 与 R_2 (或 R_3) 之间以及在 R_3 与 R_4 之间各有可能出现一个具有短缺量的箱子, 它们的权都不小于 $\dfrac{4}{5}-\Delta-6\delta=36\delta-6\delta$, 即他们的短缺不大于 6δ. 容易验证这种情形出现时短缺最多. 因而我们有 $a=27\delta+6\delta+6\delta=39\delta$, 所以 (4.6.1) 成立, 故不存在这样的反例.

情况 c: $\dfrac{2}{11}<x\leqslant\dfrac{1}{5}$.

令 z 等于 $\left(\frac{1-x}{4}, \frac{1}{4}\right]$ 中最小的正则物件, 若其中有这种物件; 否则, 即等于 $\frac{1}{4}$. 令 $x=\frac{2}{11}+\Delta$ 则 $0<\Delta\leqslant\frac{1}{55}, \delta=\frac{1}{44}-\frac{\Delta}{36}$.

情况 c 的权函数的定义见表 4.6.4, 可能出现的权尽可能大的最优箱见表 4.6.5.

表 4.6.4 情况 c 的权函数的定义

行	典型物件	R_i	$W(p)$	B_i	B_i 的总权
0	G	$\left(\frac{1}{2}, 1\right]$	G	—	—
1	x_1	$\left(\frac{1-x}{2}, \frac{1}{2}\right]$	$\frac{9}{22}-\frac{1}{2}\Delta=18\delta$	(r, r)	$\frac{9}{11}-\Delta=36\delta$
2	x_2	$\left(\frac{1-z}{2}, \frac{1-x}{2}\right]$	$\frac{15}{44}-\frac{5}{12}\Delta=15\delta$	$(r, r, f), f\in I$	$\geqslant\frac{9}{11}-\Delta+2\delta$
3	x_3	$\left(\frac{1}{3}, \frac{1-z}{2}\right]$	$\frac{7}{22}-\frac{7}{18}\Delta=14\delta$	(r, r, f)	$\geqslant\frac{9}{11}-\Delta$
4	x_4	$\left(\frac{1-x}{3}, \frac{1}{3}\right]$	$\frac{3}{11}-\frac{1}{3}\Delta=12\delta$	(r, r, r)	$\frac{9}{11}-\Delta$
5	x_5	$\left(\frac{1-z}{3}, \frac{1-x}{3}\right]$	$\frac{5}{22}-\frac{5}{18}\Delta=10\delta$	$(r, r, , r, f), f\in I$	$\frac{9}{11}-\Delta+2\delta$
6	x_6	$\left[z, \frac{1-z}{3}\right]$	$\frac{9}{44}-\frac{1}{4}\Delta=9\delta$	(r, r, r, r)	$\frac{9}{11}-\Delta$
7	x_7	$[x, z)=I$	$\frac{2}{11}-\frac{2}{9}\Delta=8\delta$	(r, r, r, r, r)	$\frac{9}{11}-\Delta+4\delta$

表 4.6.5 权尽可能大的最优箱

$w(x_1, x_2, x_7)=44\delta-3\delta$	$w(x_4, x_5, x_6, x_6)=44\delta-4\delta$
$w(x_1, x_3, x_5)=44\delta-2\delta$	$w(x_6, x_6, x_6, x_7, x_7)=44\delta-\delta^*$
$w(x_1, x_4, x_4)=44\delta-2\delta$	$w(x_6, x_6, x_7, x_7, x_7)=44\delta-2\delta$
$w(x_1, x_6, x_7, x_7)=44\delta-\delta$	$1-x-w(G, x_3)+w(G, x_4, x_6)=44\delta-\delta$
$w(x_2, x_3, x_4)=44\delta-3\delta$	$1-x-w(G, x_4)+w(G, x_4, x_6)=44\delta+\delta$
$w(x_2, x_5, x_7, x_7)=44\delta-3\delta$	$1-x-w(G, x_4)+w(G, x_5, x_6)=44\delta-\delta$
$w(x_2, x_6, x_6, x_7)=44\delta-3\delta$	$1-x-w(G, x_5)+w(G, x_5, x_6)=44\delta+\delta$
$w(x_3, x_4, x_6, x_7)=44\delta-\delta$	$1-x-w(G, x_5)+w(G, x_6, x_6)=44\delta$
$w(x_3, x_6, x_6, x_6)=44\delta-3\delta$	$1-x-w(G, x_6)+w(G, x_6, x_6)=44\delta+\delta$
$w(x_4, x_4, x_5, x_7)=44\delta-2\delta$	$1-x-w(G, x_i)+w(G, x_i, x_7)=44\delta$
$w(x_4, x_4, x_6, x_6)=44\delta-2\delta$	$1-x-w(G, x_i, x_j)+w(G, x_p, x_q)\leqslant 44\delta-3\delta$
$w(x_4, x_5, x_5, x_7)=44\delta-4\delta$	—

引理 4.6.3 如果存在形如 $B^*=(x_6, x_6, x_6, x_7, x_7)$ 的最优箱, 则此箱里的任何一个 x_6, 都不能来自于形如 $B=\{(G, x_6), (G, x_6', x_6'')\}$ 中的 x_6.

证明 在这种情况下有 $G\leqslant 1-2z$. 由 $G+x_6>1-x$, 有 $x_6>2z-x$. 若在

$B^*=(x_6,x_6,x_6,x_7,x_7)$ 中有 B 中的 x_6, 则有 $x_6+x_6+x_6+x_7+x_7\geqslant 2z-x+2z+2x=4z+x>1$. 这是不可能的. □

下面考虑 G-箱.

系 4.6.2　(1) $1-x-w(G,x_3)+w(G,x_4,x_6)=44\delta-\delta$;

(2) $1-x-w(G,x_4)+w(G,x_4,x_6)=44\delta+\delta$;

(3) $1-x-w(G,x_4)+w(G,x_5,x_6)=44\delta-\delta$;

(4) $1-x-w(G,x_5)+w(G,x_5,x_6)=44\delta+\delta$;

(5) $1-x-w(G,x_5)+w(G,x_6,x_6)=44\delta$;

(6) $1-x-w(G,x_6)+w(G,x_6,x_6)=44\delta+\delta$;

(7) $1-x-w(G,x_i)+w(G,x_i,x_7)=44\delta$;

(8) $1-x-w(G,x_i,x_j)+w(G,x_p,x_q)\leqslant 44\delta-3\delta$.

从系 4.6.2 可以看出, 只有形如

$$B_1=\{(G,x_4'),\ (G,x_4,x_6)\},$$

$$B_2=\{(G,x_5'),\ (G,x_5,x_6)\},$$

$$B_3=\{(G,x_6'),\ (G,x_6,x_6)\}$$

的 G-23-箱自己不能平衡. 由引理 4.6.2, 如果 B_1 存在, 则 L 中没有 $R_2\cup R_3$ 中的物件, 如果 B_2 存在, 则 L 中没有 $R_2\cup R_3\cup R_4$ 中的物件, 如果 B_3 存在, 则 L 中没有 $R_2\cup R_3\cup R_4\cup R_5$ 中的物件, 所以我们只要分别单独考虑形如 B_1,B_2 和 B_3 的 G-23-箱.

如果有形如 $B_3=\{(G,x_6'),\ (G,x_6,x_6)\}$ 的 G-23-箱, 因 B_3 有大小为 δ 的短缺不能自己平衡, 下面我们考虑 x_6' 所落入的最优箱. 若 x_6' 落入非 G 最优箱, 则由引理 4.6.3 和表 4.6.5 可以看出 x_6' 落入的最优箱可以提供量为 δ 的平衡量. 若 x_6' 落入最优 G-箱, 则它一定落入形如 $\overline{B}=\{(G,x_1),(G,x_p,x_6')\}$ 的 G-23-箱或形如 $\overline{B}=\{(G,x_i,x_j),(G,x_p,x_6')\}$ 的 G-33-箱. 两者都有

$$W(B-P^*)+1-x-W(B-P)\leqslant 44\delta-5\delta.$$

所以我们可以从 G-箱为 B_3 提供大小为 δ 的平衡量. 即 B_3 总是可以得到平衡.

类似的, 可以证明 $B_2=\{(G,x_5'),\ (G,x_5,x_6)\}$ 和 $B_3=\{(G,x_6'),\ (G,x_6,x_6)\}$ 的 G-23-箱的的短缺总是可以得到平衡. 如果形如 B_1, B_2 和 B_3 的 G-23-箱都不存在, 则不需要考虑 G-箱的平衡问题. 下面我们分析 FFD 的非 G-箱的短缺. 由于最后一个 FFD 箱的权 $=\dfrac{9}{11}-\Delta-28\delta$, 而在 FFD 方法中可能出现的其他非 G 短缺箱有

$$\overline{B}_1 = (\overline{x}_1, \overline{x}_i)(i \leqslant 4), \qquad w(\overline{B}_1) = \frac{9}{11} - \Delta - 6\delta;$$

$$\overline{B}_2 = (x_4^*, x_j, x_k)(j, k \leqslant 6), \qquad w(\overline{B}_2) \geqslant \frac{9}{11} - \Delta - 6\delta;$$

$$\overline{B}_3 = (x_6^*, x_p, x_q, x_7^*)(p, q \geqslant 6), \qquad w(\overline{B}_3) \geqslant \frac{9}{11} - \Delta - 3\delta.$$

容易验证这种情形出现时短缺最多, 其他情形容易类似证明. 若 $\overline{B}_1$ 不存在, 则 $a = 28\delta + 6\delta + 3\delta \leqslant 39\delta$. 若 $\overline{B}_1$ 存在, 我们分析 $\overline{B}_1$ 中 $\overline{x}_1$ 和 $\overline{x}_i$ 所在的最优箱的权. 当 $1 < i < 4$ 时, 则 $W(\overline{B}_1) \geqslant 36\delta - 4\delta$. 由引理 4.6.2 知形如 B_1, B_2 和 B_3 的 G-23-箱不存在 (否则 $R_2 \cup R_3$ 中没有物件). 由引理 4.6.1 可知 $R_1 \cup R_2 \cup R_3$ 中的物件都不能放入 $G-$ 最优箱, 从表 4.6.5 可以看出 $\overline{x}_1$ 和 $\overline{x}_i$ 所在的非 G 最优箱都有平衡量 δ, 从而 $\overline{B}_1$ 的权可以平衡到 $\geqslant 36\delta - 2\delta$. 这样 $a \leqslant 28\delta + 2\delta + 6\delta + 3\delta = 39\delta$. 若 $i = 4$, 则 $x + x > \dfrac{1}{3} \geqslant \overline{x}_i$, 所以 $\overline{x}_1$ 不能落入 4-最优箱. 又因为 $x_4 + x_4 > \dfrac{2(1-x)}{3} \geqslant \dfrac{1}{3} + x \geqslant \overline{x}_i + x$, 所以 $\overline{x}_1$ 也不能落入形如 $(\overline{x}_1, x_4, x_4)$ 的最优箱. 所以 $\overline{x}_1$ 所在的最优箱的权 $\leqslant W(\overline{x}_1, x_4, x_5) = 44\delta - 4\delta$. 由引理 4.6.2, 如果 $\overline{B}_1$ 存在, 则形如 B_2 和 B_3 的 G-23-箱不存在. 又 $\overline{x}_1$ 显然不能与形如 $\{(G, x_4), (G, x_4', x_6)\}$ 的 G-23-箱中的 x_4 在同一最优箱中, 否则有 $\overline{x}_i > x_4$, 这意味 $G + \overline{x}_i > 1$, 因而有 $\overline{x}_i > x_4' + x_6$, 这是不可能的. 所以 $\overline{x}_1$ 所在的最优箱可以为 $\overline{B}_1$ 提供 4δ 的平衡量. 所以我们有 $a \leqslant 28\delta + 2\delta + 6\delta + 3\delta = 39\delta$.

综上所述, $a \leqslant 39\delta$ 总是成立, 因而 (4.6.1) 成立, 故不存在反例.

4.6.3 更紧界的证明

下面定理 4.6.2 是 Li 和 Yue 在 2000 年给出的一个更紧的界.

定理 4.6.2 对于任意给定的 L, 我们有

$$\text{FFD}(L) \leqslant \frac{11}{9}\text{OPT}(L) + \frac{7}{9}. \tag{4.6.4}$$

证明 我们这里用的权函数的定义与前面证明 (4.6.1) 时定义的权函数一样, 只是需要更仔细的分析. 为了证明 (4.6.4), 我们只需要证明 (4.6.3) 中有 $a \leqslant 31\delta$ 即可. 由于 G-箱都能得到平衡, 我们只需考虑具有短缺的非 G-FFD 箱. 由定理 4.6.1, $\text{FFD}(L) \leqslant \dfrac{11}{9}\text{OPT}(L) + 1$ 成立, 我们令 $F(x) = \left\lfloor \dfrac{11}{9}x + 1 \right\rfloor = \dfrac{11}{9}x + f(x)$, 则显然 $\text{FFD}(L) \leqslant F(\text{OPT}(L))$ 成立. 分析之前, 我们先给出表 4.6.6.

表 4.6.6　$f(x)$ 的值

x	1	2	3	4	5	6	7	8	9	10	11	12	13
$f(x)$	$\frac{7}{9}$	$\frac{5}{9}$	$\frac{3}{9}$	$\frac{1}{9}$	$\frac{8}{9}$	$\frac{6}{9}$	$\frac{4}{9}$	$\frac{2}{9}$	1	$\frac{7}{9}$	$\frac{5}{9}$	$\frac{3}{9}$	$\frac{1}{9}$

从上表中可以看出 $\mathrm{OPT}(L) < 5$ 时, (4.6.4) 式成立.

情况 a: $\frac{1}{4} < x \leqslant \frac{1}{3}$.

此种情况在证明 (4.6.1) 时知 $a = 30\delta$, 故 (4.6.4) 成立.

情况 b: $\frac{1}{5} < x \leqslant \frac{1}{4}$.

此种情况在证明 (4.6.1) 时知, 除最后一个 FFD 箱的权 $\frac{1}{5} - \frac{\Delta}{4} = \frac{4}{5} - \Delta - 27\delta = 36\delta - 27\delta$ 外, 我们需要考虑在 FFD 方法中有可能出现的 2 个箱子

$$B_1 = (\overline{x}_1, \overline{x}_i)(i \leqslant 3), \quad B_2 = (x_3^*, x_p, x_q)(q \geqslant p \geqslant 3),$$

它们的权都不小于 $36\delta - 6\delta$. 下面我们分 3 种情况讨论:

(1) 有形如 $B' = \{(G', x_4'), (G', x_4, x_4)\}$ 的 G-23-箱. 这种情况下没有 $R_2 \cup R_3$ 中的物件, 这样 $B_1 = (x_1, x_i)(i \leqslant 3)$ 和 $B_2 = (x_3, x_p, x_4)(p \geqslant 3)$ 都不存在. 又因为

$$x_1 + x_4 + x < \frac{1}{2} + \frac{1-x}{3} + x \leqslant 1,$$

这样短缺不能平衡的只有最后一个 FFD 箱的权 $= 36\delta - 27\delta$, 所以我们有 $a = 27\delta$, 因而 (4.6.4) 成立.

(2) 有形如 $B' = \{(G', x_3'), (G', x_3'', x_4'')\}$ 的 G-23-箱.

这种情况下 R_2 中没有物件且没有形如 $B' = \{(G', x_4'), (G', x_4, x_4)\}$ 的 G-23-箱. 从表 4.6.3 中可以看出, 除形如 $B' = \{(G', x_3'), (G', x_3'', x_4'')\}$ 的 G-23-箱外, 每个最优箱都有至少 2δ 的平衡量.

若不存在 B_1, 则对于 B_2, 如果 $p = 3$, 则其权为 $36\delta - 3\delta$, 这样我们有 $a = 27\delta + 3\delta = 30\delta$, 因而 (4.6.4) 成立. 若 $p = 4$, 则根据权函数中 y 的定义, 我们有 $x_3^* = y$, 即 x_3^* 是 R_3 中最小的物件. 我们分 3 种情况分析 x_p 所落入的最优箱 $B_{x_p}^*$ 的权.

(i) $B_{x_p}^*$ 是非 G-3-箱. 这时

$$W(B_{x_p}^*) \leqslant W(\overline{x}_1, x_3, x_p) = 44\delta - 5\delta.$$

(ii) $B_{x_p}^*$ 是非 G-4-箱. 则 $B_{x_p}^*$ 权尽可能大的情况是 $B_{x_p}^* = (\overline{x}_3, x_p, x_4, x_4)$. 这是因为 $\overline{x}_3 + x_p + x_3 + x_4 \geqslant x^* + x_p + x_q + x_4 > 1$. 所以 $B_{x_p}^* \leqslant 44\delta - 5\delta$. 同样 $B_{x_p}^*$ 仍有足够的空闲空间为 B_2 增加至少量为 3δ 的权.

(iii) $B^*_{x_p}$ 是 G-箱. 这种情况下 $B^*_{x_p}$ 中不能有 R_3 中的物件, 因为

$$x_3 + x_p \geqslant x_3^* + x_p = x_3^* + x_p + x_q - x_q > 1 - x - x_q \geqslant \frac{1}{2},$$

即 $B^*_{x_p} = (G, x_p + x_4)$. 由于 B_2 的存在, 易知 $B^*_{x_p}$ 对应的 FFD 箱 B-P 的权 $\geqslant W(G, x_3)$, 所以 $1 - x - W(B - P) + W(B^*_{x_p}) \leqslant 44\delta - 2\delta$. 注意此时若 B-P 是 (G, x_3) 的话, 其中的 x_3 所在的最优箱也至少有平衡量 δ, 即总共有 3δ 的平衡量. 综上所述当 $p = 4$ 时我们有 $a \leqslant 27\delta + 3\delta = 30\delta$, 所以 (4.6.4) 成立.

若存在 B_1, 则 B_1 中的 $i = 3$. 下面我们考虑 B_1 中 $\overline{x}_1$, $\overline{x}_i$ 和 $B = \{(G, x_3'), (G, x_3'', x_4'')\}$ 中 x_3'. 显然这些物件都不能落入 G-箱. 注意到 $x + \overline{x}_i > \frac{1}{2}$ 且 $\overline{x}_i \leqslant x_3'$, 所以 $\overline{x}_i$ 与 x_3' 不能两个同时放入最优 4-箱, 显然它们也不能与物件 x_1 放入最优箱.

设有 s 个 G-23-箱 $\{(G, x_3'), (G, x_3'', x_4'')\}$, 先考虑每个 B_1 中 $\overline{x}_1$, $\overline{x}_i$ 和 $B = \{(G, x_3'), (G, x_3'', x_4'')\}$ 中 x_3' 所在的最优箱, 则从表 4.6.3 可以看出这些最优箱能分别对应地为它们每个提供平衡量 2δ, 所以可以提供至少 $2(s+2)\delta$ 的平衡量, 用去 $s\delta$ 平衡所有 G-23-箱 $\{(G, x_3'), (G, x_3'', x_4'')\}$, 还剩 $(s+4)\delta$.

再考虑所有非 G-最优箱, 它们的个数为 $\mathrm{OPT}(L) - s$, 因而它们能提供的总平衡量至少有 $2(\mathrm{OPT}(L) - s)\delta$. 所以除用去平衡形如 $B' = \{(G', x_3'), (G', x_3'', x_4'')\}$ 的 G-23-箱的平衡量外, 所有最优箱还有平衡量:

$$(2(\mathrm{OPT}(L) - s) - s)\delta = (2\mathrm{OPT}(L) - 3s)\delta.$$

综上所述可用平衡量不小于

$$\max\{s + 4, 2\mathrm{OPT}(L) - 3s\}\delta \geqslant \left\lceil \frac{\mathrm{OPT}(L)}{2} + 3 \right\rceil \delta.$$

又由 FFD 算法知, 有 $G + \overline{x}_1 > 1$, 因而 $\overline{x}_1 > x_3'' + x_4''$, 所以 $\overline{x}_1$ 所在的最优箱不能有两个 R_3 中的物件, 这样 $\overline{x}_1$ 所在的最优箱的权最多为

$$W(\overline{x}_1, x_3, x_4) = 44\delta - 5\delta.$$

注意: 这里的 x_3 不会来自形如 $\{(G, x_3), (G, x_3'', x_4'')\}$ 的 G-23-箱, 否则有 $x_3 < \overline{x}_i$, 这样 $\overline{x}_i + G > 1$, 从而 $\overline{x}_i > x_3'' + x_4''$, 这是不可能的. 因而这个最优箱还可以提供量为 3δ 的平衡量. 所以如果 $\mathrm{OPT}(L) \geqslant 5$, 则

$$a \leqslant 27\delta + 6\delta + 6\delta - 6\delta - 3\delta = 30\delta,$$

即 (4.6.4) 成立. 如果 $\mathrm{OPT}(L) < 5$, 则由表 4.6.6 可以验证 (4.6.4) 成立.

(3) 形如 $B' = \{(G', x_4'), (G', x_4, x_4)\}$ 和 $B' = \{(G', x_3'), (G', x_3'', x_4'')\}$ 的 G-23-箱都没有.

由表 4.6.3 知最优箱的权都 $\leqslant 44\delta - 2\delta$, 因而我们有

$$36\delta\text{FFD}(L) \leqslant W(L) + A \leqslant (44\delta - 2\delta)\text{OPT}(L) + 27\delta + 6\delta + 6\delta.$$

所以

$$\text{FFD}(L) \leqslant \left(\frac{11}{9} - \frac{2}{36}\right)\text{OPT}(L) + \frac{39}{36} = \frac{11}{9}\text{OPT}(L) + \frac{1}{36}(39 - 2\text{OPT}(L)).$$

令 $G(x) = \left\lfloor \dfrac{11}{9}x + \dfrac{1}{36}(39 - 2x) \right\rfloor = \dfrac{11}{9}x + g(x)$, 则显然有 $\text{FFD}(L) \leqslant G(\text{OPT}(L))$. 由表 4.6.7 可知 (4.6.4) 成立.

表 4.6.7　$g(x)$ 的值

x	1	2	3	4	5	$\geqslant 6$
$g(x)$	$\frac{7}{9}$	$\frac{5}{9}$	$\frac{3}{9}$	$\frac{1}{9}$	$-\frac{1}{9}$	$\leqslant \frac{6}{9}$

情况 c: $\dfrac{2}{11} < x \leqslant \dfrac{1}{5}$.

这种情况我们首先验证当 $\text{OPT}(L) \leqslant 13$ 时 (4.6.4) 成立. 从表 4.6.6 可以看出, 当 $\text{OPT}(L)$ 不等于 5 和 9 时, (4.6.4) 成立. 但是我们有

$$\text{OPT}(L) \geqslant \sum_{i=1}^{n} > (1 - x)\text{FFD}(L) - (1 - 2x) \geqslant \frac{4}{5}\text{FFD}(L) - \frac{3}{5},$$

所以如果 $\text{FFD}(L) \geqslant \text{OPT}(L) + 2$, 则 $\text{OPT}(L) > 5$, 如果 $\text{FFD}(L) \geqslant \text{OPT}(L) + 3$, 则 $\text{OPT}(L) > 9$, 即当 $\text{OPT}(L) = 5$ 时, $\text{FFD}(L) \leqslant 6$, 当 $\text{OPT}(L) = 9$ 时, $\text{FFD}(L) \leqslant 11$, 所以 (4.6.4) 仍然成立. 所以在下面分析中假设 $\text{OPT}(L) \geqslant 14$.

除最后一个非 G 短缺 FFD 箱的权 $= 36\delta - 28\delta$ 外, 下面我们分 6 种情况讨论还可能出现的下面 3 个非 G 短缺 FFD 箱:

$$\begin{aligned}
&\overline{B}_1 = (\overline{x}_1, \overline{x}_i)(i \leqslant 4), && w(\overline{B}_1) = 36\delta - 6\delta,\\
&\overline{B}_2 = (x_4^*, x_p, x_q)(4 \leqslant p \leqslant q \leqslant 6), && w(\overline{B}_2) \geqslant 36\delta - 6\delta,\\
&\overline{B}_3 = (x_6^*, x_g, x_h, x_7^*)(g, h \geqslant 6), && w(\overline{B}_3) \geqslant 36\delta - 3\delta.
\end{aligned}$$

(1) 形如下面的 5 种 G-23-箱都不存在.

$$\begin{aligned}
&\{(G, x_i), (G, x_i, x_7)\}(i \geqslant 4), \quad && \{(G, x_4), (G, x_4, x_6)\},\\
&\{(G, x_5), (G, x_5, x_6)\}, && \{(G, x_5), (G, x_6, x_6)\},\\
&\{(G, x_6), (G, x_6, x_6)\}.
\end{aligned}$$

这种情况由表 4.6.5 知最优箱的权都 $\leqslant 44\delta-\delta$, 因而我们可以在每一个最优箱里增加量为 δ 的权而使其仍然 $\leqslant 44\delta$, 所以我们有

$$a=28\delta+6\delta+6\delta+3\delta-\mathrm{OPT}(L)\delta\leqslant 29\delta,$$

所以 (4.6.4) 成立.

(2) 有形如 $\{(G,x_7),(G,x_7,x_7)\}$ 的 G-23-箱.

根据引理 4.6.2, L 中不存在域 $R_4\cup R_5\cup R_6$ 中的物件, 因而所有 G-23-箱都能自己平衡. 且 $\overline{B}_1$ 的权 $\geqslant 44\delta-4\delta$, $\overline{B}_2$ 和 $\overline{B}_3$ 不存在, 易知箱 $\overline{B}_1$ 中的 $\overline{x}_1$ 所落入的最优箱至少可以为 $\overline{B}_1$ 提供大小为 δ 的平衡量, 所以 $a\leqslant 28\delta+3\delta=31\delta$, 因而 (4.6.4) 成立.

(3) 存在形如 $\{(G,x_5),(G,x_5,x_6)\}$ 或 $\{(G,x_5),(G,x_6,x_6)\}$ 或 $\{(G,x_6),(G,x_6,x_6)\}$ 或 $\{(G,x_5),(G,x_5,x_7)\}$ 的 G-23- 箱.

在这种情况下, 因为 $x_6+x_6>\dfrac{1-x}{2}$ 和 $x_5+x_7>\dfrac{1-x}{2}$, 所以由引理 4.6.2 知 L 中不存在域 $R_2\cup R_3\cup R_4$ 中的物件, 这样 $\overline{B}_1$ 和 $\overline{B}_2$ 不存在, 只有 $\overline{B}_3$, 所以 $a=28\delta+3\delta=31\delta$, 因而 (4.6.4) 成立.

(4) 存在形如 $\{(G,x_6),(G,x_6,x_7)\}$ 的 G-23-箱, 但 $\{(G,x_6),(G,x_6,x_6)\}$ 的 G-23-箱不存在.

在这种情况下, 由引理 4.6.2 知 L 中不存在域 $R_4\cup R_5$ 中的物件且所有 G-23-箱都能自己平衡, 这样 $\overline{B}_2$ 不存在, FFD 箱中除最后一个外, 我们只要考虑 $\overline{B}_1$ 和 $\overline{B}_3$. 这时 $\overline{B}_1$ 中的 $i\leqslant 3$, 所以 $W(\overline{B}_1)\geqslant 36\delta-4\delta$, 下面分析箱 $\overline{B}_1$ 中的物件 $\bar{x}_1$ 和 $\bar{x}_i$ 所落入的最优箱. 显然 $\bar{x}_1$ 和 $\bar{x}_i$ 都不能落入最优 G-箱. 由表 4.6.5 知, 任何一个非 G-最优箱的权都 $\leqslant 44\delta-\delta$, 且一个非 G-最优箱里如果有 $R_2\cup R_3$ 中的物件但没有 $R_1\cup R_4$ 中的物件, 则它的权 $\leqslant 44\delta-3\delta$, 所以 $\overline{x}_1$ 和 $\overline{x}_i$ 落入的最优 G-箱的权分别可以增加 δ 和 3δ, 即可以得到平衡. 所以 $a=28\delta+3\delta=31\delta$, 因而 (4.6.4) 成立.

(5) 存在形如 $B^*=\{(G,x_4^*),(G,x_4,x_7)\}$ 的 G-23-箱但没有形如 $B=\{(G,x_4'),(G,x_4,x_6)\}$ 的 G-23-箱.

在这种情况下, 由引理 4.6.2 知 L 中不存在域 $R_2\cup R_3$ 中的物件且所有 G-23-箱都能自己平衡. 除形如 $\{(G,x_4^*),(G,x_4,x_7)\}$ 的 G-23-箱不能提供平衡量外, 任何其他最优箱都至少能提供平衡量 δ. 我们设形如 $\{(G,x_4^*),(G,x_4,x_7)\}$ 的 G-23-箱一共有 s 个. 下面分 $\overline{B}_1$ 出现和不出现讨论:

(i) 若 $\overline{B}_1$ 出现, 则 $\overline{B}_1$ 中的 $i=4$, $\overline{x}_i$ 显然不能放入 G-箱. 因为 $\overline{x}_i+x>\dfrac{1}{2}$, 所以 $\overline{x}_i$ 及 $\{(G,x_4^*),(G,x_4,x_7)\}$ 中 x_4^* 不能有两个同时放入最优 4-箱中. 若两个或三个同时放入最优 3-箱中, 则权 $\leqslant W(x_4,x_4,x_4)=44\delta-8\delta$. 并且注意到除 s 个形如 $\{(G,x_4^*),(G,x_4,x_7)\}$ 的 G-23-箱外, 任何其他最优箱都至少能提供平衡量 δ,

从表 4.6.5 也可以看出, 任一含有 x_4 的非 G-最优箱的权总是 $\leqslant 44\delta-2\delta$. 所以最优箱总共能提供的平衡量至少有 $(\mathrm{OPT}(L)-s)+(s+1)=\mathrm{OPT}(L)+1$. 注意到 $\mathrm{OPT}(L)\geqslant 13$, 则

$$a\leqslant 28\delta+6\delta+6\delta+3\delta-(\mathrm{OPT}(L)+1)\delta\leqslant 29\delta.$$

(ii) 若 $\overline{B}_1$ 不出现, 这时 $\{(G,x_4^*),(G,x_4,x_7)\}$ 中的 x_4^* 可能有两个同时被放入最优 4- 箱 (x_4^*,x_4^*,x_5,x_7) 中, 其权为 $44\delta-2\delta$. 但注意到任何一个非 G-箱, 如果它有 t 个 x_4, 则它的权 $\leqslant 44\delta-t\delta$, 所以 $\{(G,x_4^*),(G,x_4,x_7)\}$ 中的 x_4^* 所对应的平衡量的总量是 $s\delta$. 另外考虑所有 $\mathrm{OPT}(L)-s$ 个非 G-最优箱, 至少有 $\left(\mathrm{OPT}(L)-s+\left\lceil\frac{s}{2}\right\rceil\right)\delta$ 的平衡量, 其中 $\left\lceil\frac{s}{2}\right\rceil$ 是表示含有 $\{(G,x_4^*),(G,x_4,x_7)\}$ 中的 x_4^* 的最优箱的最少个数. 所以最优箱总共能提供的平衡量至少有

$$\max\left\{s\delta,\left(\mathrm{OPT}(L)-s+\left\lceil\frac{s}{2}\right\rceil\right)\delta\right\}\geqslant\left\lceil\frac{2\mathrm{OPT}(L)}{3}\right\rceil\delta,$$

所以

$$a\leqslant 28\delta+6\delta+3\delta-\left\lceil\frac{2\mathrm{OPT}(L)}{3}\right\rceil\delta\leqslant 30\delta,$$

即 (3.6.4) 成立.

(6) 存在形如 $B=\{(G,x_4'),(G,x_4,x_6)\}$ 的 G-23-箱.

在这种情况下, 由引理 4.6.2 知 L 中不存在域 $R_2\cup R_3$ 中的物件且除形如 $\{(G,x_4'),(G,x_4,x_6)\}$ 的 G-23-箱外, 所有 G-23-箱都能自己平衡. 任何非 G-最优箱都至少能提供平衡量 δ. 我们设 G-箱一共有 s 个. 下面分 $\overline{B}_1$ 出现和不出现讨论:

(i) $\overline{B}_1$ 不出现. 这时考虑 FFD 箱 $\overline{B}_2=(x_4^*,x_p,x_q)(4\leqslant p\leqslant q\leqslant 6)$. 如果 $p=6$, 则 $q=6$, 我们需要证明 x_p 和 x_q 所在的最优箱 $B_{x_p}^*$ 和 $B_{x_q}^*$ 及其相关箱能各提供至少 3δ 的平衡量, 因而总共增加 6δ 而使 $\overline{B}_2$ 的权达到 36δ.

(a) $B_{x_p}^*$ 或 $B_{x_q}^*$ 是最优 3- 箱. 这时 $W(B_{x_q}^*)\leqslant W(\overline{x}_1,x_4,x_q)\leqslant 44\delta-5\delta$.

(b) $B_{x_q}^*$ 是最优 4-箱. 这时 $B_{x_q}^*$ 里不能有两个 x_4, 也不能有 x_1, 所以

$$W(B_{x_q}^*)\leqslant W(x_4,x_5,x_q,x_6)\leqslant 44\delta-4\delta.$$

(c) $B_{x_q}^*$ 是最优 5-箱. 这时 $B_{x_q}^*=(x_p,x_7,x_7,x_7,x_7)$, 权为 $44\delta-3\delta$. 这是因为 $x_4^*+z<x_4+x_6<\frac{1}{2}$, 所以

$$x_p>1-x-x_4^*-x_q>1-x-\frac{1}{2}+z-\frac{1-z}{3}=\frac{1}{6}+\frac{4z}{3}-x,$$

这样有 $x_p+x_6+x_7+x_7+x_7>\frac{1}{6}+\frac{4z}{3}-x+z+3x>1$. $B_{x_p}^*$ 箱也有同样

的结论. 这样在 FFD 装法中, 至少有一个 FFD 5-箱 (x_7,x_7,x_7,x_7,x_7) 存在, 而 $W(x_7,x_7,x_7,x_7,x_7)=36\delta+4\delta$, 即这个 5-箱至少有 4δ 的平衡量.

(d) $B^*_{x_q}$ 是一 G-箱. 由于 $x^*_4+x_q>\dfrac{1}{2}$, 这样的最优 G-箱只能是形如 (G,x_p,x_6) 箱, 若 B-P 箱 (即 FFD 箱) 是 (G,x_4), 则 $1-x-W(G+x_4)+W(G+x_p+x_6)=44\delta-2\delta$, 所以 B-P^* 至少有 2δ 的平衡量, 另外这个 x_4 所在的最优箱也可以增加权 δ, 一共有 3δ 的平衡量. 其他情形都有权 $\leqslant 44\delta-3\delta$.

综上所述, $\overline{B}_2=(x^*_4,x_p,x_q)(4\leqslant p\leqslant q\leqslant 6)$ 可以得到平衡. 类似可以讨论 p 和 q 的其他情形, 注意其他情形时需要找到的平衡减少, 相对容易. 所以 $a\leqslant 28\delta+6\delta+3\delta-6\delta=31\delta$. 即 (4.6.4) 成立.

(ii) $\overline{B}_1$ 出现. 这时 $\overline{B}_1$ 中 $i=4$, $\overline{x}_i$ 显然不能放入 G-箱. 因 $\overline{x}_i+x>\dfrac{1}{2}$, 所以 $\overline{x}_i$ 及 $\{(G,x'_4),(G,x_4,x_6)\}$ 中的 x'_4 不能有两个同时放入最优 4-箱中. 若两个或三个同时放入 3-箱中, 则权 $\leqslant W(x_4,x_4,x_4)=44\delta-8\delta$. 从表 4.6.5 也可以看出, 任一含有 x_4 的非 G 最优箱的权总是 $\leqslant 44\delta-2\delta$. 所以 $\overline{x}_i$ 及 $\{(G,x'_4),(G,x_4,x_6)\}$ 中的 x'_4 所在的最优箱总共有 $2(s+1)\delta$ 的平衡量, 其中平衡 G-箱用去 $s\delta$, 所以还有 $(s+2)\delta$. 注意到除形如 $\{(G,x'_4),(G,x_4,x_6)\}$ 的 G-23-箱外, 任何其他最优箱都没有短缺, 所以任何非 G-最优箱除用去平衡 $\{(G,x'_4),(G,x_4,x_6)\}$ 的平衡量外至少还能提供平衡量 δ, 所以所有最优箱总共还能提供的平衡量至少有 $\max\{s+2,\mathrm{OPT}(L)-s\}\delta\geqslant 6\delta$. 设 $B^*_{\overline{x}_1}$ 是含有 $\overline{x}_1$ 的最优箱. 由于 $\{(G,x'_4),(G,x_4,x_6)\}$ 箱的存在, 因而有 $\overline{x}_1+x_4+x_5>1$, $\overline{x}_1+x_7+x_7+x_7>1$, 所以 $B^*_{\overline{x}_1}$ 的权 $\leqslant W(\overline{x}_1,x_4,x_6)=44\delta-5\delta$, 这样 $B^*_{\overline{x}_1}$ 还可以提供 4δ 的平衡量.

若 $\overline{B}_2=(x^*_4,x_p,x_q)(4\leqslant p\leqslant q\leqslant 6)$ 存在, 类似前面的分析容易找到 2δ 的平衡量, 所以

$$a\leqslant 28\delta+6\delta+6\delta+3\delta-6\delta-4\delta-2\delta=31\delta,$$

所以 (4.6.4) 成立.

根据以上 (1)—(6) 的讨论, 得到 (4.6.4) 在任何情形下都成立. □

4.6.4 紧界的证明

Dósa 等 (2013) 给出了下面定理 4.6.3 的结论, 并给出例子达到这个界, 即这个界是紧的. 后面我们给出在定理 4.6.2 的基础上的一个证明. 下面的例子说明定理 4.6.3 的界是紧界:

例 4.6.1 设给定物件序列 L 为

G -物件 $6n+4$ 个 : $\dfrac{1}{2}+\varepsilon$; x'_3 -物件 $6n+4$ 个 : $\dfrac{1}{4}+2\varepsilon$;

x_3 -物件 $6n+4$ 个 : $\dfrac{1}{4}+\varepsilon$; x_4 -物件 $12n+8$ 个 : $\dfrac{1}{4}-2\varepsilon$,

其中 ε 是足够小的正数, 则最优箱有 $\mathrm{OPT}(L) = 9n + 6$ 个, 其中

- $6n + 4$ 个: $\{1/2 + \varepsilon, 1/4 + \varepsilon, 1/4 - 2\varepsilon\}$;
- $3n + 2$ 个: $\{1/4 + 2\varepsilon, 1/4 + 2\varepsilon, 1/4 - 2\varepsilon, 1/4 - 2\varepsilon\}$;

FFD 箱 $\mathrm{FFD}(L) = 11n + 8$ 个:

- $6n + 4$ 个: $\{1/2 + \varepsilon, 1/4 + 2\varepsilon, \}$;
- $2n + 1$ 个: $\{1/4 + \varepsilon, 1/4 + \varepsilon, 1/4 + \varepsilon\}$;
- 1 个: $\{1/4 + \varepsilon, 1/4 - 2\varepsilon, 1/4 - 2\varepsilon, 1/4 - 2\varepsilon\}$;
- $3n + 1$ 个: $\{1/4 - 2\varepsilon, 1/4 - 2\varepsilon, 1/4 - 2\varepsilon, 1/4 - 2\varepsilon\}$;
- 1 个: $\{1/4 - 2\varepsilon\}$,

所以 $\mathrm{FFD}(L) = \dfrac{11}{9}\mathrm{OPT}(L) + \dfrac{6}{9}$.

定理 4.6.3 对于任意给定的 L, 有

$$\mathrm{FFD}(L) \leqslant \frac{11}{9}\mathrm{OPT}(L) + \frac{6}{9}. \tag{4.6.5}$$

证明 这时我们只需要证明 (4.6.3) 中有 $a \leqslant 27\delta$ 即可.

情况 a: $\dfrac{1}{4} < x \leqslant \dfrac{1}{3}$.

在证明 (4.6.4) 时已证每一最优箱的权 $\leqslant 44\delta - 2\delta$, 我们可以假设至少有两个最优箱. 另外可能存在一个 FFD 箱 $B = \{x_1, x_2\}$, 其权 $= 36\delta - 6\delta$. 最后一个 FFD 箱的权为 $12\delta = 36\delta - 24\delta$. 此时, $a = 24\delta + 6\delta - 4\delta = 26\delta$, 故 (4.6.5) 成立.

情况 b: $\dfrac{1}{5} < x \leqslant \dfrac{1}{4}$.

由 (4.6.4) 的证明可知, 除最后一个 FFD 箱的权 $= 36\delta - 27\delta$ 外, 我们还需要考虑在 FFD 方法中下面两个有可能出现的箱子:

$$B_1 = (\overline{x}_1, \overline{x}_i)(i \leqslant 3), \qquad B_2 = (x_3^*, x_p, x_q)(q \geqslant p \geqslant 3),$$

它们的权都不小于 $36\delta - 6\delta$. 下面我们分 3 种情况讨论:

(1) 有形如 $B = \{(G, x_4), (G, x_4, x_4)\}$ 的 G-23-箱.

在证明 (4.6.4) 时已证 $a = 27\delta$, 因而 (4.6.5) 成立.

(2) 有形如 $B = \{(G, x_3), (G, x_3, x_4)\}$ 的 G-23-箱.

B_1 不存在时, 讨论同 (4.6.4) 的证明, 只是当 $p = 3$ 时和 $p = 4$ 时, 需加上讨论 x_q 所落入的最优箱 $B^*_{x_q}$ 或与其相关的最优箱. B_1 存在时需要类似于 B_1 不存在时证明 x_p 所落入的最优箱 $B^*_{x_p}$ 和 x_q 所落入的最优箱 $B^*_{x_q}$ 或与其相关的最优箱分别能提供 2δ 的平衡量, 从而 B_2 得到平衡, 所以 $a \leqslant 27\delta$ 即 (4.6.5) 成立.

(3) 形如 $B = \{(G, x_3), (G, x_3, x_4)\}$ 和 $B' = \{(G, x_4), (G, x_4, x_4)\}$ 的 G-23-箱都没有.

证明同 (4.6.4) 的证明.

情况 c: $\frac{2}{11} < x \leqslant \frac{1}{5}$.

由表 4.6.6 知, 当 $\text{OPT}(L) \leqslant 9$ 时, (4.6.5) 成立, 所以, 在下面分析中, 假设 $\text{OPT}(L) \geqslant 10$. 除最后一个非 G 短缺 FFD 箱的权 $= 36\delta - 28\delta$ 外, 下面我们分 6 种情况讨论还可能出现的下面 3 个非 G 短缺 FFD 箱:

$$\overline{B}_1 = (\overline{x}_1, \overline{x}_i)(i \leqslant 4), \qquad w(\overline{B}_1) = 36\delta - 6\delta,$$
$$\overline{B}_2 = (x_4^*, x_p, x_q)(4 \leqslant p \leqslant q \leqslant 6), \qquad w(\overline{B}_2) \geqslant 36\delta - 6\delta,$$
$$\overline{B}_3 = (x_6^*, x_g, x_h, x_7^*)(g, h \geqslant 6), \qquad w(\overline{B}_3) \geqslant 36\delta - 3\delta.$$

(1) 形如下面的 5 种 G-23-箱都不存在

$$\{(G, x_i), (G, x_i, x_7)\}(i \geqslant 4), \quad \{(G, x_4), (G, x_4, x_6)\},$$
$$\{(G, x_5), (G, x_5, x_6)\}, \quad \{(G, x_5), (G, x_6, x_6)\},$$
$$\{(G, x_6), (G, x_6, x_6)\}.$$

这种情况由表 4.6.5 知最优箱的权都 $\leqslant 44\delta - \delta$, 所以最优箱里至少有 $\text{OPT}(L)\delta$ 的平衡量. 我们先考虑 $\overline{B}_1 = (\overline{x}_1, \overline{x}_i)(i \leqslant 4)$.

若 $\overline{B}_1 = (\overline{x}_1, \overline{x}_i)$ 里 $i = 2$, 则有

$$W(\overline{B}_1) = 44\delta - 3\delta,$$

若 $i = 3$, 则有

$$W(\overline{B}_1) = 44\delta - 4\delta,$$

这时 $\overline{x}_1$ 与 $\overline{x}_i$ 不能同时分别放入 4- 箱 $(\overline{x}_1, x_6, x_7, x_7)$ 和 $(\overline{x}_i, x_4, x_6, x_7)$ 中, 这是因为

$$\overline{x}_1 + x_6 + x_7 + x_7 + \overline{x}_i + x_4 + x_6 + x_7 > 2,$$

所以 $B_{\overline{x}_1}^*$ 及 $B_{\overline{x}_i}^*$ 除计算于 $\text{OPT}(L)\delta$ 中的平衡量外, 还能提供平衡量 δ.

当 $i = 4$ 时, 有 $\overline{x}_1 + x_7 + x_7 + x_7 > \overline{x}_1 + \overline{x}_i + x > 1$, 所以 $\overline{x}_1$ 放入的最优 $B_{\overline{x}_1}^*$ 只能是 3-箱, 又 $\overline{x}_i + x \leqslant \frac{1}{3} + x < x_4 + x_4$, 所以 $W(B_{\overline{x}_1}^*) \leqslant W(\overline{x}_1, x_4, x_5) = 44\delta - 4\delta$, 即 $B_{\overline{x}_1}^*$ 能提供平衡量 4δ, 所以 $\overline{B}_1$ 最多只有 3δ 的短缺没有得到平衡.

现在分析 $\overline{B}_2 = (x_4^*, x_p, x_q)(4 \leqslant p \leqslant q \leqslant 6)$, 若 $\overline{B}_3$ 不存在, 这时有

$$a \leqslant 28\delta + 3\delta + 6\delta - \text{OPT}(L)\delta \leqslant 27\delta,$$

即 (4.6.5) 也成立. 如果 $\overline{B}_3$ 存在但不是倒数第二个 FFD- 箱, 这时存在 FFD 箱 $(x_7, x_7, x_7, x_7, x_7)$ 且

$$W(x_7, x_7, x_7, x_7, x_7) = 36\delta + 4\delta,$$

即这个 FFD 箱可以提供 4δ 的平衡量, 所以

$$a \leqslant 28\delta + 3\delta + 6\delta + 3\delta - \mathrm{OPT}(L)\delta - 4\delta \leqslant 26\delta,$$

即 (4.6.5) 也成立. 若 $\overline{B}_3$ 是倒数第二个 FFD-箱. 这时我们假设序列 L 中最后 5 个物件是 $x_6^*, x_g, x_h, x_7^*, x$, 从而没有最优 5-箱存在. 否则, 则有回流物件 x_6 或 x_7, 这样使得 $\overline{B}_1$ 或 $\overline{B}_2$ 不存在. 下面分两种情况讨论:

(i) 存在 G-23-箱 $\{(G, x_j), (G, *, *)\}$. 如果 $j > 1$, 则有 $x_1 > x_7 + x_7$. 这时因为不能有最优 5-箱, 所以 x_1 不能放入 4-箱, 从表 4.6.5 及前面的讨论可知每个 x_7 所放入的最优箱可以相应地提供的平衡量至少为 δ. 如果 $j = 1$, 则

$$1 - x - W(G, x_j) + W(G, *, *) \leqslant 1 - x - W(G, x_j) + W(G, x_4, x_6) = 44\delta - 5\delta,$$

这样总有

$$a \leqslant 28\delta + 3\delta + 6\delta + 3\delta - \mathrm{OPT}(L)\delta - 4\delta \leqslant 27\delta,$$

即 (4.6.5) 也成立.

(ii) 不存在 G-23-箱 $\{(G, x_j), (G, *, *)\}$. 这时所有 G-箱都有至少 2δ 的平衡量, 而没有物件 x_7 的最优非 G- 箱也至少有 2δ 的平衡量, 而 x_7 最多只有 4 个, 因此至少有 6 个最优箱能提供 2δ 的平衡量, 所以

$$a \leqslant 28\delta + 6\delta + 6\delta + 3\delta - 12\delta - 4\delta \leqslant 27\delta,$$

即 (4.6.5) 成立.

(2) 有形如 $\{(G, x_7), (G, x_7, x_7)\}$ 的 G-23-箱.

根据引理 4.6.2, L 中不存在域 $R_4 \cup R_5 \cup R_6$ 中的物件, 因而所有 G-23-箱都能自己平衡, 且 $\overline{B}_2$ 和 $\overline{B}_3$ 不存在.

若 $\overline{B}_1$ 不存在, 则任一非 G-最优箱能提供至少 δ 的平衡量. 因而有 $a = 28\delta - \delta = 27\delta$, 所以 (4.6.5) 成立.

若 $\overline{B}_1$ 存在, 则 $\overline{B}_1$ 中 $i \leqslant 3$, 它的权 $\geqslant 44\delta - 4\delta$. 令 $B^*_{\overline{x}_i}$ 为 $\overline{x}_i$ 落入的最优箱, 易知 $B^*_{\overline{x}_i}$ 不能有 R_1 中的物件. 由于 $\{(G, x_7), (G, x_7, x_7)\}$ 的存在, 所有不是 x_7 的物件的尺寸都大于 $2x$, 所以 $B^*_{\overline{x}_i}$ 不可能是 5- 箱, 这是因为 $\overline{x}_i + x_7 + x_7 + x_7 + x_7 > 6x > 1$. 若 $B^*_{\overline{x}_i}$ 是 3-箱, 则 $B^*_{\overline{x}_i}$ 里至少有一个物件 x_7, 否则有 $6x > 1$, 所以 $W(B^*_{\overline{x}_i}) \leqslant W(x_2, x_2, x_7) = 44\delta - 6\delta$. 若 $B^*_{\overline{x}_i}$ 是 4-箱, 则 $B^*_{\overline{x}_i}$ 中至少有 3 个 x_7, 所以 $W(B^*_{\overline{x}_i}) \leqslant W(\overline{x}_i, x_7, x_7, x_7) \leqslant 44\delta - 5\delta$. 所以 $a \leqslant 28\delta + 4\delta - 5\delta = 27\delta$, 因而 (4.6.5) 成立.

(3) 有形如 $\{(G, x_5), (G, x_5, x_6)\}$, $\{(G, x_5), (G, x_6, x_5)\}$, $\{(G, x_5), (G, x_5, x_7)\}$ 或 $\{(G, x_6), (G, x_6, x_6)\}$ 的 G-23-箱存在.

在这种情况下, 因为 $x_6+x_6>\dfrac{1-x}{2}$ 和 $x_5+x_7>\dfrac{1-x}{2}$, 所以由引理 4.6.2 知, L 中不存在域 $R_2\cup R_3\cup R_4$ 中的物件, 这样 $\overline{B}_1$ 和 $\overline{B}_2$ 不存在.

下面考虑 $\overline{B}_3$ 和最后 FFD 箱里的 x_7, 若 $\overline{B}_3$ 不是最后第二个 FFD 箱, 则至少有一个 FFD 箱里有 5 个 x_7, 它的权等于 40δ, 这样 $a=28\delta+3\delta-4\delta=27\delta$. 若 $\overline{B}_3$ 是最后第二个 FFD 箱, 则总共最多只有 4 个 x_7 , 它们是 $\overline{B}_3$ 里的 x_g, x_h, x_7^* 和最后箱里的 x. 这时最优箱不可能有 5-箱存在, 且 x_1 不能放入最优 4-箱, 因为这时 $\overline{B}_3$ 和最后 FFD 箱里的物件是最小的 5 个物件, 否则会有 R_6 里的回流物件, 即有形如 (x_1,x_5,x_6') 或 (x_5,x_6,x_6,x_6') 的 FFD 箱或 G-23-箱 $\{(G,x_6,x_6'),(G,x_6,x_6)\}$, 这里的 x_6' 表示是回流物件. 若有 G-23-箱 $\{(G,x_6,x_6'),(G,x_6,x_6)\}$ 存在, 由于 $1-x-W(G,x_6,x_6')+W(G,x_6,x_6)=44\delta-8\delta$, 则 $a\leqslant 28\delta+3\delta-8\delta=23\delta$, 即 (4.6.5) 成立. 若 G-23-箱 $\{(G,x_6,x_6'),(G,x_6,x_6)\}$ 不存在, 注意到 (x_1,x_5,x_6') 或 (x_5,x_6,x_6,x_6') 的 FFD 箱最多只有一个存在, 这样 x_6^*, x_6', x_g, x_h, x_7^* 和最后箱里的 x 是物件序列 L 中最后的 6 个物件, 也就是说它们是最小的 6 个物件, 这样若有最优 5-箱存在, 这个最优 5-箱一定是 (x_6', x_g, x_h, x_7^*, x), 这个最优箱能恰好平衡 $\overline{B}_3$, 注意到 FFD 箱 (x_1,x_5,x_6') 或 (x_5,x_6,x_6,x_6') 本身可以提供平衡量 δ, 这样也有 $a=28\delta+3\delta-4\delta=27\delta$, 因而 (4.6.4) 成立. 若没有最优 5-箱存在, 注意到最优箱 (x_1,x_6,x_7,x_7) 及物件 x_3 不存在, 则从表 4.6.5 及前面的讨论可知每个 x_7 所放入的最优箱可以相应地提供的平衡量至少为 δ, 这样也有 $a=28\delta+3\delta-4\delta=27\delta$, 因而 (4.6.5) 成立.

(4) 存在形如 $\{(G,x_6),(G,x_6,x_7)\}$ 的 G-23-箱, 但 $\{(G,x_6),(G,x_6,x_6)\}$ 的 G-23-箱不存在.

平衡 $\overline{B}_1$ 的讨论同 (4.6.4) 的证明. 只是需要进一步讨论 $\overline{B}_3$, $\overline{B}_3$ 的分析同 (3) 里分析类似.

(5) 存在形如 $B=\{(G,x_4^*),(G,x_4,x_7)\}$ 的 G-23-箱, 但形如 $B^*=\{(G,x_4),(G,x_4,x_6)\}$ 的 G-23-箱不存在.

类似 (4.6.4) 的证明分 $\overline{B}_1$ 出现和不出现讨论.

(Ⅰ) 若 $\overline{B}_1$ 出现. 这时 $\overline{B}_1$ 中的 $\overline{x}_i$ 和总最优箱的讨论同 (4.6.4) 的证明, 只是要进一步分析 $\overline{B}_1$ 中的 $\overline{x}_1$ 和 $\overline{B}_2$.

对于 $\overline{x}_1$, 设 $B_{\overline{x}_1}^*$ 是含有 $\overline{x}_1$ 的最优箱. 由于 $B=\{(G,x_4^*),(G,x_4,x_7)\}$ 的存在, 得 $\overline{x}_1>\dfrac{1-x}{3}+x$, 因而有 $\overline{x}_1+x_4+x_4>1,\overline{x}_1+x_7+x_7+x_7>1$, 所以 $B_{\overline{x}_1}^*$ 的权 $\leqslant W(\overline{x}_1,x_4,x_5)=44\delta-4\delta$, 这样 $B_{\overline{x}_1}^*$ 还可以提供 3δ 的平衡量.

对于 $\overline{B}_2$, 若 $q=5$ 或 $p=4$, 并注意到 $\mathrm{OPT}(L)\geqslant 10$, 则

$$a\leqslant 28\delta+6\delta+4\delta+3\delta-(\mathrm{OPT}(L)+1)\delta-3\delta\leqslant 27\delta.$$

若 $p \geqslant 5, q=6$, 我们分析 x_q 所在的最优箱 $B^*_{x_q}$ 来寻找另外至少 2δ 的平衡量. 因而使得

$$a \leqslant 28\delta + 6\delta + 6\delta + 3\delta - (\mathrm{OPT}(L)+1)\delta - 3\delta - 2\delta \leqslant 27\delta.$$

下面我们分情况讨论:

(a) $B^*_{x_q}$ 是最优 3-箱. 这时可能有 $B^*_{x_1} = B^*_{x_q}$, $B^*_{x_q}$ 需要为 $\overline{B}_1$ 及自己本身留有 5δ 的平衡量 ($\overline{x}_1$ 需要 3δ, $B^*_{x_q}$ 及 $\overline{B}_1$ 本身各需要 δ). 但这时由于 G-23-箱 $B=\{(G,x^*_4),(G,x_4,x_7)\}$ 的存在, 我们有

$$\overline{x}_1 + x_4 + x_q > x_4 + x_7 + x_4 + x_q \geqslant x^*_4 + x_p + x_q + x_7 > 1,$$

$$W(B^*_{x_q}) \leqslant W(\overline{x}_1, x_5, x_q) \leqslant 44\delta - 5\delta - 2\delta,$$

即 $B^*_{x_q}$ 还有 2δ 的平衡量.

(b) $B^*_{x_q}$ 是最优 4- 箱. 这时 $B^*_{x_q}$ 里不能有两个 x_4, 也不能有 x_1, 所以

$$W(B^*_{x_q}) \leqslant W(x_4, x_5, x_q, x_6) \leqslant 44\delta - 2\delta - 2\delta.$$

(c) $B^*_{x_q}$ 是最优 5-箱. 这时 FFD 装法中, $\overline{B}_3$ 后面至少有一个 5-箱 (x_7,x_7,x_7,x_7,x_7) 存在, 而 $W(x_7,x_7,x_7,x_7,x_7)=36\delta+4\delta$, 即这个 5 箱至少有 4δ 的平衡量.

(d) $B^*_{x_q}$ 是 G-箱. 由于 $x^*_4 + x_q > \dfrac{1}{2}$, 这样的最优 G-箱只能是形如 (G,x_q,x_6) 箱, 若 B-P 箱 (即 FFD 箱) 是 (G,x_4), 则

$$1 - x - W(G,x_4) + W(G,x_q,x_6) = 44\delta - 2\delta,$$

所以 B-P^* 至少有 δ 的平衡量, 另外这个 x_4 所在的最优箱也可以增加权 δ, 一共有 2δ 的平衡量. 其他情形都有权 $\leqslant 44\delta - 3\delta$. 综上所述,

$$a \leqslant 28\delta + 6\delta + 6\delta + 3\delta - (\mathrm{OPT}(L)+1)\delta - 3\delta - 2\delta \leqslant 27\delta.$$

(Ⅱ) $\overline{B}_1$ 不出现. 这时 $\{(G,x^*_4),(G,x_4,x_7)\}$ 中的 x^*_4 可能有两个同时被放入最优 4- 箱 (x^*_4,x^*_4,x_5,x_7) 中, 其权为 $44\delta-2\delta$. 但注意到任何一个非 G-箱, 如果它有 t 个 x_4, 则它的权 $\leqslant 44\delta - t\delta$, 所以 $\{(G,x^*_4),(G,x_4,x_7)\}$ 中的 x^*_4 所对应的平衡量的总量是 $s\delta$. 另外考虑所有 $\mathrm{OPT}(L)-s$ 个非 G- 最优箱, 至少有 $\left(\mathrm{OPT}(L) - s + \left\lceil \dfrac{s}{2} \right\rceil\right)\delta$ 的平衡量, 其中, $\left\lceil \dfrac{s}{2} \right\rceil$ 是表示含有 $\{(G,x^*_4),(G,x_4,x_7)\}$ 中的 x^*_4 的最优箱的最少个数. 所以最优箱总共能提供的平衡量至少有

$$\max\left\{s\delta, \left(\mathrm{OPT}(L) - s + \left\lceil \frac{s}{2} \right\rceil\right)\delta\right\} \geqslant \left\lceil \frac{2\mathrm{OPT}(L)}{3} \right\rceil \delta \geqslant 7\delta.$$

类似于 $\overline{B}_1$ 出现的情形讨论 $\overline{B}_2$ 中 x_q 所在的最优箱 $B^*_{x_q}$, 只是当 $p=q=6$ 时需要寻找至少 3δ 的平衡量. 这时可加上考虑 x_p 所在的最优箱 $B^*_{x_p}$. 因而有

$$a \leqslant 28\delta + 6\delta + 3\delta - 7\delta - 3\delta \leqslant 27\delta.$$

(6) 存在形如 $B=\{(G,x_4),(G,x_4,x_6)\}$ 的 G-23-箱. $\overline{B}_1$ 和 $\overline{B}_2$ 的平衡的讨论与 (4.6.4) 的证明相同, 只是需要进一步讨论 $\overline{B}_3$, 这与 (3) 里对 $\overline{B}_3$ 的讨论类似. □

4.6.5 FFD 算法对小物件装箱的渐近最坏性能比

Johnson (1973) 和 Coffman(1978) 等提出这样的问题: 如果限制装箱问题的物件大小在区间 $(0,\alpha]$ 内, 这里 $\alpha \leqslant \frac{1}{2}$, 那么 FFD 算法的渐近最坏性能比是什么呢? 用 $F^{\infty}_{\mathrm{FFD}}(\alpha)$ 表示这样的渐近最坏性能比. Johnson 证明了

$$R^{\infty}_{\mathrm{FFD}}(\alpha)=\begin{cases}\dfrac{71}{60}, & \dfrac{8}{29}<\alpha\leqslant\dfrac{1}{2},\\ \dfrac{7}{6}, & \dfrac{1}{4}<\alpha\leqslant\dfrac{8}{29},\\ \dfrac{23}{20}, & \dfrac{1}{5}<\alpha\leqslant\dfrac{1}{4}.\end{cases}$$

并且猜想下式

$$R^{\infty}_{\mathrm{FFD}}\left(\frac{1}{m}\right)=F_m=1+\frac{1}{m+2}-\frac{2}{m(m+1)(m+2)}$$

对所有 $m\geqslant 4$ 都成立. Csirik(1993) 证明了对所有的整数 $m\geqslant 5$, 当 m 是偶数时这个猜想是成立的. 当 m 是奇数时, 这个猜想不成立, 他更进一步证明了

$$R^{\infty}_{\mathrm{FFD}}\left(\frac{1}{m}\right)=G_m=F_m+\frac{1}{m(m+1)(m+2)}.$$

但他们没有解决对任意实数 $0<\alpha\leqslant\frac{1}{5}$ 时的 $R^{\infty}_{\mathrm{FFD}}(\alpha)$. Xu (2000) 给出了下面定理 4.6.4 的表达式.

定理 4.6.4 令 $m=\left\lfloor\frac{1}{\alpha}\right\rfloor$, 对所有的整数 $m\geqslant 5$, 当 m 是偶数时,

$$R^{\infty}_{\mathrm{FFD}}(\alpha)=F_m,$$

若 m 是奇数, 则有

$$R^{\infty}_{\mathrm{FFD}}(\alpha)=\begin{cases}G_m, & \dfrac{(m+1)^2}{m^3+3m^2+m+1}<\alpha\leqslant\dfrac{1}{m},\\ F_m, & \dfrac{1}{m+1}<\alpha\leqslant\dfrac{(m+1)^2}{m^3+3m^2+m+1}.\end{cases}$$

为了证明上面的定理, 下面我们假设 $m \geqslant 5$ 且 $\frac{1}{m+1} < \alpha \leqslant \frac{1}{m}$. 给定物件序列 $L = \{a_1, a_2, \cdots, a_n\}$, $s(a_1) \geqslant s(a_2) \geqslant \cdots \geqslant s(a_n)$. 如果有 $\frac{1}{m+1} < s(a_1) \leqslant \alpha$, 则我们称 $L \subset (0, \alpha]$. 这里有关 Csirik(1993) 的结论的证明请参阅 4.6.6 节的附录.

引理 4.6.4 如果 $L \subset (0, \alpha]$, 则有

(1) m 是奇数时, $\text{FFD}(L) \leqslant G_m \text{OPT}(L) + 4$;

(2) m 是偶数时, $\text{FFD}(L) \leqslant F_m \text{OPT}(L) + 4$.

证明 Csirik(1993) 中定理 1(见 4.6.6 节的附录) 证明了当 $\alpha = \frac{1}{m}$ 时结论成立, 由 $L \subset (0, \alpha]$, 得 $\frac{1}{m+1} < s(a_1) \leqslant \alpha$, 因而 $\frac{1}{m+1} < s(a_1) \leqslant \frac{1}{m}$, 故引理得证. □

Csirik 给出了上界后, 又给出例子来证明这个上界是紧的, 然而这些上界的例子并没有包括 α 的所有取值范围.

注 1 在 Csirik(1993) 中的情形 1, 那里对 m 是偶数的要求不是必要条件. 当 a_1 是一个 I_1- 物件时, 上界达到 F_m, 即令

$$\delta < \frac{1}{(m+1)(m+2)}, \quad s(a_1) = \frac{m}{(m-1)(m+2)} - \frac{\delta}{m-1}.$$

但这样定义物件 a_1 时, α 的取值不能来自区域

$$\frac{1}{m+1} < \alpha \leqslant \frac{m^2+m-1}{(m-1)(m+1)(m+2)},$$

这是因为当 $\delta < \frac{1}{(m+1)(m+2)}$ 时,$s(a_1) > \frac{m^2+m-1}{(m-1)(m+1)(m+2)}$. 事实上这里只需令 $\delta < \frac{2}{(m+1)(m+2)}$ 来变动下 δ 的取值范围就可以使任意 α 的值都能达到上界 F_m.

注 2 在 Csirik(1993) 中的情形 2, 当 m 是奇数, a_1 是一个 I_3- 物件且

$$s(a_1) = \frac{1}{m+1} + \frac{2}{m(m+1)(m+3)}$$

时上界的值 G_m 达到. 然而下面的情形仍然不能包括

$$\frac{(m+1)^2}{m^3+3m^2+m+1} < \alpha \leqslant \frac{1}{m+1} + \frac{2}{m(m+1)(m+3)}.$$

为了覆盖所有的满足 $\frac{(m+1)^2}{m^3+3m^2+m+1} < \alpha \leqslant \frac{1}{m}$ 的 α, 我们定义物件序列 L_k

如下：

$$L_k = \begin{cases} \alpha, & k \cdot \dfrac{m-1}{2} m(m+1)(m+2) \text{ 个，} J_1\text{-物件}, \\ \dfrac{m}{m+1}\alpha, & k \cdot m(m+1)(m+2) \text{ 个，} J_2\text{-物件}, \\ 1 - m\alpha + \Delta, & k \cdot \dfrac{m+3}{2} m(m+1)(m+2) \text{ 个，} J_3\text{-物件}, \end{cases}$$

其中, m 是奇数, 且

$$\frac{(m+1)^2}{m^3+3m^2+m+1} < \alpha \leqslant \frac{1}{m},$$

$$\Delta = \frac{2}{m+3}\left[\frac{m^3+3m^2+m+1}{2(m+1)}\alpha - \frac{m+1}{2}\right] > 0,$$

这样有 $km(m+1)(m+2)$ 个最优箱和 $km(m+1)(m+2)G_m$ 个 FFD 箱 (见表 4.6.8), 所以 $\mathrm{FFD}(L_k) = G_m \mathrm{OPT}(L_k)$.

表 4.6.8　物件序列的 OPT 装法和 FFD 装法

$(m+3)/2$ 个 J_3-物件 1 个 J_2-物件 $(m-1)/2$ 个 J_1-物件	m 个 J_1-物件	$m+1$ 个 J_2-物件	$m+2$ 个 J_3-物件
$k \cdot m(m+1)(m+2)$ 个箱	$k(m-1)(m+1)(m+2)/2$ 个	$km(m+2)$ 个	$km(m+1)(m+3)/2$ 个
OPT 箱	FFD 箱		

当 m 是奇数, 且 $\dfrac{(m+1)^2}{m^3+3m^2+m+1} < \alpha \leqslant \dfrac{1}{m}$ 时, 下面我们给出新的上界.

引理 4.6.5　如果 $L \subset (0, \alpha]$, m 是奇数, 且 $\dfrac{(m+1)^2}{m^3+3m^2+m+1} < \alpha \leqslant \dfrac{1}{m}$ 时, 有

$$\mathrm{FFD}(L) \leqslant G_m \mathrm{OPT}(L) + 4.$$

注意到根据 Csirik(1993) 的引理 3, 用上界 G_m 替代 F_m 的可能性只有一种, 所以我们只需证明当 m 是奇数且 $\dfrac{1}{m+1} < \alpha \leqslant \dfrac{(m+1)^2}{m^3+3m^2+m+1}$ 时这种可能性不可能发生即可. 为此目的, 仅仅使用 Csirik(1993) 的权函数还不够, 需要重新定义, 新的权函数如表 4.6.9 所示.

对给定物件序列, 我们用 x 表示 L 中的最小物件, 根据 Csirik(1993) 中的引理 1 和引理 3 的证明, 我们可以限制

$$\frac{m-1}{m^2+2m-1} < s(x) \leqslant \frac{1}{m+2},$$

所以 $\dfrac{1-s(x)}{m} > \dfrac{1}{m+1}$ 且 $\dfrac{1-s(x)}{m+1} \geqslant \dfrac{1}{m+2}$.

对每一个物件 a_i, 我们指定一个数值类型 Type(a_i) 和一个权 $\omega(a_i)$(见表 4.6.9).

表 4.6.9 权函数的定义

物件	a_i 大小	$\omega(a_i)$	Type(a_i)
A_1	$\frac{1-s(x)}{m} < s(a_i) \leqslant \frac{1}{m}$	$\frac{1}{m}$	m
A_2	$\frac{1}{m+1} < s(a_i) \leqslant \frac{1-s(x)}{m}$	$\frac{1}{m+1}$	m
B_1	$\frac{1-s(x)}{m+1} < s(a_i) \leqslant \frac{1}{m+1}$	$\frac{1}{m+1}$	$m+1$
B_2	$\frac{1}{m+2} < s(a_i) \leqslant \frac{1-s(x)}{m+1}$	$\frac{1}{m+2}$	$m+1$
C	$\frac{1}{m+3} < s(a_i) \leqslant \frac{1}{m+2}$	$\frac{1}{m+2}$	$m+2$
D	$\frac{m-1}{m^2+2m-1} < s(a_i) \leqslant \frac{1}{m+3}$	$\frac{1}{m+3}$	$m+3$

为方便计, 令

$$s(L) = s(a_1) + s(a_2) + \cdots + s(a_n),$$

$$\omega(L) = \omega(a_1) + \omega(a_2) + \cdots + \omega(a_n).$$

为了区分 Csirik(1993) 的记号, 我们记 Csirik(1993) 的权函数为 ω^C, 其定义见表 4.6.10, 折扣记为 d^C, 第二权函数记为 v^C.

表 4.6.10 Csirik(1993) 的权函数的定义

物件	a_i 大小	$\omega^C(a_i)$	Type$^C(a_i)$
A	$\frac{1}{m+1} < s(a_i) \leqslant \frac{1}{m}$	$\frac{1}{m}$	m
B	$\frac{1}{m+2} < s(a_i) \leqslant \frac{1}{m+1}$	$\frac{1}{m+1}$	$m+1$
C	$\frac{1}{m+3} < s(a_i) \leqslant \frac{1}{m+2}$	$\frac{1}{m+2}$	$m+2$
D	$\frac{m-1}{m^2+2m-1} < s(a_i) \leqslant \frac{1}{m+3}$	$\frac{1}{m+3}$	$m+3$
小物件	$s(a_i) \leqslant \frac{m-1}{m^2+2m-1}$	$\frac{1}{m+4}$	$m+4$

注 3 从表 4.6.9 和表 4.6.10 可以看出, Csirik(1993) 定义的 A-物件现在被分为 A_1-物件和 A_2- 物件, B-物件被分为 B_1-物件和 B_2-物件, 用 $\omega(Y)(Y \in \{A_1, A_2, B_1, B_2, C, D\})$ 表示一个 Y-物件的权, 则权函数满足

$$\omega(A_1)=\omega^C(A),\qquad \omega(A_2)=\omega^C(A)-\frac{1}{m(m+1)},$$
$$\omega(B_1)=\omega^C(B),\qquad \omega(B_2)=\omega^C(B)-\frac{1}{m(m+2)}.$$

如果 $\mathrm{Type}(a_i)\cdot s(a_i)+s(a_j)\leqslant 1$, 则称物件对 (a_i,a_j) 是可折扣的. 易知当 a_i 是一个 A_1-物件或 B_1-物件时, 物件对 (a_i,a_j) 不是可折扣的.

当 (a_i,a_j) 可折扣时, 令 $d^C(a_i,a_j)=\dfrac{\omega^C(a_i)}{\mathrm{Type}^C(a_j)}$, 用 $d(Y_1,Y_2)(Y_1,Y_2\in\{A_1,A_2,B_1,B_2,C,D\})$ 表示 Y_1-物件和 Y_2-物件的折扣, 我们定义可折扣物件对的折扣 $d(Y_1,Y_2)$ 如下:

$$d(A_2,B_2)=\frac{1}{(m+1)(m+2)},$$
$$d(A_2,Y)=d^C(A,Y)=\frac{1}{m(m+1)},\quad Y\in\{C,D\},$$
$$d(B_2,Y)=d^C(B,Y)=\frac{1}{(m+1)(m+2)},\quad Y\in\{C,D\},$$

其余的情况令 $d(Y_1,Y_2)=d^C(Y_1,Y_2)$. 第二权函数 v 在单个物件 a_i 时定义为 $v(a_i)=\omega(a_i)$, 物件对 (a_i,a_j) 时定义为

$$v(a_i,a_j)=\omega(a_i)+\omega(a_j)-d(a_i,a_j).$$

第二权函数 v 也可以像 Csirik(1993) 里一样扩展到物件序列 L, 显然有 $v(L)\leqslant\omega(L)$.

注 4 容易证明下面等式成立:

$$\omega(a_i)+\omega(a_j)-d(a_i,a_j)=\omega^C(a_i)+\omega^C(a_j)-d^C(a_i,a_j).$$

即 $v(a_i,a_j)=v^C(a_i,a_j)$, 也就是说这里定义的第二权函数与 Csirik(1993) 里定义的第二权函数完全一样. 所以, 在证明引理 4.6.5 时, 除一个特殊情况外我们可以直接应用 Csirik(1993) 里有关的结果. 下面我们来证明引理 4.6.5.

证明 **断言 1**: 若物件序列 L 的所有物件取自区间 $\left(\dfrac{1}{N},\dfrac{1}{K}\right]$, $N>K>5$, 则我们有

$$\mathrm{FFD}(L)\leqslant v(L)+(N-K).$$

由注 4, 第二权函数 v 是与 Csirik 定义的权函数完全一样, 所以上式可以由 Csirik 的引理 2 直接得出. 并且由于对 $s(x)$ 的限制, 有

$$\mathrm{FFD}(L)\leqslant v(L)+4.$$

另一方面, 当 $s(L)\leqslant 1$ 时, 除一种可能性外, $v(L)\leqslant F_m$ 都成立. 这个可能性是 Csirik(1993) 里引理 3 的情形 3.1.2, 在那里, 物件序列 L 含有 k 个 A-物件, 一个

B-物件, $k+2$ 个 C-物件且 $s(L) \leqslant 1$, 其中 $2k=m-1$, 所以 m 是奇数. 现在我们考虑这样的序列的存在性. 为了证实这种情形, 我们令 L^* 表示这样的特殊序列且满足 $s(L^*) \leqslant 1$.

断言 2: 当 m 是奇数且

$$\frac{1}{m+1} < \alpha \leqslant \frac{(m+1)^2}{m^3+3m^2+m+1}$$

时, 满足 $s(L^*) \leqslant 1$ 的序列 L^* 一定有

$$\omega(L^*) \leqslant F_m$$

成立.

在注 3 里提到, A-物件由 A_1-物件和 A_2-物件组成, B-物件由 B_1-物件和 B_2-物件组成, 当 $2k=m-1$ 时 $\omega(L^*)$ 的最大可能值是

$$k \cdot \frac{1}{m} + \frac{1}{m+1} + (k+2) \cdot \frac{1}{m+2} = G_m.$$

在这种情况下, 更精确地说, 物件序列 L^* 一定由 k 个 A_1-物件, 一个 B_1-物件, $k+2$ 个 C-物件组成. 这意味着至少有一个 A_1-物件, 也就是说 $\frac{1-s(x)}{m} < \alpha$. 所以当

$$\alpha \leqslant \frac{(m+1)^2}{m^3+3m^2+m+1}$$

时, 我们有

$$s(x) > 1 - m\alpha \geqslant 1 - m \cdot \frac{(m+1)^2}{m^3+3m^2+m+1} = \frac{m^2+1}{m^3+3m^2+m+1}.$$

然而这样就有

$$\begin{aligned} s(L^*) &= s(\underbrace{A_1, \cdots, A_1}_{\frac{m-1}{2}}, B_1, \underbrace{C, \cdots, C}_{\frac{m+3}{2}}) \\ &> \frac{m-1}{2} \cdot \frac{1-s(x)}{m} + \frac{1-s(x)}{m+1} + \frac{m+3}{2} s(x) > 1, \end{aligned}$$

这与 $s(L^*) \leqslant 1$ 矛盾, 即这意味着前面所说的可能性不存在.

由于

$$G_m = F_m + \frac{1}{m(m+1)(m+2)},$$

$\omega(L^*)$ 的其他可能值都不大于 F_m, 所以引理 4.6.5 得证. □

最后由引理 4.6.4 和引理 4.6.5 及注 1, 注 2 的例子, 即得定理 4.6.4. □

4.6.6 附录：Csirik(1993) 的有关结论及证明

这里我们给出 Csirik(1993) 的有关结论及证明.

1. **定义和记号**

给定物件序列 $L=\{a_1,a_2,\cdots,a_n\}$, 我们假设排序满足 $s(a_1)\geqslant s(a_2)\geqslant\cdots\geqslant s(a_n)$. 如果有 $\dfrac{1}{m+1}<s(a_1)\leqslant\dfrac{1}{m}$, 则我们称 L 是 $(1/m)$-序列. 给定物件序列 L, 我们定义两个权函数, 称为第一和第二权函数, 第一权函数 ω^C 是由单个物件定义 (见表 4.6.10), 满足

$$\omega^C(a_i)=\frac{1}{\mathrm{Type}^C(a_i)}.$$

如果

$$\mathrm{Type}^C(a_i)\cdot s(a_i)+s(a_j)\leqslant 1,$$

则称物件对 (a_i,a_j) 是可折扣的. 当物件对 (a_i,a_j) 可折扣时, 令

$$d^C(a_i,a_j)=\frac{\omega^C(a_j)}{\mathrm{Type}^C(a_i)},$$

我们称 $d^C(a_i,a_j)$ 为物件对 (a_i,a_j) 的折扣. 由于物件对的折扣只与物件的 Type^C 有关, 而与物件的大小无关, 所以我们也用 $d^C(A,B)$ 表示 $d^C(a_i,a_j)$, 如果 a_i 是 A-物件, 而 a_j 是 B-物件. 可能的折扣见表 4.6.11.

表 4.6.11 折扣物件对的折扣

可折扣对	折扣
(A,B)	$d^C(A,B)=\dfrac{1}{m(m+1)}$
(A,C)	$d^C(A,C)=\dfrac{1}{m(m+2)}$
(A,D)	$d^C(A,D)=\dfrac{1}{m(m+3)}$
(B,C)	$d^C(B,C)=\dfrac{1}{(m+1)(m+2)}$
(B,D)	$d^C(B,D)=\dfrac{1}{(m+1)(m+3)}$
(C,D)	$d^C(C,D)=\dfrac{1}{(m+2)(m+3)}$

第二权函数 V 在单个物件 a_i 时定义为 $V^C(a_i)=\omega^C(a_i)$, 在物件对 (a_i,a_j) 时的定义为

$$V^C(a_i,a_j)=\omega^C(a_i)+\omega^C(a_j)-d^C(a_i,a_j).$$

第二权函数 V^C 也可以按如下方法扩展到物件序列 L: L 的一个 V- 合法划分定义为将 L 划分成单个物件或两个物件的子集, 而两个物件的子集里的两个物件是可折扣的. 则我们定义

$$V^C(L) = \min\{V^C(\pi)|\pi \text{ 是 } L \text{ 的一个 } V\text{-合法划分}\},$$

其中

$$V^C(\pi) = \sum_{\{x\}\in\pi} V^C(x) + \sum_{\{x,y\}\in\pi} V^C(x,y),$$

注意到

$$V^C(\pi) \leqslant \omega^C(L) - d^C(\pi),$$

这里

$$d^C(\pi) = \sum_{x,y\in\pi} d^C(x,y),$$

所以总有

$$V^C(L) \leqslant \omega^C(L).$$

2. 主要结论

定理 4.6.5 对所有的整数 $m \geqslant 5$, 设 L 是 $(1/m)$-序列, 则有

(1) m 是奇数时, $\text{FFD}(L) \leqslant G_m\text{OPT}(L) + 4$;

(2) m 是偶数时, $\text{FFD}(L) \leqslant F_m\text{OPT}(L) + 4$.

注 显然 $F_m \leqslant G_m$ 成立. 当 m 时奇数时, 下面我们只在一种情况下单独证明 $\text{FFD}(L) \leqslant G_m\text{OPT}(L) + 4$ 成立, 其他情况都证明 $\text{FFD}(L) \leqslant F_m\text{OPT}(L) + 4$ 成立.

今后我们称不大于 $\dfrac{m-1}{m^2+2m-1}$ 的物件为小物件.

引理 4.6.6 如果定理 4.6.5 对不含有小物件的序列 L 都成立, 则定理 4.6.5 对所有物件序列也成立.

证明 我们称不满足定理 4.6.5 的序列 L 为反例, 下面证明, 如果有反例存在, 则存在没有小物件的反例. 我们分两种情况讨论.

情况 1: 在 FFD 装法中, 没有一个箱是以小物件开始的.

这种情形我们可以删去 L 中的所有小物件. 删去后 FFD 箱个数没变, OPT 箱不会增加.

情况 2: 在 FFD 装法中, 有一个箱是以小物件开始的.

这时最后一个箱也是以小物件开始的, 所以他前面的每一个箱里的物件总量大于 $1-\dfrac{m-1}{m^2+2m-1}$, 所以

$$s(L) > \left(1-\frac{m-1}{m^2+2m-1}\right)(\mathrm{FFD}(L)-1),$$

注意到 $\mathrm{OPT}(L) \geqslant s(L)$, 我们有 $\mathrm{FFD}(L) \leqslant F_m \mathrm{OPT}(L)+1$.

引理 4.6.7 若物件序列 L 的所有物件取自区间 $\left(\dfrac{1}{N},\dfrac{1}{K}\right]$, $N>K>5$, 则有

$$\mathrm{FFD}(L) \leqslant V^C(L)+(N-K).$$

注 此引理是 Johnson 等 (1974) 的引理 3 的特殊情形, 这里不再证明. 由 V^C 的定义易知

$$\mathrm{FFD}(L) \leqslant V^C(\pi)+(N-K)$$

对 L 的任意 V-合法分划 π 都成立.

引理 4.6.8 如果 $m \geqslant 5$, L 是含有 A-物件的 $(1/m)$-序列, 且 $s(L) \leqslant 1$, 则存在 L 的 V-合法划分 π, 使得 m 是奇数时, $V^C(\pi) \leqslant G_m$; m 是偶数时, $V^C(\pi) \leqslant F_m$.

证明 下面将用 $[X_1,X_2,\cdots,X_n]$ 表示物件序列, 其中的 X 是 A,B,C,D 当中的一个. 例如 $[A_1,B_2,C_3]$ 表示一个 A-物件, 一个 B-物件和一个 C-物件. 我们说序列 $X=[X_1,X_2,\cdots,X_n]$ 控制序列 $Y=[Y_1,Y_2,\cdots,Y_k]$, 如果 $n \geqslant k$ 且

$$\mathrm{Type}^C(X_i) \leqslant \mathrm{Type}^C(Y_i), \quad 1 \leqslant i \leqslant k.$$

这时如果 $\omega(X) \leqslant F_m$ 则有 $\omega(Y) \leqslant F_m$, 所以也有 $V^C(\pi)=\omega(Y) \leqslant F_m$.

下面将根据物件的个数来分情况讨论:

情况 1: $n \leqslant m$.

这时 $L=[A_1,A_2,\cdots,A_n]$ 控制这一类的所有序列, 且 $\omega(L)=n/m \leqslant 1$.

情况 2: $n=m+1$.

2.1: 因为 $s(L)>1$, 所以 $L=[A_1,A_2,\cdots,A_n]$ 不可能.

2.2: 令 $L=[a_1,a_2,\cdots,a_m,a_{m+1}]=[A_1,A_2,\cdots,A_m,X_{m+1}]$, 其中 $X\in\{B,C,D\}$, 则 (a_m,a_{m+1}) 是可折扣的, 因为

$$m\cdot s(a_m)+s(a_{m+1}) \leqslant s(L) \leqslant 1.$$

令 π 是满足如下条件的划分: $a_1,a_2,\cdots,a_{m-1}$ 是单个集, (a_m,a_{m+1}) 是一对集, 则有

$$V(\pi) \leqslant (m-1)\cdot\frac{1}{m}+\frac{1}{m}+\frac{1}{m+1}-\frac{1}{m(m+1)}=F_m,$$

所以有 $V(L) \leqslant F_m$.

2.3: 所有其他序列都是被序列 $L' = [A_1, A_2, \cdots, A_{m-1}, B_m, B_{m+1}]$ 控制的, 易知 L' 的权等于

$$\frac{m-1}{m} + \frac{2}{m+1} = \frac{m^2+2m-1}{m(m+1)} = F_m.$$

情况 3: $n = m+2$.

令 N_X 表示 $X(X \in \{A,B,C,D\})$ 物件的个数, a_X 表示最小的 X-物件,

$$s(a_X) = LB(X) + E_X,$$

其中 $LB(X)$ 是表 4.6.10 中给出的 X-物件的下界 (例如 $LB(A) = 1/(m+1)$), E_X 是 X-物件与下界的最小差. 根据 E_X 的值, 我们很容易给出最小物件对的可折扣性条件, 例如, 如果条件

$$m\left(\frac{1}{m+1} + E_A\right) + \frac{1}{m+2} + E_B \leqslant 1 \quad \text{或} \quad mE_A + E_B \leqslant \frac{1}{(m+1)(m+2)}$$

成立, 则最小 A-物件和最小 B-物件是可折扣的. 我们将这些条件总结为表 4.6.12.

表 4.6.12　最小物件对的可折扣性条件

物件对	条件
(A,B)	$mE_A + E_B \leqslant \dfrac{1}{(m+1)(m+2)}$
(A,C)	$mE_A + E_C \leqslant \dfrac{2}{(m+1)(m+3)}$
(A,D)	$mE_A + E_D \leqslant \dfrac{2m}{(m+1)(m^2+2m-1)}$
(B,C)	$(m+1)E_B + E_C \leqslant \dfrac{1}{(m+2)(m+3)}$
(B,D)	$(m+1)E_B + E_D \leqslant \dfrac{m+1}{(m+2)(m^2+2m-1)}$
(C,D)	$(m+1)E_C + E_D \leqslant \dfrac{2}{(m+3)(m^2+2m-1)}$

给定一个有 N_A 个 A-物件, 有 N_B 个 B-物件, 有 N_C 个 C-物件和有 N_D 个 D-物件的序列 L, 我们记

$$LB(L) = \frac{N_A}{m+1} + \frac{N_B}{m+2} + \frac{N_C}{m+3} + \frac{N_D \cdot (m-1)}{m^2+2m-1},$$

显然 $LB(L) < 1$ 总是成立的.

3.1: 没有 D-物件 ($N_D = 0$). 这时

$$\frac{N_A}{m+1} + \frac{N_B}{m+2} + \frac{N_C}{m+3} < s(L) \leqslant 1.$$

由于有 $N_B = m + 2 - N_A - N_C$, 所以

$$N_A\left(\frac{1}{m+1}-\frac{1}{m+2}\right)+N_C\left(\frac{1}{m+3}-\frac{1}{m+2}\right)<0,$$

这意味着在这种情况下有

$$N_A < N_C.$$

3.1.1: $N_D = 0, N_B = 0, N_A = k, N_C = m + 2 - k$. 这时有

$$LB(L)=\frac{k}{m+1}+\frac{m+2-k}{m+3}=1+\frac{2k-(m+1)}{(m+1)(m+3)}.$$

右端必须 < 1, 所以

$$2k < m + 1. \tag{4.6.6}$$

另一方面,

$$\omega(L)=\frac{k}{m}+\frac{m+2-k}{m+2}=1+\frac{2k}{m(m+2)}.$$

要使 $\omega(L) > F_m$ 成立, 则必须

$$\frac{2k}{m(m+2)}>\frac{m-1}{m(m+1)},$$

这意味着

$$2k > m - \frac{2}{m+1}. \tag{4.6.7}$$

由于 $m \geqslant 5$, 所以只有当 m 是偶数且 $k = m/2$ 时才有 (4.6.6) 和 (4.6.7) 都成立. 下面证明在这种情况下, 最小的 A-物件和最小的 C-物件是可折扣的. 由于 $s(L) \leqslant 1$, 所以

$$\frac{m}{2}\left(\frac{1}{m+1}+E_A\right)+\left(\frac{m}{2}+2\right)\left(\frac{1}{m+3}+E_C\right)\leqslant 1,$$

从而有

$$mE_A+(m+4)E_C\leqslant\frac{2}{(m+1)(m+3)},$$

所以从表 4.6.11 可知, (a_k, a_{m+2}) 是可折扣的. 但是这样有

$$\begin{aligned}V^C(L)&\leqslant\omega^C(L)-d^C(A,C)\\&=\frac{m}{2}\cdot\frac{1}{m}+\left(\frac{m}{2}+2\right)\cdot\frac{1}{m+2}-\frac{1}{m(m+2)}\\&=1+\frac{m-1}{m(m+2)}<F_m.\end{aligned}$$

3.1.2：$N_A=k, N_C=k+l(l\geqslant 2)\rightarrow N_B=m+2-2k-l$(对满足 $2k+l<m+2$ 的 k 和 l). 这时有

$$\begin{aligned}\omega^C(L)&=\frac{k}{m}+\frac{m+2-2k-l}{m+1}+\frac{k+l}{m+2}\\&=1+\frac{m^2+2m+2k-lm}{m(m+1)(m+2)},\end{aligned}$$

使 $\omega^C(L)>F_m$ 的必要条件是

$$m^2+2m+2k-lm>m^2+m-2.$$

这意味着

$$2k>lm-(m+2). \tag{4.6.8}$$

由于 $2k+l<m+2$ 且 $m\geqslant 5$, 当 $l>2$ 时 (4.6.8) 不成立. 如果 $l=2$, 则 (4.6.8) 只有在 $2k=m-1$(所以 m 是奇数) 时成立. 这时

$$\omega^C(L)=\frac{m-1}{2}\cdot\frac{1}{m}+\frac{1}{m+1}+\frac{m+3}{2}\cdot\frac{1}{m+2}=G_m.$$

注　这是唯一用到 G_m 的情况.

3.1.3：$N_A=k, N_C=k+1\rightarrow N_B=m+1-2k(1\leqslant k\leqslant m/2)$. 这时有

$$\begin{aligned}s(L)>LB(L)&=\frac{k}{m+1}+\frac{m+1-2k}{m+2}+\frac{k+1}{m+3}\\&=1-\frac{m+1-2k}{(m+1)(m+2)(m+3)},\\\omega^C(L)&=\frac{k}{m}+\frac{m+1-2k}{m+1}+\frac{k+1}{m+2}\\&=1+\frac{1}{m+2}+\frac{2k}{m(m+1)(m+2)},\end{aligned}$$

这时令 $s(a_{m+1})=\dfrac{1}{m+3}+E'_C$.

3.1.3.1：$2k>m-2$. 这时至少要有两个可折扣对才能保证 $V^C(L)\leqslant F_m$. 现在的最小折扣是 $\dfrac{1}{(m+1)(m+2)}$(因为 $N_D=0$), 所以, 由 $2k\leqslant m$ 得

$$\begin{aligned}V^C&\leqslant\omega^C(L)-\frac{2}{(m+1)(m+2)}\\&=1+\frac{1}{m+2}+\frac{2k}{m(m+1)(m+2)}-\frac{2}{(m+1)(m+2)}\\&\leqslant 1+\frac{1}{m+2}-\frac{1}{(m+1)(m+2)}<F_m.\end{aligned}$$

3.1.3.1.1：m 是偶数且 $k=m/2$. 这时有

$$\begin{aligned}&\frac{m}{2}E_A+E_B+\frac{m}{2}E_C'+E_C\\ \leqslant&1-LB(L)=\frac{1}{(m+1)(m+2)(m+3)},\end{aligned}$$

所以有

$$\begin{aligned}mE_A+E_C'\leqslant&mE_A+2E_B+mE_C'+2E_C\\ \leqslant&\frac{2}{(m+1)(m+2)(m+3)}\\ \leqslant&\frac{2}{(m+1)(m+3)},\end{aligned}$$

这意味着最小的 A-物件和第二最小的 C-物件是可折扣的, 类似地有

$$\begin{aligned}(m+1)E_B+E_C\leqslant&\frac{m(m+1)}{2}E_A+(m+1)E_B+\frac{m(m+1)}{2}E_C'+(m+1)E_C\\ \leqslant&\frac{1}{(m+2)(m+3)},\end{aligned}$$

所以 B-物件和最小 C-物件是可折扣的.

3.1.3.1.2：m 是奇数且 $k=(m-1)/2$. 这时由物件大小有

$$\frac{m-1}{2}E_A+2E_B+\frac{m-1}{2}E_C'+E_C\leqslant\frac{2}{(m+1)(m+2)(m+3)}.$$

类似于 3.1.3.1.1 可以得出这意味着最小的 A-物件和第二最小的 C-物件以及最小 B-物件和最小 C-物件是可折扣的.

3.1.3.2：$2k\leqslant m-2$. 这种情况下只需要一个可折扣对即能保证 $V^C(L)\leqslant F_m$ 成立, 这时有

$$\begin{aligned}V^C(L)\leqslant&\omega^C(L)-\frac{1}{(m+1)(m+2)}\\ =&1+\frac{1}{m+2}+\frac{2k}{m(m+1)(m+2)}-\frac{1}{(m+1)(m+2)}\\ \leqslant&1+\frac{1}{m+2}-\frac{2}{m(m+1)(m+2)}=F_m.\end{aligned}$$

这里根据尺寸大小有

$$\begin{aligned}&kE_A+(m+1-2k)E_B+(k+1)E_C\\ \leqslant&1-LB(L)=\frac{m+1-2k}{(m+1)(m+2)(m+3)}.\end{aligned}$$

乘以 $(m+1)/(m+1-2k)$ 得

$$\begin{aligned}&(m+1)E_B+E_C\\ \leqslant&\frac{k(m+1)}{m+1-2k}E_A+(m+1)E_B+\frac{(k+1)(m+1)}{m+1-2k}E_C\\ \leqslant&\frac{1}{(m+2)(m+3)},\end{aligned}$$

这意味着最小 B-物件和最小 C-物件是可折扣的.

3.2: $N_D\geqslant 1$. 设

$$D_s=(m+1)(m+2)(m+3)(m^2+2m-1),$$

和

$$D_w=m(m+1)(m+2)(m+3),$$

则有

$$\begin{aligned}D_s\cdot LB(A)&=(m+2)(m+3)(m^2+2m-1),\\ D_s\cdot LB(B)&=(m+1)(m+3)(m^2+2m-1),\\ D_s\cdot LB(C)&=(m+1)(m+2)(m^2+2m-1),\\ D_s\cdot LB(D)&=(m-1)(m+1)(m+2)(m+3).\end{aligned}$$

由于

$$N_B=m+2-N_A-N_C-N_D,$$

由下式乘以 D_s

$$N_A\cdot LB(A)+N_B\cdot LB(B)+N_C\cdot LB(C)+N_D\cdot LB(D)<1,$$

得

$$\begin{aligned}&N_A\cdot D_s\cdot(LB(A)-LB(B))+D_s+N_C\cdot D_s\cdot(LB(C)-LB(B))\\ &+N_D\cdot D_s\cdot(LB(D)-LB(B))<D_s,\end{aligned}$$

所以有

$$\begin{aligned}&N_A(m+3)(m^2+2m-1)-N_C(m+1)(m^2+2m-1)\\ &-N_D(m+1)(m+3)(m+1)<0.\end{aligned}$$

这样有

$$\begin{aligned}&(N_A-N_C-N_D)(m+3)(m^2+2m-1)\\ <&2(-N_C(m^2+2m-1)+N_D(m+3)),\end{aligned}\tag{4.6.9}$$

这意味着

$$N_A - N_C - N_D \leqslant 0, \tag{4.6.10}$$

因为否则的话 (4.6.9) 右边取最大值时 ($N_C = 0$) 将小于左边. 由 (4.6.10) 得以下情况.

3.2.1: $N_A = N_C + N_D$. 这时由 (4.6.9) 有

$$N_C\left(m-1+\frac{2}{m+3}\right) < N_D,$$

上式只有在 $N_C = 0$ 时成立 (N_C 是整数, $N_D \leqslant m/2+1$), 所以 $N_D = N_A$. 这样有 $m+2-2N_A$ 个 B-物件, 所以

$$\begin{aligned}\omega^C(L) =& \frac{N_A}{m} + \frac{m+2-2N_A}{m+1} + \frac{N_A}{m+3}\\ =& 1 + \frac{1}{m+1} + N_A \cdot \frac{-m+3}{m(m+1)(m+3)} > F_m\end{aligned}$$

成立的必要条件是

$$(m+3) > (m-3)N_A. \tag{4.6.11}$$

由 $m \geqslant 5$, 得一定有 $N_A \leqslant 3$. 但是这样有 $N_B \geqslant 1$, 所以

$$\begin{aligned}E_A + E_B <& N_A \cdot E_A + (m+2-2N_A)\cdot E_B + N_A \cdot E_D\\ \leqslant& 1 - LB(L) = 1 - \frac{N_A}{m+1} + \frac{m+2-2N_A}{m+2} - \frac{N_A(m-1)}{m^2+2m-1}\\ =& \frac{2N_A(m+3)}{D_s},\end{aligned}$$

由此及 $m \geqslant 5$ 得

$$mE_A + E_B < m(1-LB(L)) < \frac{1}{(m+1)(m+2)}.$$

所以最小 A-物件和最小 B-物件是可折扣的. 所以这样的物件序列满足

$$\begin{aligned}V^C(L) \leqslant& \omega^C(L) - d^C(A,B)\\ =& \frac{N_A}{m} + \frac{m+2-2N_A}{m+1} + \frac{N_A}{m+3} - \frac{1}{m(m+1)}\\ =& 1 + \frac{m-1}{m(m+1)} - N_A\frac{(m-3)(m+2)}{D_w} < F_m.\end{aligned}$$

3.2.2: $N_A = N_C + N_D - 1$. 这时易知 (4.6.9) 成立, 且各类物件个数分别为

$$N_A,\ m+1-2N_A,\ N_A+1-N_D,\ N_D.$$

这时

$$\omega^C(L) = \frac{N_A}{m} + \frac{m+1-2N_A}{m+1} + \frac{N_A+1-N_D}{m+2} + \frac{N_D}{m+3}$$
$$= 1 + \frac{1}{m+2} + \frac{2N_A}{m(m+1)(m+2)} - \frac{N_D}{(m+2)(m+3)}.$$

上式 $\omega^C(L) > F_m$ 的必要条件是

$$\frac{2N_A}{m(m+1)(m+2)} - \frac{N_D}{(m+2)(m+3)} > -\frac{2}{m(m+1)(m+2)},$$

由此得

$$(2m+6)(N_A+1) > N_D(m^2+m), \tag{4.6.12}$$

3.2.2.1：$N_D = 1$. 这时由 (4.6.12) 得

$$N_A + 1 > \frac{m^2+m}{2m+6} = \frac{1}{2}\left(m - 2 + \frac{6}{m+3}\right).$$

所以

$$N_A > \frac{m}{2} - 2 + \frac{3}{m+3}. \tag{4.6.13}$$

3.2.2.1.1：存在 k 使得 $m = 2k$(所以 $m \geqslant 6$). 这时我们分两种情况：

3.2.2.1.1.1：$N_A = k-1 = m/2-1, \rightarrow N_B = 3, N_C = k-1, N_D = 1$. 这时有

$$\left(\frac{m}{2}-1\right)E_A + 3E_B + \left(\frac{m}{2}-1\right)E_C + E_D$$
$$\leqslant 1 - LB(L) = \frac{5m^2+12m+1}{D_s},$$

乘以 $2m/(m-2)$ 得

$$mE_A + E_D \leqslant \frac{2m(5m^2+12m+1)}{(m-2)D_s}$$
$$< \frac{2m}{(m+1)(m^2+2m-1)},$$

所以最小 A-物件和 D-物件是可折扣的 (即物件对 (a_{k-1}, a_{m+2}) 是可折扣的), 所以

$$V^C(L) \leqslant \omega^C(L) - d^C(A, D)$$
$$= \frac{k-1}{m} + \frac{3}{m+1} + \frac{k-1}{m+2} + \frac{1}{m+3} - \frac{1}{m(m+3)}$$
$$= \frac{2k(m+1)}{m(m+2)} - \frac{1}{m} + \frac{3}{m+1} - \frac{1}{m+2} + \frac{1}{m+3} - \frac{1}{m(m+3)}$$
$$= F_m - \frac{m^2+m+2}{D_w} < F_m.$$

3.2.2.1.1.2：$N_A = k = m/2 \to N_B = 1, N_C = k, N_D = 1$. 这时有

$$\begin{aligned}&\frac{m}{2}E_A + E_B + \frac{m}{2}E_C + E_D\\ \leqslant&1 - LB(L) = \frac{3m^2+8m+3}{D_s},\end{aligned}$$

所以物件对 $(a_{m/2}, a_{m+2})$ 是可折扣的, 这时

$$\begin{aligned}V^C(L) \leqslant&\omega^C(L) - d^C(A,D)\\ =&\frac{k}{m} + \frac{1}{m+1} + \frac{k}{m+2} + \frac{1}{m+3} - \frac{1}{m(m+3)}\\ =&\frac{2k(m+1)}{m(m+2)} + \frac{1}{m+1} + \frac{1}{m+3} - \frac{1}{m(m+3)}\\ =&F_m - \frac{m^2-m-4}{D_w} < F_m.\end{aligned}$$

3.2.2.1.2：存在 k 使得 $m = 2k+1$. 这时由 (4.6.13) 我们得三种情况：

3.2.2.1.2.1：$N_A = k-1 = (m-3)/2, \to N_B = 4, N_C = k-1, N_D = 1$. 这时有

$$\begin{aligned}&\frac{m-3}{2}E_A + 4E_B + \frac{m-3}{2}E_C + E_D\\ \leqslant& 1 - LB(L) = \frac{6m^2+14m}{D_s}.\end{aligned}$$

所以

$$\begin{aligned}mE_A + E_D <&\frac{2m}{m-3}\left(\frac{m-3}{2}E_A + 4E_B + \frac{m-3}{2}E_C + E_D\right)\\ \leqslant&\frac{2m}{(m+1)(m^2+2m-1)}P_m,\end{aligned}$$

这里

$$P_m = \frac{6m^2+14m}{(m-3)(m+2)(m+3)},$$

所以当 $P_m \leqslant 1$ 时 (当 $m > 8$ 时成立) 最小 A-物件和 D-物件是可折扣的, 这时有

$$\begin{aligned}V^C(L) \leqslant&\omega^C(L) - d^C(A,D)\\ =&\frac{k-1}{m} + \frac{4}{m+1} + \frac{k-1}{m+2} + \frac{1}{m+3} - \frac{1}{m(m+3)}\\ =&F_m - \frac{m^2+2m+5}{D_w} < F_m.\end{aligned}$$

我们还得验证 $m=5$ 和 $m=7$ 的情形.

先讨论 $m=7$. 这时有 $N_A=2, N_B=4, N_C=2, N_D=1$ 和

$$1-LB(L)=\frac{392}{8\times 9\times 10\times 62}.$$

这种情况一定存在折扣对; 否则有

$$7E_A+E_D>\frac{2\times 7}{8\times 62}\to E_C>\frac{2}{8\times 62}-\frac{E_D}{7},$$
$$8E_B+E_D>\frac{8}{9\times 62}\to E_B>\frac{1}{9\times 62}-\frac{E_D}{8},$$
$$9E_C+E_D>\frac{2}{10\times 62}\to E_C>\frac{2}{9\times 10\times 62}-\frac{E_D}{9}.$$

但是这样有

$$\begin{aligned}&2E_A+4E_B+2E_C+E_D\\>&\frac{4}{8\times 62}+\frac{4}{9\times 62}+\frac{4}{9\times 10\times 62}-\frac{E_D}{126}\\=&\frac{712}{8\times 9\times 10\times 62}-\frac{E_D}{126}.\end{aligned}$$

这里由于

$$E_D<1-LB(L)=\frac{392}{8\times 9\times 10\times 62},$$

所以

$$\begin{aligned}&2E_A+4E_B+2E_C+E_D\\>&\frac{712}{8\times 9\times 10\times 62}-\frac{392}{126\times 8\times 9\times 10\times 62}\\>&\frac{392}{8\times 9\times 10\times 62}.\end{aligned}$$

这是不可能的, 所以存在折扣对且

$$\begin{aligned}V^C(L)\leqslant&\frac{2}{7}+\frac{4}{8}+\frac{2}{9}+\frac{1}{10}-\frac{1}{9\times 10}\\=&1+\frac{61}{630}<F_7.\end{aligned}$$

现在讨论 $m=5$. 这时有 $N_A=1, N_B=4, N_C=1, N_D=1$, 且

$$1-LB(L)=\frac{220}{6\times 7\times 8\times 34}.$$

在这种情况下也存在折扣对; 否则有

$$5E_A+E_D>\frac{2\times 5}{6\times 34}\to E_A>\frac{2}{6\times 34}-\frac{E_D}{5},$$
$$6E_B+E_D>\frac{6}{7\times 34}\to E_B>\frac{1}{7\times 34}-\frac{E_D}{6},$$
$$7E_C+E_D>\frac{2}{8\times 34}\to E_C>\frac{2}{7\times 8\times 34}-\frac{E_D}{7},$$

但是这样有

$$E_A + 4E_B + E_C + E_D > \frac{316}{6 \times 7 \times 8 \times 34} - \frac{E_D}{105},$$

这里 $E_D < LB(L)$. 所以

$$\begin{aligned} & E_A + 4E_B + E_C + E_D \\ > & \frac{316}{6 \times 7 \times 8 \times 34} - \frac{220}{105 \times 6 \times 7 \times 8 \times 34} \\ > & \frac{220}{6 \times 7 \times 8 \times 34}. \end{aligned}$$

这是不可能的, 所以存在折扣对且有

$$V^C(L) \leqslant \frac{1}{5} + \frac{4}{6} + \frac{1}{7} + \frac{1}{8} - \frac{1}{7 \times 8} = 1 + \frac{67}{60} < F_5.$$

3.2.2.1.2.2: $N_A = k = (m-1)/2, \rightarrow N_B = 2, N_C = k, N_D = 1$. 这时有

$$\frac{m-1}{2} E_A + 2E_B + \frac{m-1}{2} E_C + E_D \leqslant \frac{4m^2 + 10m + 2}{D_s},$$

所以如果 $m > 3$, 则有

$$\begin{aligned} mE_A + E_D < & \frac{2m}{m-1} \left(\frac{m-1}{2} E_A + 2E_B + \frac{m-1}{2} E_C + E_D \right) \\ \leqslant & \frac{2m}{(m+1)(m^2+2m-1)} \cdot \frac{4m^2+10m+2}{(m-1)(m+2)(m+3)} \\ < & \frac{2m}{(m+1)(m^2+2m-1)}. \end{aligned}$$

所以最小 A-物件和 D-物件是可折扣的, 因而有

$$\begin{aligned} V^C(L) \leqslant & \omega^C(L) - d^C(A, D) \\ = & \frac{k}{m} + \frac{2}{m+1} + \frac{k}{m+2} + \frac{1}{m+3} - \frac{1}{m(m+3)} \\ = & F_m - \frac{m^2-1}{D_w} < F_m. \end{aligned}$$

3.2.2.1.2.3: $N_A = k+1 = (m+1)/2 \rightarrow N_B = 0, N_C = k+1, N_D = 1$. 这时有

$$\frac{m+1}{2} E_A + \frac{m+1}{2} E_C + E_D \leqslant \frac{2m^2 + 6m + 4}{D_s},$$

并且类似地, 当 $m \geqslant 4$ 时, 有

$$\begin{aligned} mE_A + E_D < & \frac{2m}{(m+1)(m^2+2m-1)} \cdot \frac{2m^2+6m+4}{(m+1)(m+2)(m+3)} \\ < & \frac{2m}{(m+1)(m^2+2m-1)}, \end{aligned}$$

所以最小 A-物件和 D-物件是可折扣的, 因而当 $m>3$ 时权函数有

$$
\begin{aligned}
V^C(L) \leqslant & \omega^C(L) - d^C(A,D) \\
= & \frac{m+1}{2}\left(\frac{1}{m}+\frac{1}{m+2}\right)+\frac{1}{m+3}-\frac{1}{m(m+3)} \\
= & 1+\frac{(m+1)^2}{m(m+2)(m+3)} < F_m.
\end{aligned}
$$

3.2.2.2: $N_D=2$. 由 (4.6.12) 得

$$
(m+3)(N_A+1) > m^2+m,
$$

所以

$$
N_A > m-3+\frac{6}{m+3}.
$$

另外,

$$
N_A \leqslant \frac{m+1}{2},
$$

由此得 $m=5$. 在这种情况下有

$$
N_A = 3 \to N_B = 0, N_C = 2, N_D = 2.
$$

根据物件大小有

$$
3E_A+2E_C+2E_D \leqslant \frac{1}{68}.
$$

由此得

$$
5E_A+E_D \leqslant \frac{5}{3}(3E_A+2E_C+2E_D) \leqslant \frac{5}{6\times 34} < \frac{10}{6\times 34},
$$

所以最小 A-物件和较小 D-物件是可折扣的, 因而有

$$
V^C(L) \leqslant \frac{3}{5}+\frac{2}{7}+\frac{2}{8}-\frac{1}{5\times 8} = 1+\frac{31}{280} < F_5.
$$

3.2.2.3: $N_D \geqslant 3$. 这时 (4.6.12) 只有在 $m<3$ 时成立.

3.2.3: $N_A \leqslant N_C+N_D-2$. 这时 (4.6.9) 总是成立的. 令

$$
N_A+2+y = N_C+N_D, \quad y \geqslant 0,
$$

则 $N_B=m-y-2N_A$, $N_C=N_A+2+y-N_D$, 所以

$$
\begin{aligned}
\omega^C(L) &= \frac{N_A}{m}+\frac{m-y-2N_A}{m+1}+\frac{N_A+2+y-N_D}{m+2}+\frac{N_D}{m+3} \\
&= F_m-\frac{m-2-2N_A}{m(m+1)(m+2)}-\frac{y}{(m+1)(m+2)}-\frac{N_D}{(m+2)(m+3)}.
\end{aligned}
$$

因为 $N_A \leqslant \frac{m}{2}$ 且 $N_D \geqslant 1$, 所以上式总是成立.

情况 4: $n = m+3$.

这种情况下的所有物件序列都被下面序列控制:

$$(A_1, C_2, D_3, D_4, \cdots, D_{m+3}),$$

当 $m \geqslant 3$ 时其权满足

$$\frac{1}{m} + \frac{1}{m+2} + \frac{m+1}{m+3} = 1 + \frac{4m+6}{m(m+2)(m+3)} < F_m,$$

所以引理 4.6.8 得证. □

引理 4.6.9 设 L 是 $(1/m)$-序列, 则存在 L 的 V-合法划分 π, 使得

$$V^C(\pi) \leqslant \begin{cases} G_m \cdot \mathrm{OPT}(L), & m\text{是奇数时}, \\ F_m \cdot \mathrm{OPT}(L), & m\text{是偶数时}. \end{cases}$$

证明 序列 L 可以看成是序列 $L_1, L_2, \cdots, L_{\mathrm{OPT}(L)}$ 的并, 其中 L_i 是由第 i 个最优箱里的物件组成. 所有这些序列满足 $s(L) \leqslant 1$, 所以引理 4.6.8 可以应用到这些序列. 由于当 $k \geqslant 2$ 时有

$$F_{2k} \geqslant G_{2k+1} \geqslant F_{2k+2},$$

所以引理 4.6.9 得证. □

由引理 4.6.6, 引理 4.6.7 和引理 4.6.9 即得定理 4.6.5. □

下面证明这些界是紧的, 为此我们给出达到这些界的物件序列.

Ⅰ. m 是偶数时, 令

$$\delta < \frac{1}{(m+1)(m+2)}$$

和

$$L_z = \begin{cases} \dfrac{m}{(m-1)(m+2)} - \dfrac{\delta}{m-1}, & z\cdot(m-1)m(m+1)\text{个}, \quad I_1\text{-物件}, \\ \dfrac{1}{m+2} + \dfrac{\delta}{2}, & 2z\cdot m(m+1)\text{个}, I_2\text{-物件}. \end{cases}$$

这时我们有 $z \cdot m(m+1)$ 个最优箱, 有 $z \cdot (m^2+2m-1)$ 个 FFD 箱 (见表 4.6.13).

表 4.6.13 使 $\mathrm{FFD}(L) = F_m\mathrm{OPT}(L)$ 的序列(m 是偶数)

$m-1$ 个 I_1-物件 2 个 I_2-物件	 m 个 I_1-物件	 $m+1$ 个 I_2-物件
$z \cdot m(m+1)$ 个箱	$z \cdot (m-1)(m+1)$ 个箱	$2z \cdot m$ 个
OPT 箱	FFD 箱	

Ⅱ. m 是奇数时, 定义下面的序列:

$$L_z = \begin{cases} \dfrac{1}{m+1} + \dfrac{2}{m(m+1)(m+3)}, & \dfrac{z}{2}\cdot(m-1)m(m+1)(m+2)\text{个}, I_3\text{-物件}, \\ \dfrac{1}{m+2} + \dfrac{1}{(m+1)(m+2)(m+3)}, & z\cdot m(m+1)(m+2)\text{个}, \ I_4\text{-物件}, \\ \dfrac{1}{m+3} + \dfrac{2}{m(m+1)(m+3)^2}, & \dfrac{z}{2}\cdot m(m+1)(m+2)(m+3)\text{个}, \ I_5\text{-物件}, \end{cases}$$

这时最优箱有 $z\cdot m(m+1)(m+2)$, FFD 箱有 $z\cdot m(m+1)(m+2)G_m$ 个 (见表 4.6.14).

表 4.6.14　使 $\mathbf{FFD}(L) = G_m\mathbf{OPT}(L)$ 的序列(m 是奇数)

$(m-1)/2$ 个 I_3-物件 1 个 I_4-物件 $(m+3)/2$ 个 I_5-物件	m 个 I_3-物件	$m+1$ 个 I_4-物件	$m+2$ 个 I_5-物件
$z\cdot m(m+1)(m+2)$ 个箱	$z(m-1)(m+1)(m+2)/2$ 个	$zm(m+2)$ 个	$zm(m+1)(m+3)/2$ 个
OPT 箱	FFD 箱		

总结上面的结论我们有下面的定理.

定理 4.6.6

$$R_{\text{FFD}}^{\infty}\left(\frac{1}{m}\right) = \begin{cases} F_m, & m\text{是偶数}, \\ G_m, & m\text{是奇数}. \end{cases}$$

4.7　排序问题与装箱问题的联系

4.7.1　问题简化法

在 4.3 节中, 我们曾介绍了一种方法用来估计 LFD 算法求出的解与最优解之间的近似程度. 根据那种方法, 我们证明了: 给定任意一组工件 $L = \{J_1, \cdots, J_n\}$, 下式成立

$$\frac{C_{\max}^{\text{LFD}}(L)}{C_{\max}^{\text{OPT}}(L)} \leqslant \frac{4}{3} - \frac{1}{3m},$$

这里的 $C_{\max}^{\text{LFD}}(L)$ 为 LFD 算法所给出的完工时间, $C_{\max}^{\text{OPT}}(L)$ 为最短的完工时间. 该证明方法的要点是: 先假设上式不成立, 即设对某一组工件 $L = \{J_1, \cdots, J_n\}$, 使得

$$\frac{C_{\max}^{\text{LFD}}(L)}{C_{\max}^{\text{OPT}}(L)} > \frac{4}{3} - \frac{1}{3m}. \tag{4.7.1}$$

于是, 在此假设下, 自然存在一最小的 n 和一组 $L = \{J_1, \cdots, J_n\}$ 使 (4.7.1) 式成立. 经过一些推导, 证明了在每一台机器上至多只加工 2 个工件. 在此情况之下,

容易看出 $C_{\max}^{\mathrm{LFD}}(L) = C_{\max}^{\mathrm{OPT}}(L)$, 因而得出矛盾. 这种方法我们称之为问题简化法 (Problem Reduction). 在某种假设下, 把问题简化成一种容易处理的情形, 是在组合优化中经常被采用的方法.

4.7.2 权函数法

在 4.5 节中证明 $\mathrm{NFD}(L) \leqslant \gamma_s^* \mathrm{OPT}(L) + 3$ 时, 我们曾引入一个定义在 $a_i, i = 1, \cdots, n$ 上的函数 $w(a)$, 并证明

$$\mathrm{NFD}(L) - 3 \leqslant \sum_{i=1}^{n} w(a_i) \leqslant \gamma_s^* \mathrm{OPT}(L),$$

从而得到了所要的结果. 该节所用的方法通常称为权函数法 (Weighting Function). 权函数法也是组合优化中处理近似值时常用的方法之一. 近似算法中的几个重要结果都是通过权函数法得到的 (Johnson, 1973; Baker, 1985; Yue, 1991). 对于一个给定的问题如何构造一个权函数, 使得通过它可以得到预期的结果, 这是比较难的问题. 一般来说, 这要求高度的技巧. 所要证明的结果越精密, 权函数的构造就越复杂. 对于构造权函数, 目前尚没有一条明确可循的途径. 我们只能通过一些成功的例子去体会构造过程中的某些准则.

4.7.3 FFD 算法在排序问题上的运用

本节所介绍的是有关 FFD 算法运用于 m 台性能相同的机器上的排序问题的一个结果. 它的证明方法是问题简化法和权函数法的一种巧妙的结合.

1. NP 完备问题

仍和第 3 章中一样, 假设有 m 台性能相同的机器 $\{M_1, \cdots, M_m\}$ 和 n 个相互无关的工件 $\{J_1, \cdots, J_n\}$, 每一 J_i 只需在一台机器上加工一次即告完成. 一种排序实际上是将 $\{J_1, \cdots, J_n\}$ 分成 m 个组 $\{P_1, \cdots, P_m\}$. P_j 表示要在 M_j 上加工的工件所成的集合. 记 $L = \{J_1, \cdots, J_n\}$, $P = \{P_1, \cdots, P_m\}$. 设加工工件 J_i 所需的时间为 $l(J_i)$, 记 $l(X) = \sum_{J \in X} l(J)$, 则 $l(P_j)$ 表示在排序 P 之下, P_j 占用 M_j 的全部时间. 同前面一样, 我们仍假定每一 J_i 只能在一台机器 M_j 上加工, 而且加工一旦开始就不能中断. 直到加工完为止. 一台机器不能同时加工 2 个或 2 个以上的工件. M_j 在将 P_j 中所有的工件加工完之前, 不能在中途停工. 显然, 对于排序 P 来说, 全部工件被加工完的时间为

$$l(P) = \max_{j=1,\cdots,m} l(P_j).$$

因 L 是由有限个工件所组成, 故存在一最优排序 P^* 使得对于 L 的所有划分 P 满足关系

$$l(P^*) \leqslant l(P).$$

记

$$F_m^* = l(P^*),$$

则 F_m^* 为将 L 全部加工完成所需的最小时间. 这个排序问题为一 NP 难问题 (Garey, Johnson, 1979).

2. 运用装箱方法找出简易算法

对于上述 NP 完备问题, 看来没有希望找到一种可行的算法, 使得在合理的时间内能对任意给定的 L 找到相应的 P^*. 我们现在的目的是要对一种给定的简易算法 A, 求出在 A 之下所得到的划分 P_A 相应的 $F(P_A)$ 与 $F(P^*)$ 之间的关系. 为此目的, 现在考虑下面的装箱问题：设有许多个 (数目不限) 容量均为 C 的箱子 $B_1, B_2, \cdots$. 并设有 n 个物件 $L = \{J_1, \cdots, J_n\}$, J_j 的量 $l(J_j) \leqslant C, j = 1, \cdots, n$. 所谓装箱就是要将 L 作一划分 $P = \{P_1, \cdots, P_m\}$, 使得 $l(P_i) \leqslant C, i = 1, \cdots, m$. 令 $\mathrm{OPT}[L, C]$ 表示对于给定的 L, 要将 L 全部装下所必不可少的箱子数. 显而易见, 对上面关于排序问题所定义的 F_m^*, 我们有

$$F_m^* = \min\{C|\mathrm{OPT}[L, C] \leqslant m\}.$$

一个算法 A 实际上就是一种划分方法: 对于给定的 L 和 m, 通过 A 可得到一组划分 $P = \{P_1, \cdots, P_m\}$. 我们用 $C_A[L, m]$ 表示与这一划分相应的最小的 C. 记

$$R_m(A) = \sup\left\{\frac{C_A[L, m]}{F_m^*}, \forall L\right\}.$$

令 $\mathrm{FFD}[L, C]$ 表示对于给定的 L, 箱子容量均为 C 时, 用 FFD 算法将 L 全部装下所用的箱子数. 记

$$\gamma_m = \inf\{\gamma|\mathrm{FFD}[L, \gamma F_m^*] \leqslant m, \forall L\}.$$

由 inf 的定义, 我们不一定有 $\mathrm{FFD}[L, \gamma_m F_m^*] \leqslant m$, 但下面引理说明, 此不等式确实成立.

引理 4.7.1　对于任意的 L 和任意的 $\gamma \geqslant \gamma_m$, 我们有 $\mathrm{FFD}[L, \gamma F_m^*] \leqslant m$.

证明　我们先证 $\mathrm{FFD}[L, \gamma_m F_m^*] \leqslant m,\ \ \forall L$. 若此式不成立, 则必存在 L, 使得 $\mathrm{FFD}[L, \gamma_m F_m^*] > m$. 取 $C = \gamma_m F_m^*$, 并将 FFD 算法运用于 L, 每当我们启用一个新的箱子 P_j 时, 必然是由于遇到某一物件 J_i, 在将 J_i 装进 $P_1, \cdots, P_{j-1}$ 时, 都使得它们的量超过 C. 设在将 J_i 装入 $P_k (1 \leqslant k \leqslant j-1)$ 时所超过的量为 δ_{jk}, 令

$$\delta = \min_{j \geqslant 2, k=1, \cdots, j-1} \delta_{jk},$$

于是, 对任意的 $C' : C \leqslant C' < C + \delta$, 由 FFD 算法都得出同样的结果 (FFD 装法). 因而 $\mathrm{FFD}[L, C'] > m$. 但由 γ_m 的定义, 在区间 $\left[\gamma_m, \gamma_m + \dfrac{\delta}{F_m^*}\right)$ 中必存在 γ_0, 使得

$\mathrm{FFD}[L,\gamma_0 F_m]\leqslant m$, 由

$$\gamma_0 F_m^* < \left(\gamma_m + \frac{\delta}{F_m^*}\right) F_m^* = C + \delta,$$

即得出矛盾, 故必有 $\mathrm{FFD}[L,\gamma_m F_m^*]\leqslant m$. 我们现假设对某一 L 和 $\alpha>1$ 有 $\mathrm{FFD}[L,\alpha\gamma_m F_m^*]>m$, 并设 $l(J_n)=\min_{i=1,\cdots,n} l(J_i)$, 我们将 L 用最优装箱方法装入 m 个容量为 F_m^* 的箱中. 由 F_m^* 的定义, 这是可行的. 将这些箱子的容量增大到 αF_m^*, 并将 L 作如下的扩充: 即除 L 中物件之外, 再添入若干个物件, 他们各自的量都小于 $l(J_n)$, 且扩充后的物件正好填满 m 个容量 αF_m^* 的箱子, 设新的物件集合为 F', 于是有 $F_m'^*=\alpha F_m^*$, 但

$$\mathrm{FFD}[L',\gamma_m F_m'^*]=\mathrm{FFD}[L',\alpha\gamma_m F_m^*]>m,$$

这是因为 J_n 必装入编号 $\geqslant m+1$ 的箱中, 这与刚才所证明的结论相矛盾. □

由引理 4.7.1 即可得

$$\gamma_m=\inf\{\gamma|\mathrm{FFD}[L,\gamma F_m^*]\leqslant m,\ \forall L\}.$$

显然, $\gamma_m\geqslant 1$. 上式表明: 就上述的排序问题来说, 对于所给定的物件组 L, 在 FFD 算法之下, 最后的完工时间 $\leqslant \gamma_m F_m^*$, 即

$$R_m(\mathrm{FFD})\leqslant \gamma_m.$$

就装箱问题来说, $\mathrm{FFD}[L,\gamma_m F_m^*]\leqslant m$ 表示: 对于任给的 L, 至多需要 m 个容量为 $\gamma_m F_m^*$ 的箱子, 在 FFD 装法之下, 即可将 L 全部装下. 为此, 下面仅就装箱问题进行讨论.

3. γ_m 的上界

我们现在的目的是要为 γ_m 求一个比较好的上界. 利用问题简化法, 可以证明 $\gamma_m\leqslant\dfrac{5}{4}$; 然后将问题简化法与权函数法相结合来证明 $\gamma_m\leqslant 1.22$. 作者于 1990 年证明 $\gamma_m=\dfrac{13}{11}$, 其证明过程过长, 我们将把它放在后面介绍. 下面, 我们假定所给的物件组 $L=\{J_1,\cdots,J_n\}$ 已排列成 $l(J_1)\geqslant\cdots\geqslant l(J_n)$.

定义 4.7.1 设 p 和 q 为给定的正整数, $p\geqslant q$. 若 $L=\{J_1,\cdots,J_n\}$ 和整数 M 满足关系:

$$\mathrm{FFD}[L,p]>M\geqslant\mathrm{OPT}[L,q],$$

则称 (L,M) 为一 $\dfrac{q}{p}$ 反例.

由定义 4.7.1 可知, 若 (L,M) 为一 $\frac{q}{p}$ 反例, 则在最优装箱法之下, 至多 M 个容量为 q 的箱子即可将 L 全部装下. 但在 FFD 装法之下, M 个容量为 $p(\geqslant q)$ 的箱子却不能将 L 全部装下. 由 γ_m 的定义即可看出, 若 $\gamma_m > \frac{q}{p}$, 则存在一 $\frac{q}{p}$ 反例 (L,m).

定义 4.7.2 若 (L,M) 满足下面的关系, 则称之为一最小 $\frac{q}{p}$ 反例:

(i) (L,M) 为 $\frac{q}{p}$ 反例;

(ii) 对于所有的 $\frac{q}{p}$ 反例 (L',M), 有 $|L'|>|L|$;

(iii) 对于所有的 $m, 1\leqslant m<M$, 有 $\gamma_m \leqslant \frac{q}{p}$.

容易看出, 若存在一 $\frac{q}{p}$ 反例, 则必存在一最小 $\frac{q}{p}$ 反例. 事实上, 由 $\frac{q}{p}$ 反例的定义必有 $M>1$. 否则, 有 $\mathrm{FFD}[L,p]=\mathrm{OPT}[L,q]=1$. 若 (i) 成立, 则必存在一最小的 $M(M>1)$, 使得 (i) 与 (iii) 同时成立. 然后选取 L, 使 (ii) 也成立. 对 (iii) 可用反证法. 在下面的论证中, 我们总假定 (L,m) 为一最小 $\frac{q}{p}$ 反例. 由于 m 为使 (i), (ii) 与 (iii) 同时成立的最小数, 故必有 $\mathrm{OPT}[L,q]=m$. 另一方面, 由 (ii), 在 FFD 装法之下, 最后一个箱子必只装一个物件 J_n. 若 $\mathrm{FFD}[L,p]\geqslant m+2$ 则作 $L'=L\setminus\{J_n\}$, 得 (L',m) 仍为一 $\frac{q}{p}$ 反例. 但 $|L'|<|L|$, 与 (L,m) 为最小 $\frac{q}{p}$ 反例相矛盾. 故得下面引理 4.7.2:

引理 4.7.2 L 与 m 必满足关系:

(i) $\mathrm{FFD}[L,p]=m+1, \mathrm{OPT}[L,q]=m$;

(ii) L 中所有的物件除最后一个之外, 在 FFD 装法之下, 全都装入前面的 m 个箱子.

令 $P=\{P_1,\cdots,P_m,P_{m+1}\}, P_1,\cdots,P_m,P_{m+1}$ 分别为在 FFD 装法之下装入容量为 p 的 $m+1$ 个箱子; $P^*=\{P_1^*,\cdots,P_m^*\}, P_1^*,\cdots,P_m^*$ 为在最优装法之下装入容量为 q 的 m 个箱子. 设 $X,Y\subseteq L$. 若存在一 1-1 对应 $f:Y\to X$, 使得 $l(Y)\leqslant l(f(y)), \forall y\in Y$, 则称 X 高于 Y, 以 $Y<X$ 记之.

引理 4.7.3(消去原理, (Coffman et al., 1978)) 设 $I,J\subseteq\{1,2,\cdots,m+1\}$ 且 $|I|=|J|=k>0$, 则 $X=\cup_{i\in I}P_i$ 不可能高于 $Y=\cup_{j\in J}P_j^*$.

证明 反证法. 设 X 高于 Y, 即存在 1-1 对应 $f:Y\to X$, 使得对任一 $y\in Y$, 在 X 中存在 $f(y)$, 有 $l(y)\leqslant l(f(y))$. 令 $L'=L\setminus X$, 并设在 L' 中的物件仍保持它们在 L 中的顺序. 显而易见, 在将 FFD 装法用于 L' 时所有的物件仍分别属于同样的 P_i. 与将 FFD 装法用于 L 相比较, 只是 X 中的物件, 因 $P_i, i\in I$, 而不再出现了. 故 $\mathrm{FFD}(L,p)=m-k+1$. 现在由 $P^*=\{P_1^*,\cdots,P_m^*\}$ 构造 L 的一个新的装箱方法:

先对任意 $y \in Y$, 将 y 与其像 $f(y)$ 所在的位置互换. 即若 $y \in P_j^*(j \in J), f(y) \in P_s^*$, 则将 y 放入 P_i^* 中, 而将 $f(y)$ 放入 P_s^* 中. 设 $P' = \{P_1', \cdots, P_m'\}$ 为经过所有这种换位之后从 $P^* = \{P_1^*, \cdots, P_m^*\}$ 所得到的集合划分. 显然, 对于所有 $s \notin J$, 有 $l(P_s') \leqslant l(P_s^*) \leqslant q$, 而当 $s \in J$ 时, P_s' 中只包含 X 中的物件. 于是, 对 L', 有 $\mathrm{OPT}[L', p] \leqslant m - k$. 因 $k > 0$, 这与 L 为一最小 $\dfrac{q}{p}$ 反例相矛盾. □

引理 4.7.4 $|P_i^*| \geqslant 3, 1 \leqslant i \leqslant m$.

证明 设 $P_i^* = \{x\}$, 并设 $x \in P_i$, 则 P_i 高于 P_i^*, 与引理 4.7.3 相违. 设 $P_i^* = \{x, y\}$, 并设 $l(x) \geqslant l(y), x \in P_j, y \in P_k$. 若 $j = k$ 则 P_j 高于 P_i^*, 与引理 4.7.3 相违, 设 $j < k$, 则由 $l(x) \geqslant l(y)$, 且 $l(x) + l(y) \leqslant q < p$, 将 y 放入 P_k 之前, P_j 中必有一 $z \neq x$, 使得 $l(z) \geqslant l(y)$, 因而 P_j 高于 P_i^*. 若 $j > k$, 则因 $l(x) \geqslant l(y)$, 在将 y 放入 P_k 之前, P_k 内必已有一 z, 使 $l(z) \geqslant l(x)$, 亦得 P_k 高于 P_i^*. □

引理 4.7.5 $|P_i| \geqslant 2, 1 \leqslant i \leqslant m$.

证明 设 $P_i = \{x\}$, 则有 $l(x) + l(J_n) > p$. 由此可知, 对于任何 $y \in L$ 都有 $l(x) + l(y) > q$, 设 $x \in P_j^*$, 则必有 $|P_j^*| = 1$, 因而 P_i 高于 P_j^*, 与引理 4.7.3 相违. □

引理 4.7.6 令 $\alpha = l(J_n)$, 则有

$$\alpha > \frac{m}{m-1}(p-q) = p - q + \frac{1}{m-1}(p-q).$$

证明 由引理 4.7.2(ii), 可知对任意 $i \in \{1, \cdots, m\}$, 有 $l(P_i) + \alpha > p$. 因而有

$$\sum_{i=1}^{m} l(P_i) + m\alpha > mp,$$

另一方面, 全部物件 $\{J_1, \cdots, J_n\}$ 可以放入 m 个容量为 q 的箱子 $P_i^*(i = 1, 2, \cdots, m)$ 之中, 故得

$$\sum_{i=1}^{m} l(P_i) + \alpha \leqslant mq,$$

由以上两式即得所求. □

引理 4.7.7 $l(J_i) \leqslant q - 2\alpha, \forall J_i \in L$.

证明 由引理 4.7.4, 有 $l(J_i) + 2\alpha \leqslant q$, 故 $l(J_i) \leqslant q - 2\alpha$. □

定理 4.7.1 $\gamma_m \leqslant \dfrac{5}{4}, \forall m \geqslant 2$.

证明 假设定理不成立, 则存在 L 与 m 构成一 $\dfrac{5}{4}$ 最小反例, 这时 $p = 5, q = 4$. 由引理 4.7.6, 有 $l(J_n) = \alpha > 1$, 故任一 P_i^* 至多包含 3 个物件. 由引理 4.7.4, $|P_i^*| = 3, \forall i \in \{1, 2, \cdots, m\}$, 因而 $|L| = 3m$. 由引理 4.7.2 (ii) 以及引理 4.7.5, 必存在 j, 使 $|P_j| = 2$, 令 $|P_j| = \{x, y\}$. 因 J_n 不属于 P_j , 故得 $l(x) + l(y) + \alpha > 5$. 由引理 4.7.7, 有 $2q - 3\alpha > 5$. 因 $q = 4$, 故得 $\alpha < 1$, 与引理 4.7.6 相违, 定理得证. □

4.7.4 γ_m 上界的改进

1. 问题的提出

在定理 4.7.1 的证明中, 所用的主要是问题简化法. 即在 $p=5, q=4$ 的假设之下, 可知存在 $P_j=\{x,y\}$, 因而导出矛盾. 要使 $\frac{5}{4}$ 这一上界得到改进, 仅靠上述技巧是难以做到的. 对此, 可从下面的事实看出, 与 $\frac{5}{4}$ 最靠近的简单分数是 $\frac{6}{5}=1.2$, 此时 $p=6, q=5, \alpha>1$. 当 m 甚大时, $|P_i^*|$ 可以是 3 或 4, $|P_i|$ 可以是 2, 3, 4, 5. 在 $|P_i^*|$ 与 $|P_i|$ 之间很难得出一个简单的关系. Coffman 等的文章中已举出反例, 必有 $\gamma_m>\frac{20}{17}, \forall m \geqslant 4$. 因此 $\frac{7}{6}, \frac{8}{7}, \cdots$ 不在考虑之中. 对于 $p=q+2$ 的情形, 若 $\frac{6}{5}<\frac{q+2}{q}<\frac{5}{4}$, 则 $q=9$, 此时 $\frac{p}{q}=\frac{11}{9}=1.222\cdots, \alpha>2$. 同上面一样, 当 m 甚大时, $|P_i^*|$ 可以是 3 或 4, $|P_i|$ 可以是 2, 3, 4, 5. 情况也很复杂. 其余类推. 为了解决上述出现的复杂情况, Coffman 等除了利用上述的分析之外, 还采用了权函数方法. 利用这一方法, Coffman 等于 1978 年证明了 $\gamma_m \leqslant 1.22$. 在这篇论文中将最小反例法与权函数作了巧妙的结合, 值得一读. 在他们的构思的基础上, 越民义等于 1993 年证明了 $\gamma_m \leqslant 1.2$, 其证明方法比 Coffman 等的方法简单得多. 这主要在于越民义等发现了在最小反例这一假设之下, 根据 FFD 装法来装箱, 在各种类型的箱子数目之间存在某种特殊关系 (参看下面引理 4.7.11), 因而需要讨论的情况大为减少, 使得证明可以大为简化. 下面我们就介绍这种证明方法.

2. 最小反例法

我们将装有 k 个物件的箱子称为 k 件箱 (k-Item Bin), 在 FFD 装法之下, 若对于一个箱子, 在启用 (即将物件开始装入) 它的下一个箱子时, 它恰好装有 k 个物件, 我们就称这为一 k-箱 (k-Bin). 若一 k-箱中装有 k 个以上物件, 则称之为一回落 k-箱 (Fallback k-Bin), 否则称之为一正则 k-箱.

引理 4.7.8(Coffman et al., 1978)

(i) 在 FFD 装法中, 若 $k<k'$, 则所有 k-箱必位于所有 k'-箱之前.

(ii) 在 FFD 装法中, 所有的正则 k-箱必位于所有回落 k-箱之前.

证明 (i) 由 FFD 装箱的定义直接得出.

(ii) 现设 B_i 为一回落 k-箱, B_j 为一正则 k-箱, $j>i$. 设 $B_i=\{J_1',\cdots,J_h'\}$, $B_j=\{J_1'',\cdots,L_k''\}$. 由定义 4.7.1, $h>k$, 且 $l(J_s')\geqslant l(J_s''), s=1,\cdots,k$. 因最小的物件 J_n 位于 B_j 之右边, 我们有 $l(B_j)+l(J_n)>p$; 但 $l(B_j)+l(J_n)\leqslant l(B_i)<p$, 得一矛盾. □

现设 $p=120, q=100$. 由引理 4.7.6, 显而易见, $l(J_n)=20+\Delta$, 这里 $\Delta>0$ 为

某一常数. 由引理 4.7.4, 我们可设每一物件的尺寸 $\leqslant 60-2\Delta$. 于是, 可假定最优箱中的个数在 3 与 5 之间, 且无回落 1-箱存在. 我们将 L 中的物件分成 2 类, 即 D 与 D': D 中物件的尺寸都 $>40+\Delta$, 其余部分属于 $D'=L\setminus D$. 显然, 最优箱中不可能有 2 个或 2 个以上属于 D 中的物件. 令 J_p 表示 D' 中的第一个 (最大) 物件.

引理 4.7.9 在 FFD 装法之下, 包含 J_p 的箱子 B 只包含 D' 中物件. 特别, 正则 3-箱中不包含 D 中物件.

证明 若 B 包含 D 中的 J_r 和 $J_s(r<s)$, 则 B 必高于在最优装箱方法之下包含 J_r 的箱子 B^*. 现设 B 包含 J_p, 物件 $J_r\in D$ 以及至多 2 个属于 D' 的其它物件 J_f. 设 B^* 为最优装箱方法中包含 J_r 的箱子, B^* 恰好装有 3 个物件 J_r, J_c 和 J_d, $l(J_r)\geqslant l(J_c)\geqslant l(J_d)$. 由于最优装箱中, 任一箱子至多只能包含 D 中的一个物件, 故必有 $l(J_p)\geqslant l(J_c)$. 若 $l(J_f)\geqslant l(J_d)$, 则 B 高于 B^*. 因此 $l(J_f)<l(J_d)$, 或者 B 中只有 2 个物件. 由定义, 此时必有 $l(J_r)+l(J_p)+l(J_d)>120$. 另一方面, 我们有 $l(J_r)+l(J_c)+l(J_d)\leqslant 100$. 由这两个不等式, 我们有 $l(J_p)>l(J_c)+20\geqslant 40+\Delta$. 此与 $l(J_p)\in D'$ 相矛盾. □

引理 4.7.10 (i) 在最优装箱方法中, 不存在任何 3-箱 B^*, 它的所有物件的尺寸都 $\leqslant l(J_p)$.

(ii) 对于任一物件 $J\in D'$, 我们有 $l(J)\leqslant 40-2\Delta$.

证明 (i) 设有一最优箱 B^*, 其中的物件为 T_a,T_b 和 T_c, 且 $l(J_p)\geqslant l(T_a)\geqslant l(T_b)\geqslant l(T_c)$, 设 T_a, T_d, T_e 及某些物件是 FFD 装法之下 B 中的物件. 对于此 3 物件的任一排列, B 都高于 B^*. 例如, 当 $l(T_a)\geqslant l(T_d)\geqslant l(T_e)$, 根据 FFD 装法规则, B 即高于 B^*.

(ii) 我们只需证明 $l(J_p)\leqslant 40-2\Delta$ 即可. 若 $l(J_p)>40-2\Delta$, 设在最优箱装法中包含 J_p 的箱子是 B^*, 则 B^* 不可能有 D 中任一物件. 由 (i), B^* 也必为一 4-件箱. 于是我们有 $l(B^*)>40-2\Delta+3(20+\Delta)=100+\Delta$, 得出矛盾. □

系 4.7.1 在 FFD 装法之下, 每一 2-箱中前 2 个物件都属于 D, 其 3-箱, 4-箱及 5-箱中只包含 D' 中物件.

于是, 我们可以得出结论: FFD 装法和最优装箱方法的构型如图 4.7.1 所示. 图中, x 表示尺寸大于 $40+\Delta$ 的物件. 现在, 我们引入一些新的记号, 令 $x_2+\delta$ 表示在 FFD 装法之下正则 2-箱的数目, 若最后一只正则 2-箱不包含尺寸 $\leqslant \frac{1}{2}(100-\Delta)$ 的物件, 则 $\delta=1$, 否则, $\delta=0$. 令 y_2,t,s 和 v 分别表示回落 2-箱、正则 3-箱、4-件箱和 5-件箱的数目. 则 $s+\omega$ 表示在最优装箱方法之下 4- 箱的数目.

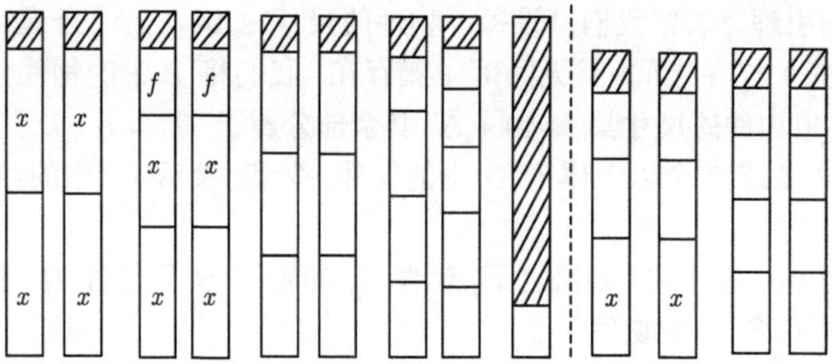

图 4.7.1　箱子装法类型

引理 4.7.11　在 FFD 装法之下, 我们有

$$v+1=t-y_2. \tag{4.7.2}$$

证明　由引理 4.7.9 和引理 4.7.10, 我们有

$$\begin{aligned}n=&2(x_2+\delta)+3(y_2+t)+4s+5v+1\\=&6(x_2+\delta+y_2)+4(s+\omega),\end{aligned}$$

或

$$4(x_2+\delta+y_2)=3t+5v+1-4\omega+y_2; \tag{4.7.3}$$

另一方面, 有

$$m=(x_2+\delta+y_2)+t+s+v=2(x_2+\delta+y_2)+s+\omega,$$

或

$$t+v=\omega+(x_2+\delta+y_2), \tag{4.7.4}$$

由 (4.7.3) 和 (4.7.4) 式即得 (4.7.2) 式. □

引理 4.7.12　$\Delta<4$.

证明　若 $\Delta\geqslant 4$, 则由系 4.7.1, 任一正则 3-箱 B 中的所有物件的尺寸至多为 $40-2\Delta$, 故必有 $l(B)\leqslant 120-6\Delta\leqslant 100-\Delta$, 这是不可能的. 因此在 FFD 装法中不存在正则 3-箱, 亦即 $t=0$. 由引理 4.7.11, 即得 $v+1=-y_2\leqslant 0$. 这也是不可能的, 故必有 $\Delta<4$.

引理 4.7.13　$l(J_{p+1})\leqslant 40-3\Delta$.

证明　设 $l(J_{p+1})>40-3\Delta$. J_{p+1} 不可能落入一个回落 2- 箱, 否则 $B=\{Y_2,Y_2',J_{p+1}\}$ (注意, $l(Y_2)>40+\Delta$) 将高于包含 Y_2 的最优箱. 现设 $\{J_p,J_{p+1},J_q\}$

为 J_{p+1} 所落入的正则 3-箱. 因 $l(J_{p+1}) > 40 - 3\Delta$, J_{p+1} 不可能落入一最优 4-箱. 设 $B_1^* = \{X, J_p, J_a\}$, $B_2^* = \{X', J_{p+1}, J_b\}$ 分别为 J_p 与 J_{p+1} 所落入的最优箱 (由引理 4.7.10 和 4.7.12, 它们不可能落入同一最优 3-箱).

若 $l(X) \leqslant l(X')$, 设 $B_2 = \{X, X'', f\}$ 为 X 所落入的 FFD 箱子. 由引理 4.7.3, 有 $l(f) < l(J_a)$. 由 $l(X)+l(X')+l(J_a) \geqslant l(X)+l(X'')+l(J_a) > 120$(因 X'' 紧邻 X, 且由引理 4.7.3, J_a 不可能落入任何位于 B_2 左边的 2- 箱) 及 $l(J_p)+l(J_{p+1})+l(J_q) > 100-\Delta$, 得 $200 \geqslant l(X)+l(X')+l(J_p)+l(J_{p+1})+l(J_a)+l(J_b) > 120+100-\Delta+l(J_b)-l(J_q)$, 所以有 $l(J_q) > 20-\Delta+l(J_b) > 40$, 即得一矛盾.

$l(X) > l(X')$ 的情况可完全同样讨论. □

现在, 我们将 L 中的物件分成 7 类:

正则 2-箱中, 除了最后一个外, 每一个箱子中的 2 个物件的尺寸都 $> \frac{1}{2}(100-\Delta)$, 它们都属于 X_2 类. 若最后一个箱子的 2 个物件的尺寸都 $> \frac{1}{2}(100-\Delta)$, 它们也属于 X_2 类, 否则都属于 Z 类.

每一回落 2-箱中前 2 个物件的总的尺寸至少为 $80+2\Delta$, 它们属于 Y_2 类.

正则 3-箱中, 除了最后一个之外, 每个箱子中的 3 个物件的尺寸都大于 $\frac{1}{3}(100-\Delta)$, 它们都属于 X_3 类. 若最后一个箱子的 3 个物件的尺寸都大于 $\frac{1}{3}(100-\Delta)$, 它们也都属于 X_3 类. 否则, 都属于 Z 类.

每一回落 3-箱中的前 3 个物件的总的尺寸至少为 90, 它们都属于 Y_3 类.

正则 4-箱中, 除了最后一个之外, 每一个箱子中的 4 个物件的尺寸均 $> \frac{1}{4}(100-\Delta)$, 它们也都属于 X_4 类. 若最后一个箱子的 4 个物件的尺寸均 $> \frac{1}{4}(100-\Delta)$, 它们也都属于 X_4 类. 否则, 都属于 Z 类.

五件箱及最后一个箱中的物件的尺寸均 $\geqslant 20+\Delta$, 它们都属于 X_5 类.

引理 4.7.14 $\Delta < 2.5$.

证明 设 $\Delta \geqslant 2.5$, 则有 $3(40-3\Delta) \leqslant 100-\Delta$. 它表示只有一个正则 3-箱, 即 $t=1, y_2=0$ 和 $v=0$ (引理 4.7.11). 我们将指出, 这是不可能的. 由 (4.7.2) 式及 (4.7.4) 式, $x_2+\delta+\omega=1$. 现设 $x_2+\delta=1$ (不可能有 $x_2+\delta=0$. 否则, 包含 J_p, J_{p+1} 和 J_{p+2} 的 3 个最优箱的总尺寸必 $> 100-\Delta+9(20+\Delta)=280+8\Delta \geqslant 300$). 令 B_1^* 和 B_2^* 为包含有此 2 个 X_2 的最优箱子, 则至多有 3 种可能的情况发生:

(i) 在所有 3 个 X_3 中至少有 2 个落入 $B_1^* \cup B_2^*$;

(ii) 只有一个 X_3 落入 $B_1^* \cup B_2^*$;

(iii) 所有的 X_3 都落入 4-箱.

我们现只讨论 (ii), 因为 (i) 和 (iii) 远比 (ii) 简单. 设 B_1^*, B_2^*, B_3^* 和 B_4^* 为合起来包含此 3 个 X_3 的箱子. 它们总共包含 14 个物件. 我们可设 $s \geqslant 1$, 否则 $m=2$,

这种情况不需要讨论. 若一回落 3- 箱之前 3 个物件 Y_3', Y_3'' 和 Y_3''', 它们的总和由定义可知大于 90, 落入 $B_1^* \cup B_2^*$, 则有

$$l(B_1^*, B_2^*, B_3^*, B_4^*) > 2(100 - \Delta) + 90 + 6(20 + \Delta) > 400,$$

得出矛盾. 若 Y_3', Y_3'' 和 Y_3''' 不全落入 $B_1^* \cup B_2^*$, 则其中必有一, 例如 Y_3', 落入一异于 B_3^* 和 B_4^* 的 4- 箱 B_5^*. 显而易见, 任何 2 个 Y_3 不可能落入同一 4- 箱. 这是由于 $Y_3' + Y_3'' + Y_3''' > 90$ 和 $30 + 2\Delta \geqslant 40 - 2\Delta$, 任何 2 个 Y_3 的总的尺寸必 $> 60 - 2\Delta$. 因 $v = 0$, 任何 5 个物件中必存在 4 个, 其总的尺寸 $> 100 - \Delta$, 故

$$l(B_3^*, B_4^*, B_5^*) > 90 + 100 - \Delta + 5(20 + \Delta) \geqslant 300,$$

得出矛盾. 由上所证, 即得 $\Delta < 2.5$. □

3. **最优箱**

现在, 我们来定义权函数, 见表 4.7.1. 该表中的 l 表示相关物件的尺寸, 例如下面的 l 即表示属于 Z 类的各物件的尺寸:

表 4.7.1 权函数定义

类型	X_2	Y_2	X_3	Y_3	X_4	X_5	Z
权	$\frac{1}{2}(100-\Delta)$	40	$\frac{1}{3}(100-\Delta)$	$l-\Delta$	$\frac{1}{4}(100-\Delta)$	20	l

显而易见, 对所有的 $J_j \in L$, $\omega(J_j) \leqslant l(J_j)$. 对于任一 $S \subseteq L$, 记 $\omega(S) = \sum_{J_j \in S} \omega(J_j)$. 容易验证, 对任意 FFD 箱 B_j, 有 $\omega(B_j) \geqslant 100 - \Delta, 1 \leqslant j \leqslant m$. 因而有

$$\omega(L) \geqslant (100 - \Delta)m + \omega(J_n). \tag{4.7.5}$$

现在考虑最优箱, 先证明: 任何包含 Y_2 型, 或 Y_3 型, 或 X_5 型物件的最优箱, 其总的权都不可能大于 $(100 - \Delta)$. 这是因为, 每一这种类型的物件, 其权都不超过它的尺寸减去 Δ, 又每一物件的权都不超过它的尺寸, 所以由定义有

$$l(P_j^*) \leqslant 100, \quad 1 \leqslant j \leqslant m.$$

其次, 我们来考虑最优箱中, 那种只包含有 X_2, X_3 和 X_4 类型的物件的箱子, 容易验证, 由这种类型的物件所构成的最优箱子 (事实上, 只有 X_2X_2, X_4X_4, $X_3X_5X_5X_5$, $X_4X_4X_4X_4$ 等 4 种), 其总的权都 $\leqslant 100 - \Delta$. 于是, 任何一个总的权超过 $100 - \Delta$ 的最优箱必然包含 Z 型的 9 个物件中之一或多个. 由此即得

$$\omega(L) \leqslant (100 - \Delta)m + 9\Delta, \tag{4.7.6}$$

我们显然有 $y_2 = v = 0$. 若不然, 则因任一 5-箱的权或任一回落 2-箱的权必 $\geqslant 100$, 式 (4.7.5) 即变成

$$\omega(L) \geqslant (100 - \Delta)m + \Delta + \omega(J_n), \tag{4.7.7}$$

由式 (4.7.6) 及式 (4.7.7), 我们有 $\omega(J_n) \leqslant 8\Delta < 20$, 得出矛盾. 于是, 由式 (4.7.2), 即得 $t = 1$. 我们现来证明

$$\omega(L) \leqslant (100 - \Delta)m + 8\Delta. \tag{4.7.8}$$

假设式 (4.7.8) 不成立. 也就是说, 我们有 9 个 Z 型的物件, 它们都分散在不同的最优箱中, 而且每一个这样的箱子的权都超过 $100 - \Delta$. 令 B 在 FFD 装法之下的正则 2-箱, 包含 2 个 Z 型物件 T 和 T^*. T 与 T^* 中有一个, 不妨设为 T^*, 其尺寸 $\leqslant \frac{1}{2}(100 - \Delta)$. 因为没有两个 Z 型物件落入同一最优箱, T^* 只能与 X_4 型的物件装入同一箱 B^* 中 (由 $t = 1$, 所有的 X_3 都为 Z 型). 但这样一来, 就有

$$\omega(B^*) \leqslant \frac{1}{2}(100 - \Delta) + \frac{1}{4}(100 - \Delta) + \frac{1}{4}(100 - \Delta) = 100 - \Delta,$$

得出矛盾, 故式 (4.7.8) 成立. 由式 (4.7.5) 及式 (4.7.8), 我们有 $\omega(J_n) < 8\Delta < 20$, 得出矛盾, 故 L 不可能是一 $\frac{120}{100}$ 最小反例. □

第 5 章　流水作业排序问题的最优算法

在这一章中我们研究的流水作业排序问题, 满足 "工件在各台机器上的加工顺序都一致" 的条件, 称为 "排列" 型流水作业排序问题. 在机械加工等生产部门中, 大多数流水作业排序模型是排列型流水作业排序模型. 本章中我们约定将 "排列" 型流水作业排序问题简称为流水作业排序问题. 我们的目标是求出所给的 n 个工件的一个加工顺序, 使得它对应的总工期 (Makespan) 为最短. 总工期是指从最先的工件在第一台机器上开始加工的时刻起, 到最后的工件在第 m 台机器上加工完毕的时刻为止的这段时间.

这类排序问题用三参数简单地表示为 $F||C_{\max}$.

由于这类排序问题已在 1976 年被 M. R. Garey, D. S. Johnson 和 R. Sethi 等证明: 当 $m \geqslant 3$ 时, $m \times n$ 流水作业排序问题是 "NP 难" 问题, 所以求出这类问题的精确最优排序的算法只能是指数型算法.

下面我们将介绍一种由分枝定界法和消去准则相结合的算法, 这种算法利用了第 3 章中 "可行和" 的概念和流水作业排序问题的特性, 因此, 对于一些规模不十分大的流水作业排序问题具有相当好的计算效果. 这一算法是由韩继业和越民义提出的.

5.1　消 去 准 则

5.1.1　排序问题的消去准则

记 m 个机器为 $M_1, M_2, \cdots, M_m$, n 个工件为 $J_1, J_2, \cdots, J_n$, 记工件 J_j 在机器 M_k 上的加工时间为 a_{kj}. 当工件的加工顺序 $\omega = (\omega_1, \omega_2, \cdots, \omega_n)$ 给定后, 这里的 $(\omega_1, \omega_2, \cdots, \omega_n)$ 是 $N = \{1, 2, \cdots, n\}$ 的一个排列, 我们可将 a_{kj} 排成矩阵

$$A(\omega) = \begin{bmatrix} a_{1\omega_1} & a_{1\omega_2} & \cdots & a_{1\omega_n} \\ a_{2\omega_1} & a_{2\omega_2} & \cdots & a_{2\omega_n} \\ \vdots & \vdots & & \vdots \\ a_{m\omega_1} & a_{m\omega_2} & \cdots & a_{m\omega_n} \end{bmatrix}. \tag{5.1.1}$$

1. 消去准则

令工件集 $S \subset N$, $S' \subset N$, σ 为 S 中工件的一个排列, σ' 为 S' 中工件的一个排

列; 令 $t_{lk}(\sigma)$ 和 $t_{lk}(\sigma')$ 分别表示 σ 和 σ' 的最后的工件在机器 M_k 上的完工时刻. 如果对于 $N\setminus S$ 中工件的任意一排列 π, 都存在 $N\setminus S'$ 中工件的一个排列 π', 使得 $C(\sigma'\pi')\leqslant C(\sigma\pi)$, 这里 $C(\sigma\pi)$ 和 $C(\sigma'\pi')$ 分别表示加工顺序 $\sigma\pi$ 和 $\sigma'\pi'$ 的总工期, 则可以消去所有的 $(\sigma\cdots)$ 型的加工顺序, 此时称 "σ 被 σ' 所控制". 当 $S=S'$ 时, E. Ignail 和 L. Schrage(1965) 提出了一种消去准则: $t_{lk}(\sigma')\leqslant t_{lk}(\sigma)$, $k=1,\cdots,m$. 此时可以证明: σ 被 σ' 控制. G. B. McMahon(1969) 更证明了: 如果存在一 k, 使得 $t_{lk}(\sigma')>t_{lk}(\sigma)$, 则可以适当选取 $N\setminus S$ 中工件的加工时间, 使得对于 $N\setminus S$ 中工件的每一排列 π, 都有 $C(\sigma'\pi)>C(\sigma\pi)$.

2. 最优消去准则

国外文献中著名的消去准则是 W. Szwarc(1973) 的 "最优消去准则".

令 $s=(s_1,s_2,\cdots,s_k)$ 表示工件 $s_1,s_2,\cdots,s_k$ 的一个排序, $\overline{s}=(\overline{s}_1,\overline{s}_2,\cdots,\overline{s}_{n-k})$ 表示 s 以外的工件的一个排序, 我们用 $s\overline{s}$ 表示排序 $(s_1,s_2,\cdots,s_k,\overline{s}_1,\overline{s}_2,\cdots,\overline{s}_{n-k})$, 这是 N 的一个排序, 并用 s_i 表示排序 $(s_1,s_2,\cdots,s_k,i)$, W. Szwarc 证明了: 令 $t_{pq}(s)$ 表示矩阵

$$\begin{bmatrix} a_{ps_1} & a_{ps_2} & \cdots & a_{ps_k} \\ a_{p+1s_1} & a_{p+1s_2} & \cdots & a_{p+1s_k} \\ \vdots & \vdots & & \vdots \\ a_{qs_1} & a_{qs_2} & \cdots & a_{qs_k} \end{bmatrix}.$$

对于 a_{ps_1} 到 a_{qs_k} 的可行和, 如果以下条件成立

$$t_{lq-1}(sij)-t_{lq-1}(sj)\leqslant t_{lq}(sij)-t_{lq}(sj)\leqslant a_{qi},\quad q=2,3,\cdots,m, \tag{5.1.2}$$

则有 $C(sijR'R'')\leqslant C(sjR'iR'')$, 这里 R' 和 R'' 是 N 中部分工件的顺序, 它们满足

$$\begin{aligned} &R'\cap R''=\varnothing,\quad \{R'R''\}\cap\{sij\}=\varnothing,\\ &R'\cup R''\cup\{sij\}=N=\{1,2,\cdots,n\}. \end{aligned} \tag{5.1.3}$$

W. Szwarc 还证明了: 如果 (5.1.2) 式中至少有一个不等式不成立, 则可适当选取 $\{sij\}$ 以外的工件的加工时间, 使得 $C(sijR'R'')>C(sjR'iR'')$. 所以 W. Szwarc 称条件 (5.1.2) 为 "最优消去准则" 或 "消去准则", 我们从不等式 $C(sijR'R'')\leqslant C(sjR'iR'')$ 可以知道, 不考虑或消去全部 $(sj\cdots)$ 型排序, 不会把最优排序都消去. 消去全部 $(sj\cdots)$ 型排序, 这相当于在 "枚举树" 上进行 "截枝". 对于一般的 $m\times n$ 流水作业排序问题, 使用分枝定界法并结合消去准则, 其计算效率显著高于仅使用分枝定界法.

3. 新的消去准则

下面将给出另一种形式的消去准则, 称为新的消去准则, 它是韩继业和越民义得到的.

定理 5.1.1 令 $s=(s_1,s_2,\cdots,s_k)$, $\{i,j\}\cap s=\varnothing$. 如果

$$t_{lq}(si)\leqslant t_{lq}(sj)-a_{qj}+\min\{a_{qi},a_{q+1i},\cdots,a_{mi}\},\quad 1\leqslant q\leqslant m, \tag{5.1.4}$$

则可以消去所有 $(sj\cdots)$ 型排序.

如果条件 (5.1.4) 不成立, 我们要指出, 必然可以构造一个 $m\times n$ 流水作业排序问题的实例, 它包括了工件 $s_1,\cdots,s_k$, i,j 及工件 i_1 和 i_2, 使得 $C(siji_1i_2)>C(sji_1ii_2)$. 这说明对此实例我们不能消去所有的 $(sj\cdots)$ 型排序, 因为有可能把最优排序都消去. 如存在整数 $p, 1\leqslant p\leqslant m$, 使得

$$t_{lp}(si)>t_{lp}(sj)-a_{pj}+\min\{a_{pi},\cdots,a_{mi}\}, \tag{5.1.5}$$

即条件 (5.1.4) 不成立, 令 $a_{ui}=\min\{a_{pi},\cdots,a_{mi}\}$, 其中 $p\leqslant u\leqslant m$. 我们选取工件 i_1 和 i_2 的加工时间 a_{ki_1} 和 a_{ki_2} 如下:

$$\begin{aligned}
&a_{ki_1}\leqslant\min\{a_{1j},a_{2j},\cdots,a_{mj}\},\quad k=1,\cdots,p-1,u+1,\cdots,m,\\
&a_{ki_2}\leqslant\min\{a_{1j},a_{2j},\cdots,a_{mj}\},\quad k=1,\cdots,u-1,\\
&a_{ki_1}=a\geqslant t_{lm}(sji),\quad k=p,\cdots,u,\\
&a_{ki_2}=a\geqslant t_{lm}(sji),\quad k=u,\cdots,m.
\end{aligned}$$

由于排序 (sji_1ii_2) 的可行和

$$C(sji_1ii_2)=t_{lp}(sj)+\sum_{k=p}^{u}a_{ki_1}+a_{ui}+\sum_{k=u}^{m}a_{ki_2},$$

利用 (5.1.5) 式, 可得

$$\begin{aligned}
&t_{lp}(si)+a_{pj}+\sum_{k=p}^{u}a_{ki_1}+\sum_{k=u}^{m}a_{ki_2}\\
>&t_{lp}(sj)+a_{ui}+\sum_{k=p}^{u}a_{ki_1}+a_{ui}+\sum_{k=u}^{m}a_{ki_2}\\
=&C(sji_1ii_2).
\end{aligned}$$

考虑排序 $(siji_1i_2)$ 的可行和, 显然有

$$C(siji_1i_2)\geqslant t_{lp}(si)+a_{pj}+\sum_{k=p}^{u}a_{ki_1}+a_{ui}+\sum_{k=u}^{m}a_{ki_2}>C(sji_1ii_2).$$

结合定理 5.1.1, 我们得到以下定理.

定理 5.1.2 sj 被 sij 控制的充要条件是 (5.1.4).

5.1.2 消去准则的选取

1. 计算量

使用消去准则 (5.1.2) 和消去准则 (5.1.4) 产生的效果相同, 但这 2 个表达方式的计算量是不同的. 如已有排序 $s=(s_1,s_2,\cdots,s_k)$, 当使用消去准则 (5.1.4) 时, 为了计算全部 $t_{lq}(s\alpha)$, $\alpha\in N\setminus\{s\}$, $q=1,2,\cdots,m$, 可利用公式

$$t_{lq}(s\alpha)=\max\{t_{lq}(s),t_{lq-1}(s\alpha)\}+a_{q\alpha},$$

故需要作 $O(m(n-k))$ 次计算. 当使用消去准则 (5.1.2) 时, 需要计算全部 $t_{lq}(s\alpha)$, $\alpha\in N\setminus\{s\}$, $q=1,2,\cdots,m$, 以及所有的 $t_{lq}(s\alpha\beta)$, $\alpha,\beta\in N\setminus\{s\}$, $\alpha\neq\beta$, $q=1,2,\cdots,m$, 故需要作 $O(m(n-k)^2)$ 次计算. 所以使用消去准则 (5.1.4) 比使用消去准则 (5.1.2) 减少了计算量. 下面我们要证明它们的等价性.

2. 等价性

定理 5.1.3 消去准则 (5.1.2) 等价于消去准则 (5.1.4).

证明 先证如果式 (5.1.2) 成立, 则 (5.1.4) 式必成立. 显然 $t_{l1}(sij)-t_{l1}(sj)=a_{1i}$. 在式 (5.1.2) 中令 $q=2$, 可得 $a_{1i}\leqslant a_{2i}$. 又由 $a_{1i}\leqslant t_{l2}(sij)-t_{l2}(sj)\leqslant t_{l3}(sij)-t_{l3}(sj)\leqslant a_{3i}$, 以此类推, 可得

$$a_{1i}\leqslant\min\{a_{2i},a_{3i},\cdots,a_{mi}\},\tag{5.1.6}$$

所以有 $t_{l1}(si)\leqslant t_{l1}(s)+\min\{a_{1i},a_{2i},\cdots,a_{mi}\}$, 即不等式 (5.1.4) 当 $q=1$ 时成立. 又由于

$$t_{12}(sij)=\max\{t_{12}(si),t_{11}(si)+a_{1j}\}+a_{2j},$$

所以当 $m=2$ 及 $q=2$ 时由式 (5.1.2) 有

$$t_{12}(si)+a_{2j}\leqslant t_{12}(sij)\leqslant t_{12}(sj)+a_{2i},$$

即 (5.1.2) 式蕴涵了式 (5.1.4). 用归纳法, 假设对于所有小于 m 的正整数由式 (5.1.2) 成立可推出式 (5.1.4) 也成立, 下面要证明对于 m, 由式 (5.1.2) 成立也可推出式 (5.1.4) 成立. 根据归纳法假设, 有

$$t_{lq}(si)\leqslant t_{lq}(sj)-a_{qj}+\min\{a_{qi},a_{q+1i},\cdots,a_{m-1i}\},\quad 1\leqslant q\leqslant m-1.\tag{5.1.7}$$

为了证明式 (5.1.4), 由式 (5.1.7), 我们只需证明不等式

$$t_{lq}(si) \leqslant t_{lq}(sj) - a_{qj} + a_{mi}, \quad 1 \leqslant q \leqslant m. \tag{5.1.8}$$

因为式 (5.1.2) 成立, 所以有

$$t_{lq}(sij) \leqslant t_{lq}(sj) + a_{mi}, \quad 1 \leqslant q \leqslant m,$$

故得

$$t_{lq}(si) + a_{qj} \leqslant t_{lq}(sij) \leqslant t_{lq}(sj) + a_{mi}, \quad 1 \leqslant q \leqslant m.$$

由此即得式 (5.1.8). 这证明了若式 (5.1.2) 成立, 则式 (5.1.4) 也成立.

反之, 我们要证明若式 (5.1.4) 成立, 则式 (5.1.2) 也成立. 仍然用归纳法, 对于 $m = 2$, 由式 (5.1.4), 有

$$t_{l1}(si) \leqslant t_{l1}(sj) - a_{1j} + \min\{a_{1i}, a_{2i}\}, \tag{5.1.9}$$

$$t_{l2}(si) \leqslant t_{l2}(sj) - a_{2j} + a_{2i}, \tag{5.1.10}$$

因式 (5.1.9) 等价于 $a_{1i} \leqslant a_{2i}$, 所以可得

$$\begin{aligned} t_{l1}(sij) + a_{2j} &= t_{l1}(sj) + a_{1i} + a_{2j} \\ &\leqslant t_{l2}(sj) + a_{1i} \\ &\leqslant t_{l2}(sj) + a_{2i}, \end{aligned} \tag{5.1.11}$$

结合式 (5.1.10) 与式 (5.1.11), 可得

$$\begin{aligned} t_{l2}(sij) &= \max\{t_{l2}(si), t_{l1}(sij)\} + a_{2j} \\ &\leqslant t_{l2}(sj) + a_{2i}. \end{aligned} \tag{5.1.12}$$

因为

$$\begin{aligned} & t_{l1}(sij) - t_{l1}(sj) + t_{l2}(sj) \\ =& a_{1i} + \max\{t_{l2}(s), t_{l1}(sj)\} + a_{2j} \\ =& \max\{t_{l2}(s) + a_{1i}, t_{l1}(sij)\} + a_{2j}, \end{aligned} \tag{5.1.13}$$

利用已证的不等式 $a_{1i} \leqslant a_{2i}$, 得出

$$t_{l2}(s) + a_{2j} + a_{1i} \leqslant t_{l2}(si) + a_{2j}.$$

将此不等式代入式 (5.1.13), 我们得到

$$\begin{aligned} & t_{l1}(sij) - t_{l1}(sj) + t_{l2}(sj) \\ \leqslant & \max\{t_{l2}(si), t_{l1}(sij)\} + a_{2j} \\ = & t_{l2}(sij). \end{aligned} \tag{5.1.14}$$

结合式 (5.1.14) 和式 (5.1.12), 我们得到

$$t_{l1}(sij) - t_{l1}(sj) \leqslant t_{l2}(sij) - t_{l2}(sj) \leqslant a_{2i}.$$

这证明了当 $m = 2$ 时, 由式 (5.1.4) 可推出式 (5.1.2). 假设对于所有小于 $m(> 2)$ 的正整数, 由式 (5.1.4) 成立可推出式 (5.1.2) 成立, 下面要证明: 对于 m, 由式 (5.1.4) 成立也可推出式 (5.1.2) 成立.

由式 (5.1.4), 我们有

$$t_{lq}(si) \leqslant t_{lq}(sj) - a_{qj} + \min\{a_{qi}, a_{q+1i}, \cdots, a_{m-1i}\}, \quad q = 1, 2, \cdots, m-1,$$

根据归纳法假设, 又有

$$t_{lq-1}(sij) - t_{lq-1}(sj) \leqslant t_{lq}(sij) - t_{lq}(sj) \leqslant a_{qi}, \quad q = 2, 3, \cdots, m-1.$$

所以为了证明式 (5.1.2) 对于 m 成立, 只需证明不等式

$$t_{lm-1}(sij) - t_{lm-1}(sj) \leqslant t_{lm}(sij) - t_{lm}(sj) \leqslant a_{mi}. \tag{5.1.15}$$

为此, 我们先证明另外的一组不等式成立

$$t_{lq}(sij) - t_{lq}(sj) \leqslant a_{mi}, \quad q = 1, 2, \cdots, m. \tag{5.1.16}$$

当 $q = 1$ 时, 由于式 (5.1.4) 成立, 所以 $a_{1i} \leqslant a_{mi}$. 这相当于式 (5.1.6) 对于 $q = 1$ 成立. 假设式 (5.1.16) 对于所有小于 $r(1 < r \leqslant m)$ 的正整数成立, 我们要证明它对于 r 也成立. 由归纳法的假设, 有

$$t_{lr-1}(sij) - t_{lr}(sj) + a_{rj} \leqslant t_{lr-1}(sij) - t_{lr-1}(sj) \leqslant a_{mi}.$$

由式 (5.1.4) 又有

$$t_{lr}(si) - t_{lr}(sj) + a_{rj} \leqslant \min\{a_{ri}, a_{r+1i}, \cdots, a_{mi}\} \leqslant a_{mi},$$

所以可得

$$t_{lr}(sij) - t_{lr}(sj) = \max\{t_{lr-1}(sij), t_{lr}(si)\} + a_{rj} - t_{lr}(sj) \leqslant a_{mi}.$$

这证明了式 (5.1.16) 对于 $q=1,2,\cdots,m$ 成立. 取 $q=m$, 即得到式 (5.1.15) 右边的不等式, 再由式 (5.1.16) 可得

$$\begin{aligned}&t_{lm-1}(sij)-t_{lm-1}(sj)+t_{lm}(sj)\\=&\max\{t_{lm}(s)-t_{lm-1}(sj),0\}+a_{mj}+t_{lm-1}(sij)\\\leqslant&\max\{t_{lm}(s)+a_{mi},t_{lm-1}(sij)\}+a_{mj}\\\leqslant&t_{lm}(sij),\end{aligned}$$

所以有

$$t_{lm-1}(sij)-t_{lm-1}(sj)\leqslant t_{lm}(sij)-t_{lm}(sj),$$

此即式 (5.1.15) 左边的不等式. 我们证明了: 若式 (5.1.4) 成立, 则式 (5.1.2) 也成立. □

3. 简单形式

消去准则 (5.1.4) 在特殊情况下有比较简单的形式.

定理 5.1.4 $s=(s_1,s_2,\cdots,s_k)$, $\{i,j\}\cap\{s\}=\varnothing$, $i\neq j$. 如果

$$a_{1i}\leqslant a_{2i}\leqslant\cdots\leqslant a_{mi},\quad a_{ri}\leqslant a_{rj},\quad r=1,\cdots,m-1,\tag{5.1.17}$$

则可消去所有 $(sj\cdots)$ 型排序.

证明 对于任意 q, $q=1,2,\cdots,m$, 如果

$$t_{lq}(si)=t_{lp}(s)+\sum_{k=p}^{q}a_{ki},\quad p<q,$$

由式 (5.1.17) 可得

$$\begin{aligned}t_{lq}(si)-a_{qi}&=t_{lp}(s)+\sum_{k=p}^{q-1}a_{ki}\\&\leqslant t_{lp}(s)+\sum_{k=p}^{q}a_{kj}-a_{qj}\\&\leqslant t_{lq}(sj)-a_{qj}.\end{aligned}$$

因此有

$$t_{lq}(si)\leqslant t_{lq}(sj)-a_{qj}+\min\{a_{qi},a_{q+1i},\cdots,a_{mi}\}.$$

如果 $t_{lq}(si)=t_{lq}(s)+a_{qi}$, 则有 $t_{lq}(si)-a_{qi}=t_{lq}(s)+a_{qj}-a_{qj}\leqslant t_{lq}(sj)-a_{qj}$. 所以由式 (5.1.17) 可推出消去准则 (5.1.14) 成立. □

5.1.3 任意条件下的消去准则

我们给出另一种任意条件下的消去准则:

定理 5.1.5 令 $s=(s_1,s_2,\cdots,s_k)$, $\{i,j\}\cap\{s\}=\varnothing$, $i\neq j$. 如果

$$t_{lq}(si)\leqslant t_{lq}(sj)+\min_{q\leqslant r\leqslant u\leqslant m}\left\{\sum_{k=r}^{u}(a_{ki}-a_{kj})\right\},\quad 1\leqslant q\leqslant m, \tag{5.1.18}$$

则我们可消去所有 $(sj\cdots)$ 型排序.

证明 令 $\omega'=(sjR_1iR_2)$ 为任意的 $(sj\cdots)$ 型排序, $\omega'=(siR_1jR_2)$. 设 $l(\omega)$ 是加工时间矩阵 $A(\omega)$ 的一条可行线, 则存在整数 q, r 和 u, $1\leqslant q\leqslant r\leqslant u\leqslant m$, 使得可行和 $C(\omega)$ 被表示

$$C(\omega)=t_{lq}(si)+t_{qr}(R_1)+t_{ru}(j)+t_{um}(R_2).$$

因为

$$t_{ru}(j)+\min_{q\leqslant r\leqslant u\leqslant m}\left\{\sum_{k=r}^{u}(a_{ki}-a_{kj})\right\}\leqslant t_{ru}(i),$$

由于条件 (5.1.18) 成立, 可得

$$\begin{aligned}C(\omega)&\leqslant t_{lq}(sj)+t_{qr}(R_1)+t_{ru}(i)+t_{um}(R_2)\\&\leqslant C(\omega'),\end{aligned}$$

所以我们可消去所有 $(sj\cdots)$ 型排序. □

实际上式 (5.1.18) 等价于不等式

$$C(siR_1jR_2)\leqslant C(sjR_1iR_2),$$

其中 R_1 和 R_2 为任意的工件排列, 满足 $R_1\cap R_2=\varnothing$, $\{R_1\cup R_2\}\cap\{sij\}=\varnothing$, $R_1\cup R_2\cup\{sij\}=N$, R_1 和 R_2 的工件的加工时间 a_{kr} 是任意的. 这里我们不给出证明了.

5.2 分枝定界方法

5.2.1 定义

分枝定界法一般由 3 个部分组成: 分枝方法、下界计算公式和节点选取策略 (从所选的节点进行分枝, 并分出新的节点). 1965 年 Z. A. Lomnicki 对 $3\times n$ 流水作业排序问题提出了一种分枝定界法. 此后, 关于 $m\times n$ 流水作业排序问题的分枝定界法所采用的分枝方法大都与 Z. A. Lomnicki 的分枝方法相同.

5.2.2　分枝方法

1. 具体过程

枚举树的“根”分出的第一层节点为 $\{(1,\cdots)\},\{(2,\cdots)\},\cdots,\{(n,\cdots)\}$ 每个节点包括了 $(n-1)!$ 个加工顺序. 类似地, 位于第 r 层的每个节点由 $(n-r)!$ 个加工顺序组成, 这些顺序的左边 r 个位置已被安排了工件. 如 $\{(s_1,s_2,\cdots,s_r,\cdots)\}$ 为第 r 层的一个节点. 我们也可以同时考虑将工件安排在顺序的右边的位置上. 在逐层的分枝过程中, 可结合使用 5.1 节中的消去准则, 以判断是否可消去某些节点, 也就是“截枝”. 按照某种规则同时考虑将工件安排在顺序的左边位置, 或者右边位置, 这是更完善的分枝方法. 这时, 节点将具有形式 $\{(s,\cdots,s')\}$, 其中 s 和 s' 分别是部分工件的排序, 且 $s\cap s'=\varnothing$. 设 $s=(s_1,s_2,\cdots,s_k)$, $s'=(s_{n-l+1},\cdots,s_n)$, $k+l<n$. 令 $Q=N\backslash\{s\cup s'\}$. 显然, 由节点 $\{(s,\cdots,s')\}$ 分出的下一层节点或为 $\{(si,\cdots,s')\}$, 或为 $\{(s,\cdots,is')\}$, 其中 $si=(s_1,s_2,\cdots,s_k,i)$, $is'=(i,s_{n-l+1},\cdots,s_n)$, $i\in Q$. 若由节点 $\{(s,\cdots,s')\}$ 分出的节点都是 $\{(si,\cdots,s')\}$ 型的, 我们称这是“I 型”分枝, 称节点 $\{(si,\cdots,s')\}$ 是 I 型节点; 若由节点 $\{(s,\cdots,s')\}$ 分出的节点都是 $\{(s,\cdots,is')\}$ 型的, 我们称这是“II 型”分枝, 称节点 $\{(s,\cdots,is')\}$ 是 II 型节点. 对于 I 型节点 $\{(si,\cdots,s')\}$ 应用消去准则 (5.1.4): 若存在工件 i 和 j 满足 (5.1.4) 式, 则节点 $\{(sj,\cdots,s')\}$ 可被消去. 对于 II 型节点 $\{(s,\cdots,is')\}$, 可对原排序问题的逆问题使用消去准则 (5.1.4). 逆问题也包括 m 台机器和 n 个工件, 工件 J_j 在机器 M_1 上的加工时间为 a_{mj}, 在 M_2 上的加工时间为 a_{m-1j}, 在 M_k 上的加工时间为 a_{m-k+1j}. 因此, 原问题的任意一排序 $(s_1,\cdots,s_{n-1},s_n)$ 对应于逆问题的排序 $(s_n,s_{n-1},\cdots,s_1)$, 两者的总工期相等. 原问题的节点 $\{(s,\cdots,s')\}$ 对应于逆问题的节点 $\{(\overline{s'},\cdots,\overline{s})\}$, 其中 $\overline{s'}$ 是 s' 的逆排列, $\overline{s}$ 是 s 的逆排列. 所以, 节点 $\{(\overline{s'},\cdots,\overline{s})\}$ 的 I 型分枝对应于原问题节点 $\{(s,\cdots,s')\}$ 的 II 型分枝. 我们对 $\{(\overline{s'}i,\cdots,\overline{s})\}$ 使用消去准则 (5.1.4), 若节点 $\{(\overline{s'}j,\cdots,\overline{s})\}$ 被消去, 这相当于原问题的 II 型节点 $\{(s,\cdots,js')\}$ 被消去.

2. 若干规定

关于分枝方法, 我们作如下的规定:

(1) 第一层节点都是 I 型节点, 即为节点 $\{(1,\cdots)\},\{(2,\cdots)\},\cdots,\{(n,\cdots)\}$.

(2) 从第一层节点 $\{(i,\cdots)\}$ 分出的第二层节点都为 II 型节点 $\{(i,\cdots,1)\},\cdots,\{(i,\cdots,i-1)\}$, $\{(i,\cdots,i+1)\},\cdots,\{(i,\cdots,n)\}$.

(3) 设从某个 I 型节点 $\{(s\alpha,\cdots,s')\}$ 进行分枝, 其中 $s\neq\varnothing$, $s'\neq\varnothing$, $\alpha\in Q=N\setminus\{s\cup s'\}$. 若 Q 中存在被控制工件 j(即节点 $\{(sj,\cdots,s')\}$ 被消去), α 不是控制工件, 则我们对节点 $\{(s\alpha,\cdots,s')\}$ 进行 I 型分枝. 若 Q 中存在被控制工件 j, α 是一控制工件, 则对节点 $\{(s\alpha,\cdots,s')\}$ 进行 II 型分枝. 若 Q 中不存在被控制工件,

且上一层节点 $\{(s,\cdots,s')\}$ 是 I 型 (II 型) 节点, 则对节点 $\{(s\alpha,\cdots,s')\}$ 进行 II 型 (I 型) 分枝.

(4) 设从某个 II 型节点 $\{(s,\cdots,\alpha s')\}$ 进行分枝, 若对于逆问题而言, Q 中存在被控制工件 j(即节点 $\{(\overline{s'}j,\cdots,\overline{s})\}$ 被消去), α 不是控制工件, 则对节点 $\{(s,\cdots,\alpha s')\}$ 进行 II 型分枝. 若 Q 中存在被控制工件, α 是一控制工件, 则对节点 $\{(s,\cdots,\alpha s')\}$ 进行 I 型分枝. 若 Q 中不存在被控制工件, 且上一层节点 $\{(s,\cdots,s')\}$ 是 II 型 (I 型) 节点, 则对 $\{(s\alpha,\cdots,s')\}$ 进行 I 型 (II 型) 分枝.

3. 节点选取策略

分枝定界法的另一部分是节点选取策略. 在每一次分枝之前先要在已有的节点中选出一个节点, 再从所选出的节点出发, 按照上述规定进行分枝. 节点选得适当, 能明显地提高计算效率. 目前, 比较有效的节点选取策略是选择最新的 "活动" 节点, 即在刚分出的那些节点中选择下界 (下界计算公式见 5.3 节) 最小的节点. 若存在几个节点, 它们有相同的最小下界, 则选择其中机器总空闲时间为最小的节点. 机器总空闲时间是指 m 台机器的空闲时间之和. 如果刚分出的节点为 $\{(s\alpha,\cdots,s')\}$, 其机器总空闲时间 (只考虑排序 $s\alpha$) 取为

$$\sum_{q=1}^{m}\left[t_{lq}(s\alpha)-\sum_{i\in s\alpha}a_{qi}\right]. \tag{5.2.1}$$

5.3 上界和下界的估计

5.3.1 瓶颈机器

好的下界计算公式对提高分枝定界法的效率有很重要的作用. 对于流水作业排序问题的分枝定界法, 有关文献中已有多种下界计算公式, 这些公式的建立都能够用加工时间矩阵中某些折线上元素之和来说明, 也可用 "瓶颈" 机器的概念来说明. 我们在 m 台机器中适当选取 1 台或 2 台机器作为瓶颈机器, 其他机器都为非瓶颈机器. 瓶颈机器每次只能加工一个工件, 非瓶颈机器可以同时加工多个工件. 把机器加工工件的容量做如此放宽后, 显然, 每一加工顺序的总工期必然会缩短, 这缩短的总工期就是原来的真实总工期的一个下界.

5.3.2 下界计算

因为流水作业排序问题当 $m\geqslant 3$ 时是 NP 难问题, 所以瓶颈机器至多可选出 2 台. 否则, 所导出的下界计算公式将不是多项式计算次数的, 非常费时, 不利于使用.

设 $s=(s_1,s_2,\cdots,s_k)$ 为部分工件的一个排序, 令 $B(s)$ 表示任意排序 $(s,\cdots)$ 的总工期 $C(s,\cdots)$ 的下界, 我们介绍文献中比较重要的由 2 台瓶颈机器产生的下界公式.

1. 瓶颈机器为 M_u 和 M_{u+1} 的下界计算公式

令 $s=(s_1,s_2,\cdots,s_k)$, $\sigma=N\setminus\{s\}$. 现取瓶颈机器为 M_u 和 M_{u+1}, σ 中工件在 M_u 和 M_{u+1} 上的加工时间为 a_{ui} 和 a_{u+1i}, $i\in\sigma$. 我们利用 $2\times n$ 流水作业排序问题的最优排序的 Johnson 算法, 可以得到 σ 中工件的一个排序 $\pi=(\pi_1,\pi_2,\cdots,\pi_{n-k})$, 可知

$$C(s,\cdots)\geqslant t_{lu}(s)+t_{uu+1}(\pi)+\min_{j\in\sigma}\left\{\sum_{k=u+2}^{m}a_{kj}\right\},$$

所以可取节点 $\{(s,\cdots)\}$ 的下界为

$$B(s)=\max_{1\leqslant u\leqslant m-1}\left\{t_{lu}(s)+t_{uu+1}(\pi)+\min_{j\in\sigma}\left\{\sum_{k=u+2}^{m}a_{kj}\right\}\right\}. \tag{5.3.1}$$

2. 瓶颈机器为 M_u 和 M_m 的下界计算公式

取瓶颈机器为 M_u 和 M_m, $u=1,\cdots,m-1$, 令

$$a_i=\sum_{k=u}^{m-1}a_{ki},\quad b_i=\sum_{k=u+1}^{m}a_{ki},\quad i\in\sigma,$$

对 a_i 和 b_i, $i\in\sigma$, 利用 Johnson 算法, 可得到 σ 中工件的一个排序 $\pi(\pi_1,\pi_2,\cdots,\pi_{n-k})$, 定义

$$b_u(s)=t_{lu}(s)+\max_{1\leqslant r\leqslant n-k}\left\{\sum_{i=1}^{r}a_{u\pi_i}+\sum_{k=u}^{m}a_{u\pi_r}+\sum_{i=r}^{n-k}a_{m\pi_i}\right\},$$

则可知 $C(s,\cdots)\geqslant b_u(s)$. 我们可取节点 $\{(s,\cdots)\}$ 的下界为

$$B(s)=\max_{1\leqslant u\leqslant m-1}\{b_u(s)\}. \tag{5.3.2}$$

3. 新的下界计算公式

在 5.2 节关于分枝方法的讨论中, 曾考虑了 $\{(s,\cdots,s')\}$ 型节点. 对于这种节点, 我们提出一种新的下界公式: 令 $\sigma=N\setminus\{s\cup s'\}$, 对于 a_{ui} 和 $a_{u+1i}(i\in\sigma)$ 利用 Johnson 算法, 得到 σ 中工件的一个排序 $\pi=(\pi_1,\pi_2,\cdots,\pi_p)$, 定义

$$\begin{aligned}&V_1(u)=(\pi_2,\pi_3,\cdots,\pi_p,\pi_1),\\&V_i(u)=(\pi_1,\cdots,\pi_{i-1},\pi_{i+1},\cdots,\pi_p,\pi_i),\\&i=2,\cdots,p-1,\\&V_p(u)=(\pi_1,\pi_2,\cdots,\pi_{p-1},\pi_p).\end{aligned}\tag{5.3.3}$$

又令

$$\begin{aligned}&b_u=t_{lu}(s)+\min_{1\leqslant i\leqslant p}\{t_{uu+1}(V_i(u))-a_{u+1\pi}+t_{u+1m}(\pi_i s')\},\\&u=1,2,\cdots,m-2,\\&b_{m-1}=t_{lm-1}(s)+t_{m-1m}(V_p(m-1))+\sum_{j\in s'}a_{mj},\\&b_m=t_{lm}(s)+\sum_{j\in\sigma}a_{mj}+\sum_{j\in s'}a_{mj},\end{aligned}\tag{5.3.4}$$

可得到下界计算公式:

$$B(s,s')=\max_{1\leqslant u\leqslant m}\{b_u\}.\tag{5.3.5}$$

在 (5.3.5) 式中, 若 $s'=\varnothing$, 可知在 (5.3.3) 式中 $p=n-k$, 则我们又可得到节点 $\{(s,\cdots)\}$ 的一个新的下界计算公式:

$$B(s,\varnothing)=\max_{1\leqslant u\leqslant m}\{b'_u\},\tag{5.3.6}$$

其中

$$\begin{aligned}&b'_u=t_{lu}(s)+\min_{1\leqslant i\leqslant n-k}\left\{t_{uu+1}(V_i(u))-\sum_{r=u+2}^{m}a_{r\pi_i}\right\},\\&u=1,2,\cdots,m-2,\\&b'_{m-1}=t_{lm-1}(s)+t_{m-1m}(V_{n-k}(m-1)),\\&b'_u=t_{lm}(s)+\sum_{j\in\sigma}a_{mj}.\end{aligned}\tag{5.3.7}$$

5.3.3 上界计算

在使用分枝定界法的过程中, 如果得到某一排序的总工期, 显然此总工期是最优排序的总工期的一个上界. 当计算出一个节点的下界, 若此下界不小于已知的上界, 则可以消去这一节点. 在开始使用分枝定界法时, 我们需要有一个比较好的初始上界. 我们介绍如下方法, 它可以得到一个较好的上界.

对任意 $u=1,2,\cdots,m-1$, 令

$$\alpha_i = \sum_{k=1}^{u} a_{ki}, \quad \beta_i = \sum_{k=m+1-u}^{m} a_{ki}, \quad i = 1, 2, \cdots, n,$$

对于 α_i 和 β_i, $i = 1, 2, \cdots, n$, 使用 D. S. Johnson 的算法, 可得到排序 $\pi(u)$, $u = 1, 2, \cdots, m-1$, 取上界为

$$\overline{B} = \min_{1 \leqslant u \leqslant m-1} \{C(\pi(u))\}, \tag{5.3.8}$$

经计算, 其总计算次数为 $O(mn \log n)$. 我们对文献中已有的许多下界计算公式 (包括 5.3.1) 式和 (5.3.2) 式), 以及新的下界计算公式 (5.3.5) 和 (5.3.6) 进行大量的数值计算和比较. 结果表明, 新的下界计算公式 (5.3.5) 和 (5.3.6), 以及下界计算公式 (5.3.1) 和 (5.3.2) 的效果比较好.

例 5.3.1　工件在三台机器上的加工时间见下表, 求最小总工期.

	J_1	J_2	J_3	J_4	J_5	J_6
M_1	6	12	4	3	6	2
M_2	7	2	6	11	8	14
M_3	3	3	8	7	10	12

解　由 (5.3.8) 得上界 $\overline{B} = 59$. 下界计算公式采用 (5.3.5) 式或 (5.3.6) 式, 或只利用消去准则 (5.3.5). 分枝节点见图 5.3.1. 最优排序是 (3, 5, 6, 4, 2, 1) 和 (3, 5, 6, 2, 4, 1), 最小总工期是 57.

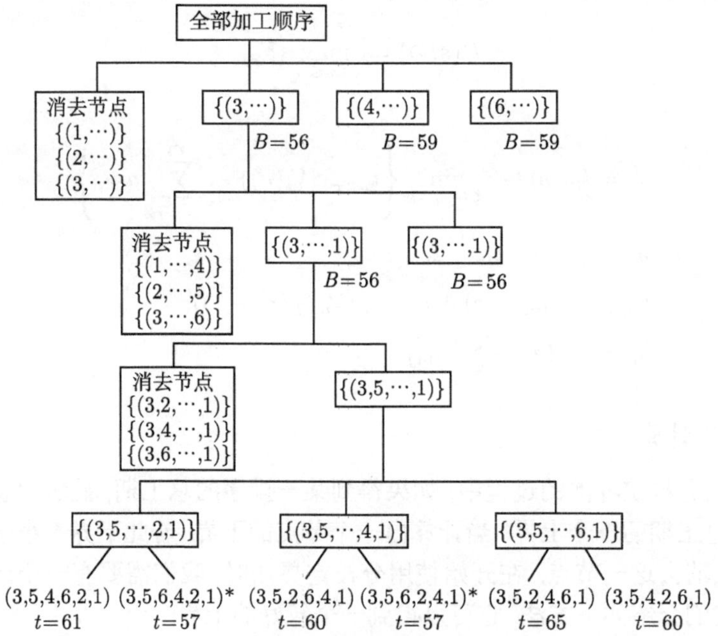

图 5.3.1　分枝及节点

第 6 章　Steiner 比猜想

本章先介绍 Steiner 比猜想的主要内容, 然后对主要结果给出结论, 并加以证明, 最后是对猜想研究的展望.

6.1　Steiner 比猜想

本节从连接平面上若干点的网络出发, 介绍生成树、最小生成树和 Steiner 树等, 然后引出 Steiner 比猜想.

6.1.1　生成树

1. 平面上点的连接

设平面上给定一个由 n 个点 $P_1, \cdots, P_n$ 组成的集合 X, 我们希望用一个由直线段组成的网络将这些点连接起来, 使该网络的总长度为最小, 这一网络自然是一连通图, 而且是一棵树, 如给定 3 个点 A, B, C, 可用图 6.1.1 的方法连接.

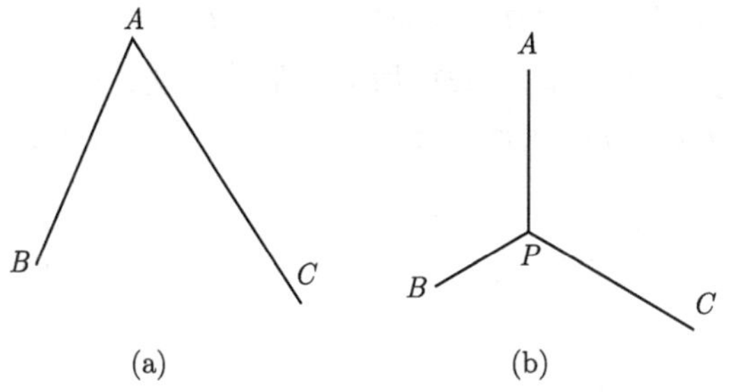

图 6.1.1　点 A, B, C 的连接方法

也就是说, 为了求得最小的网络, 除了 X 中的点外, 我们还可以引入新的点, 如图 6.1.1(b) 中的 P 点, 引入的点可以是一个, 也可以不止一个, 例如, 给定了 4 个点 A, B, C, D, 为了求到最小网络, 图 6.1.2 给出了 3 种连接方法, 当然, 还有更多的连接方法.

对于给定的 4 个点, 要求一连接它们的最小网络, 有时不需要引进别的点, 有时需要引进 1 个点, 有时则需要引进 2 个点, 但不会更多. 这个问题的最简单的情况 (n=3) 是由著名的法国数学家 Fermat(1605—1665) 提出来的: 对于平面上给定的 3 个点 A, B, C, 试求一点 P, 使得 $PA+PB+PC$ 为最小. 据说当时无人能解决,由 Mersenne (1588—1648, 主要从事数论工作) 将此问题带到意大利, 后被 Torricelli 所解决 (时间在 1640 年前), 到了 1647 年, Cavalieri 指出: $\angle APB = \angle BPC = \angle CPA = 120°$. 由于他们的证明都基于初等几何方法, 因此必须假定 △ABC 的 3 个内角都小于 120°, 否则无法作图, 直到 1834 年, Heinen 才证明: 若 $\angle B \geqslant 120°$, 则 $B = P$, 下面我们将看到, 这些结果的证明, 在今天已变得异常简单.

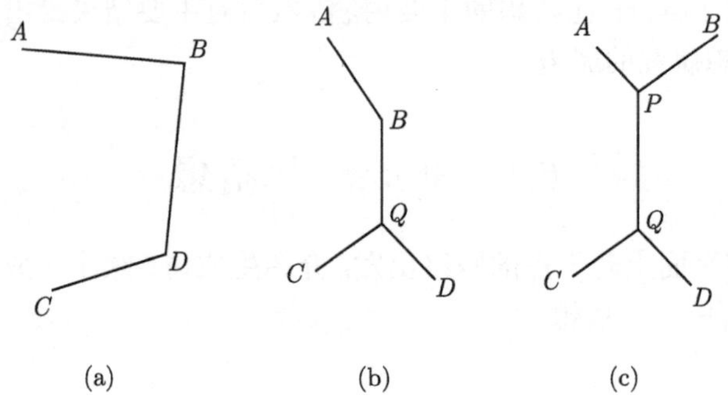

图 6.1.2　点 A, B, C, D 的连接方法

对于 $n = 4$, 引进一个点 P 并不是好的选择, 例如对于单位正方形 $ABCD$, 若只引进一个点 P(图 6.1.3 (a)), 则根据两点间的距离直线为最短的性质, 最好的选择是 P 处于两对角线的交点, 此时 $PA + PB + PC + PD = 2\sqrt{2} \approx 2.8284$, 但若引进 2 个点 P 和 Q, 使 $\angle PAB = \angle PBA = \angle QCD = \angle QDC = 30°$, 容易算出 $PA + PB + PQ + QC + QD \approx 2.7321$, 后面我们将证明: 对于正方形 $ABCD$ 来说, 网络 (PA, PB, PQ, QC, QD) 就是连接 A, B, C, D 这 4 点的最小网络.

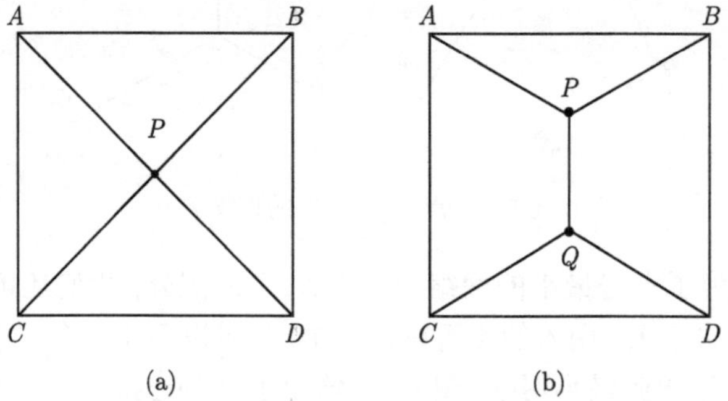

图 6.1.3　正方形 $ABCD$ 顶点的连接

现在的问题是: 对于任意给定的由 n 个点作成的集 X, 要求出一个连接 X 中所有点的最小网络, 需要引进多少个点, 这个网络具有什么样的性质, 如何去求这些点.

2. 最小生成树

为了将上述问题表达清楚, 现将它用图论中最小生成树的概念来描述, 所谓树是指由许多直线段连成的没有圈的连通图, 其中若 2 条边相交, 则交点应视为该图的一顶点, 因此, 可将这 2 条边看成 4 条边交于一点, 一个点集的生成树, 是指连接 X 中所有点的一棵树, 若对连接 X 中的任意 2 点的边都赋予权 (例如它们的距离), 则使得 X 的生成树中权的总和达到最小者, 称为最小生成树. 对于一个给定的赋予权的点集 X, 欲求其最小生成树, 常用的是 Kruskal 算法, 其方法如下: 设对连接 X 中每一点对的边 e 赋予的权为 $w(e)$, 先选取 e_1 使 $w(e_1)$ 为最小, 若 $e_1,\cdots,e_i$ 已经选定, 则从未被选上的边中选取 e_{i+1}, 使 $e_1,\cdots,e_i,e_{i+1}$ 为一无圈图, 且 $w(e_{i+1})$ 是入选的边中的最小者, 如此进行, 直到 X 中的点都被连上为止, 此算法的计算量为 $O(n\log n)$, 故为一个 "好" 的算法.

6.1.2 Steiner 树

1. Steiner 树

X 的最小生成树的顶点都是 X 中的点, 所谓 X 的 Steiner 树, 是指它的顶点除 X 之外还可以是别的加进去的某些点, 使得新旧点在一起的生成树, 设新加进去的点所成之集为 V, 则 X 的最小 Steiner 树即为求一点集 V_0, 使得 $X\cup V_0$ 的最小生成树是在所有 $X\cup V$ 的最小生成树中为最小者, 用 $L_M(X)$ 表示集合 X 的最小生成树之长, 最小 Steiner 树问题即对于给定的 X 求 V_0, 使得

$$L_M(X\cup V_0)=\min L_M(X\cup V).\tag{6.1.1}$$

(6.1.1) 式右边的 min 是就所有点集 V 而取者. 我们用 $L_s(X)$ 表示 X 的最小 Steiner 树之长, 它由 X 唯一确定.

对于一个给定的 X 如何求 V_0, 这已被证明是 NP 完备问题, 也就是说, 除了某些简单的或特殊结构的 X 外, 没有希望找到一种普遍有效的 (多项式的) 算法, 可以用来求出它的 V_0. 要注意, 对于一给定的 X, 不一定只有一个 V_0, 例如上述单位正方形中, 由 P 与 Q 连接的那棵树, 后面我们将证明它是 $X=A,B,C,D$ 的一棵最小 Steiner 树, 它的 V_0 即为 P,Q. 但从横的方向, 也可以作出另一棵同样的树. 对于我们的问题来说, 只要求出一个 V_0 就行了. V_0 中的点称为 X 的 Steiner 点, X 中的点称为正则点或所给点 (Regular 或 Given Points), 最小 Steiner 树可看作是 Fermat 对于当 $n=3$ 时所提问题的一种推广. 除了 Steiner 树之外, Fermat 所提的问题还有另一种推广: 即对于平面上给定的点集 X 求点 P, 使 $\sum\limits_{p_i\in X}|PP_i|$ 为最小, 其中 $|PP_i|$ 表示 P 到 P_i 的距离. 这个问题同样也是个 NP 完备问题, 它可以表达成一个非线性规划问题, 然后设计出算法求解. 读者可参考 Kuhn(1970) 和王长钰 (1987)

的文章, 上述最小 Steiner 树的提法, 据文献记载始于 Jarnik 和 Kossler (1934), 但只是由于 Courant 和 Robbins 在他们的科普读物 *What is Mathematics*(1941) 中涉及这个问题, 它才受到较为普遍的注意.

2. 最小 Steiner 树

在实际生活中, 求 X 的最小 Steiner 树问题是一个比较带有普遍性的问题, 例如设某大厂是由 n 个小厂组成, 要求在这 n 个小厂之间建一个最小的网络把它们连接起来, 就是这个问题的一个原型. 由于这是个 NP 完备问题, 按照目前处理这个问题的方法, 就是寻求一个较好的近似解, 也就是说, 找出一个易于设计的点集 V, 要使 $X \cup V$ 的最小生成树之长与 X 的最小 Steiner 树之长尽量接近. 利用第 4 章关于近似解的定义, 这一问题可表达如下: 对于所给的 V, 令

$$L_M(X \cup V) - L_s(X) \leqslant \alpha_V L_s(X). \tag{6.1.2}$$

我们希望估计出使 (6.1.2) 式对所有 X 成立的最小的 α_V, 并能找出一易于设计的 V, 使 α_V 越小越好. 由于须求出使 (6.1.2) 式对所有的 X 都成立的 α_V, 其难度可想而知. 这个问题的最简单的情况是 $V = \varnothing$ (V 是空集), 即用 X 的最小生成树去逼近 X 的最小 Steiner 树, 我们希望知道它的精确度, 即求出 $\alpha_\varnothing$ 的下确界, 若此下确界较小, 就可用 X 的最小生成树去代替 X 的最小 Steiner 树.

6.1.3 简单回顾

1968 年, Gilbert 和 Pollak 通过对小的 n 的实际计算提出一个猜想, 即

$$\frac{L_s(X)}{L_M(X)} \geqslant \frac{\sqrt{3}}{2}, \tag{6.1.3}$$

人们将此猜想称为 Steiner 比猜想, 或 Gilbert-Pollak 猜想. 在 1992 年, 堵丁柱和黄光明曾发表文章, 对这一猜想的成立给出了一个 "证明", 我们将在 6.5.1 节给出了一个例子, 说明他们文章中的基本引理 1、引理 2 和引理 3 的绪论是不成立的, 因此他们的 "证明" 是无法接受的. 本章的主要目的就是对这一猜想的一些结论做一介绍, 有些是作者最近的研究成果, 作为抛砖引玉, 以引起大家对此问题的研究兴趣.

6.2 关于 $n = 3, 4, 5$ 的情况

自从 Steiner 比猜想在 1968 年被提出之后, 已有不少人企图证明这一猜想的真实性, 对此, 下面介绍一些简单的情况.

6.2.1 $n=3$

如前所述, 当 $n=3$, 即当 A,B,C 给定时, 由 Simpson 首先给出如何求一点 P, 使其到这 3 点的距离之和最小, 其结论就是 PA,PB 和 PC 这 3 条线段交成 120° 角, 原来的证明我们无法看到, 即使在 Dorrie 于 1940 年撰写的 100 *Great Problems of Elementary Mathematics: Their History and Solutions* 一书中, 这个结论的证明也占据了两页半之多, 据著者说, 这在当时算是最简单的证明. 下面我们来证明这个结论.

1. Simpson **结论的证明**

引理 6.2.1 在 $X=\{A,B,C\}$ 中, 设 $\angle ABC \geqslant 120°$, 则连接 A,B,C 点的最小网络的长为 $AB+BC$(即不需要引入新的点).

证明 如图 6.2.1 所示, 设 P 不在折线 ABC 上, 先假定 P 位于折线 ABC 的上方, 因 $\angle ABP$ 与 $\angle PBC$ 中必有一个大于 90°, 设为 $\angle PBC$, 于是, 有 $PC>BC$. 显然 $AP+BP>AB$, 故得 $PA+PB+PC>AB+BC$. 现设 Q 位于 $\angle ABC$ 内, 记 $\angle ABQ=\alpha, \angle QBC=\beta$, 从 Q 作 $QI\perp AB$, $QJ\perp BC$ 有

$$BI+BJ=BQ(\cos\alpha+\cos\beta)=2BQ\cos\frac{1}{2}(\alpha+\beta)\cos\frac{1}{2}(\alpha-\beta),$$

$$2\cos\frac{1}{2}(\alpha+\beta)<2\cos 60°=1 \quad (\text{因 } \alpha+\beta\geqslant 120°),$$

即得 $BI+BJ\leqslant BQ$, 另一方面, 显然有 $AQ\geqslant AI$, $CQ\geqslant CJ$, 由此即得

$$AQ+BQ+CQ\geqslant AB+BC. \qquad \square$$

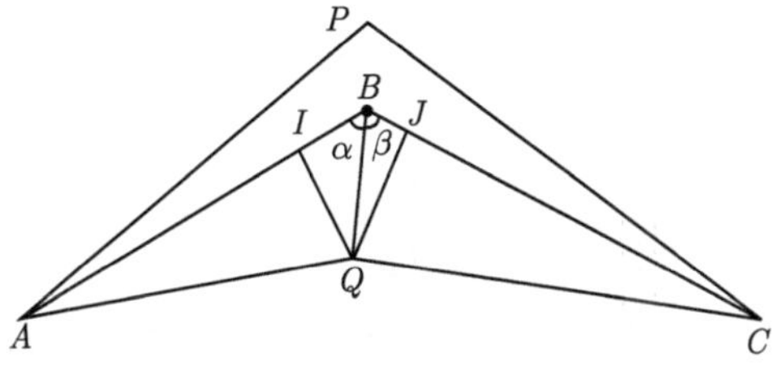

图 6.2.1 连接 A,B,C 的最小网络

系 6.2.1 设 △ABC 的 3 个内角均 < 120°, 则以 O 为 Steiner 点的 $X=\{A,B,C\}$ 的最小 Steiner 树必满足关系 $\angle AOB=\angle BOC=\angle COA=120°$.

证明 如图 6.2.2 所示, 若不然, 此则三角中必有一角, 设为 $\angle BOC$ 大于 120°, 在 AO 上求一点 P, 使 $\angle BPC=120°$, 由引理 6.2.1, $BP+PC<PO+BO+CO$, 得出矛盾. □

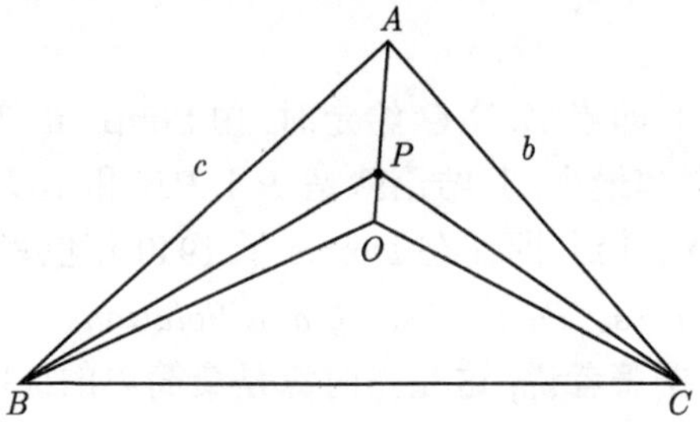

图 6.2.2 点 A,B,C 的最小生成树

定理 6.2.1 设 $\triangle ABC$ 的 3 个内角均 $< 120°$, 且 $\angle A \geqslant 60°$, 则 $X=\{A,B,C\}$ 的最小 Steiner 树的长 $L \geqslant \dfrac{\sqrt{3}}{2}(b+c)$.

证明 如图 6.2.3 所示, 设 $\angle A \geqslant 60°$, $\triangle RBA, \triangle QAC$ 及 $\triangle PCB$ 都是等边三角形, 延长 RA 到 Q', 使 $\angle AQ'C = 60°$, 因 $\angle A \geqslant 60°$, 故 $\angle Q'AC \leqslant 60°$, 因而 $\angle ACQ' \geqslant 60°$, 由此即得 $AQ' \geqslant AC = b$, 自 R 作 $Q'C$ 的延长线的垂线 RS, 我们有

$$L = RC \geqslant RS = \frac{\sqrt{3}}{2}(RA + AQ') \geqslant \frac{\sqrt{3}}{2}(b+c).$$

此即所需证的 ($L = RC$ 来自于前面的引理和 R,A,O,B 四点共圆这一事实).

□

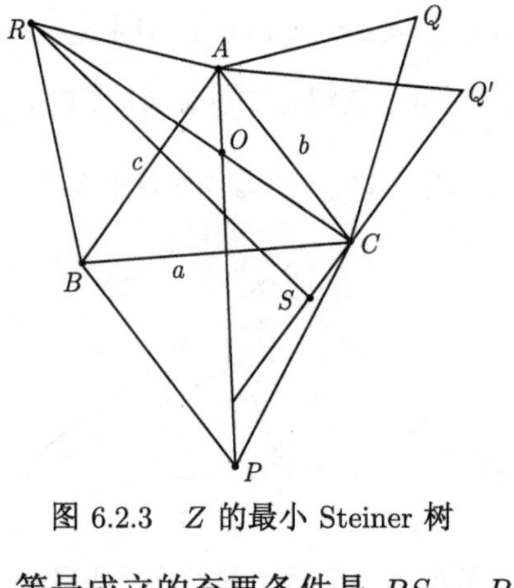

图 6.2.3 Z 的最小 Steiner 树

注意: 上述结论中, 等号成立的充要条件是 $RS = RC$ 且 $AQ' = AC$, 亦即 $\angle A = 60°$, 且 $RC \perp QC$, 也就是 $b = c$, 这样 $\triangle ABC$ 是等边三角形.

2. 加权的情况

上面的结论对加权的情况也成立, 关于这一结果, 我们所见的证明是贝清泉 (1996) 给出的, 但其证明相当复杂, 下面的证明是新的, 这个问题的提法见定理 6.2.2.

定理 6.2.2 设 $X = \{A, B, C\}, k_1, k_2, k_3$ 为给定的 3 个正数, 其中最大者大于其他两者之和, 如图 6.2.4 所示.

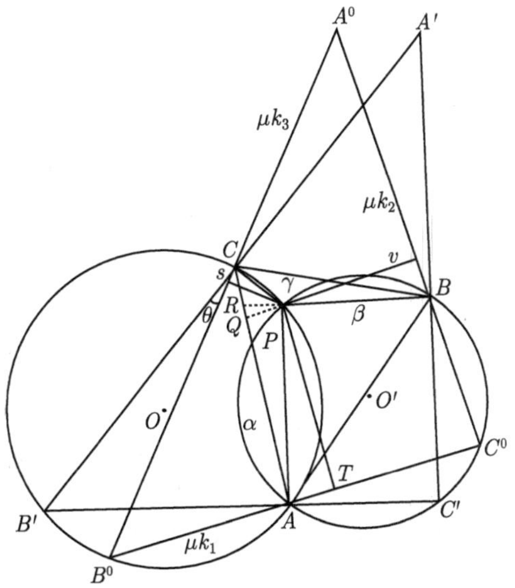

图 6.2.4 定理 6.2.2 的图示

记 $\angle A', \angle B', \angle C'$ 为由以 k_1, k_2, k_3 为 3 边长的 $\triangle A'B'C'$ 的 3 个角, 设 $\angle C$ 与 $\angle C'$ 均 $\geqslant 60^\circ$, 则在假设 $\angle A + \angle A' \leqslant \pi, \angle B + \angle B' < \pi, \angle C + \angle C' < \pi$ 之下, 在 $\triangle ABC$ 中必存在一点 P, 使得

$$\alpha k_1 + \beta k_2 + \gamma k_3 \geqslant \frac{\sqrt{3}}{2}(k_1 AC + k_2 BC),$$

其中 $PA = \alpha, PB = \beta, PC = \gamma$.

证明 不妨设 $\angle C$ 与 $\angle C'$ 分别为 $\triangle ABC$ 与 $\triangle A'B'C'$ 的最大角 (若 $\angle A$ 为 $\triangle ABC$ 的最大角, 则在下面不等式 (6.2.2) 中, 将 $\angle C$ 代替 $\angle A$; 若 $\angle B$ 为最大, 则过 B 作直线平行于 AC, 然后考虑四边形 $CABA^0$), 过 B 作直线平行于 AC, 并在其上取 C^0 与 A^0, 使得 $\angle AC^0B = \angle C', \angle BA^0C = \angle A'$, 设 A^0C 与 C^0A 相交于 B^0, 则有

$$\angle B^0 = \angle B', \quad \triangle A^0B^0C^0 \sim \triangle A'B'C'.$$

圆 O' 和圆 O 分别为 $\triangle ABC^0$ 与 $\triangle CB^0A$ 的外接圆, 相交于 A 和 P, 过 A 作 AP 的垂线, 与圆 O 与圆 O' 分别相交于 B' 和 C', 设 $B'C$ 与 $C'B$ 相交于 A', 则有 $\triangle A'B'C' \sim \triangle A^0B^0C^0$. 显然, $PC \perp A'B', PB \perp A'C'$, 且 $\triangle CB^0A \sim \triangle A^0B^0C^0$, 令 $\angle B'CB^0 = \theta$, 过 P 分别作 A^0B^0, B^0C^0, C^0A^0 的垂线 PS, PT, PU, 设 PB 与 PU 的延长线与 AC 分别交于 R 和 Q, 显然有 $\angle CPS = \angle APT = \angle BPU = \theta$, 设

$B^0C^0 = \mu k_1$, 则有 $A^0C^0 = \mu k_2, B^0A^0 = \mu k_3$, 现在考虑四边形 $ABCB^0$ 的面积, 此面积一方面等于

$$\frac{1}{2}(BR\cos\theta\cdot\mu k_2 + r\cos\theta\cdot\mu k_3 + \alpha\cos\theta\cdot\mu k_1) - \frac{1}{2}(BR-\beta)\cos\theta\cdot\mu k_2, \quad (6.2.1)$$

另一方面, 它等于

$$\frac{1}{2}(\mu k_1\cdot AC\sin C^0 + \mu k_2\cdot BC\sin C) \geqslant \frac{1}{2}\mu\cdot\frac{\sqrt{3}}{2}(k_1AC + k_2BC). \quad (6.2.2)$$

由 (6.2.1) 式和 (6.2.2) 式, 有

$$\cos\theta(\alpha k_1 + \beta k_2 + \gamma k_3) \geqslant \frac{\sqrt{3}}{2}(k_1AC + k_2BC).$$

易知

$$\alpha k_1 + \beta k_2 + \gamma k_3 = \frac{\sqrt{3}}{2}$$

成立的充要条件是：$\theta = 0, \angle C^0 = \angle C = \angle A = 60°$. 至于 P 为极小点, 可从 $\triangle A'B'C'$ 的面积等于 $\frac{1}{2}(\alpha k_1 + \beta k_2 + \gamma k_3)$ 这一事实立即得到, 这里不妨设 $A'B' = k_3, B'C' = k_1, C'A' = k_2$. □

6.2.2　$n = 4$

证明 Steiner 比猜想当 $n = 4$ 时成立比 $n = 3$ 时要困难得多, 最早对此给出证明的是 Pollak.

1. Pollak 的结果

他的证明分成如下两个部分:

(1) 在一般情况下, $X = \{A, B, C, D\}$ 有 2 棵 Steiner 树 (图 6.2.5), 它们一般不是一样长, 是以其 2 个 Steiner 点落入 X 的 2 条对角线交成锐角的区域内的那一棵树的长为最短.

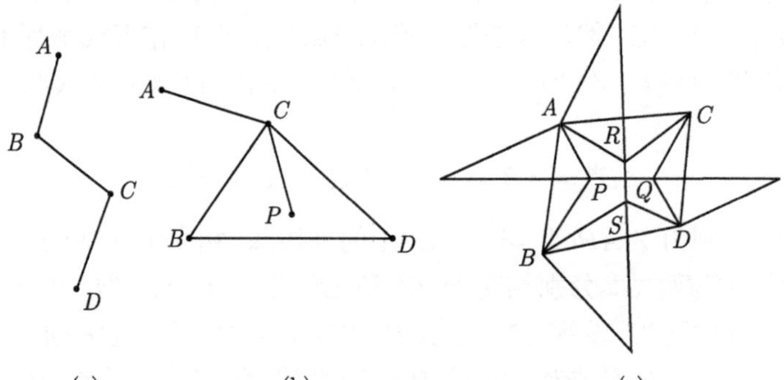

图 6.2.5　Pollak 证明的 Steiner 树

(2) 证明 Steiner 比猜想成立, Pollak 的证明相当长, 将近 14 页, 下面将给出一个较为简短的证明, 为此, 先介绍一些预备知识.

2. **预备知识**

在给出证明之前, 我们先注意: X 的一 Steiner 点, 是指 X 之外的某点, 当将它加入 X 之后, 所得到的最小生成树的长要小于 X 的最小生成树的长, 并不是所有的 X 都具有它的 Steiner 点. 对此, 当 $n=3$ 时, 在引理 6.2.1 中已作了说明. Steiner 点若存在, X 的最小 Steiner 树过此点必有 3 条边. 如果只有 2 条边, 则将这 2 条边的另外两顶点用直线连起来, 所得的权之长将更短; 若有 4 条边, 则对它们的另外 4 个顶点作最小 Steiner 树, 其长将小于这 4 条线段的长.

对于 $n=4$, X 一般有 2 个 Steiner 点, 有时一个也没有, 如图 6.2.5(a) 所示. 它由 3 条线段组成, 且 $\angle B$ 和 $\angle C$ 均 $\geqslant 120°$; 有时只有一个 Steiner 点, 如图 6.2.5(b) 所示, 其中 $\angle BCD \geqslant 60°$, $\triangle BCD$ 具有一个 Steiner 点 P, 且 $\angle ACP \geqslant 120°$, $AC \leqslant BC$, 此时, X 的最小 Steiner 树之长即为 $AC+PC+PB+PD$. 利用 $n=3$ 的结果, 容易证明 $AC+PC+PB+PD \geqslant \dfrac{\sqrt{3}}{2}L_M(X)$. 在下面的论证中, 我们总是假定 $X=\{A,B,C,D\}$ 具有 2 棵 Steiner 树, 而且每棵 Steiner 树有 2 个 Steiner 点. 有 2 个 Steiner 点的 Steiner 树称为完全 (Full)Steiner 树. 当然, 这只是就 $n=4$ 来说.

我们现在证明下面的定理:

定理 6.2.3(Pollak, 1978) 设 $X=\{A,B,C,D\}$ 为给定点集, 它具有 2 棵完全的 Steiner 树, 则其中较短的 Steiner 树是其 2 个 Steiner 点落入由 X 的两对角线交成锐角的那部分区域之中的那一棵, 两者相等的充要条件是 X 的两对角线交成直角.

证明(Yue, 2000) 在图 6.2.6 中, $\triangle DJC, \triangle CBF, \triangle BAE, \triangle CEH, \triangle AFI$ 都是等边三角形, $\theta \leqslant \dfrac{\pi}{2}$. 现来证明 JE 是 2 棵 Steiner 树中较短者. 因 $\angle FAI = \angle BAE = 60°$, 故 $\angle FAB = \angle IAE$, 于是, $\triangle AFB \cong \triangle AIE$, 因而有 $\angle BEI = \alpha+\gamma, IE=BF=BC$. 由此得 $\triangle ABC \cong \triangle BEI$ 和 $\angle IBE = \psi$, 同理, $\triangle BFH \cong \triangle ABC \cong \triangle BEI$, 因而有 $\angle FBH = \varphi$ 和 $BH = BI$. 显然, $\triangle JEC \cong \triangle CDH$, 故得 $DH = JE$, 即沿 θ 方向的 Steiner 树的长.

同理, DI 是沿另一方向的 Steiner 树的长, $\triangle DBH$ 和 $\triangle DBI$ 有一条公共边 DB, 且 $BH = BI$, 由 $\theta = \varphi+\gamma \leqslant \alpha+\psi$, 我们有

$$\angle DBI = \varphi+\gamma+60° \leqslant \alpha+\psi+60° = \angle DBH,$$

所以 $JE = DH \leqslant DI$, 此即所欲证者. 等号成立的充要条件是

$$\theta = \varphi + \gamma = \alpha + \varphi = \frac{\pi}{2}. \qquad \square$$

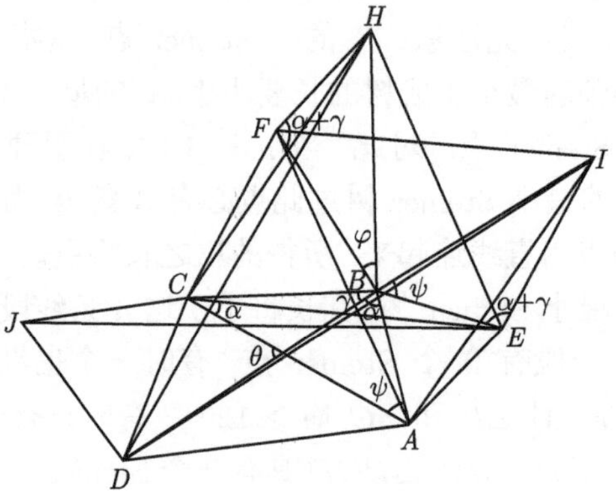

图 6.2.6　$n = 4$ 时 X 的 Steiner 树

3. 对 Pollak 的结论的证明

我们现在证明：X 的最小 Steiner 树不小于 $\frac{\sqrt{3}}{2}L_M(X)$, 这里 $L_M(X)$ 是 $X = \{A, B, C, D\}$ 的最小生成树的长.

证明　下面分两步加以证明.

(i) 如图 6.2.7(a) 所示, 设 $AC//BD$, 且 $AC \leqslant BD$, 又假定对角线 AD 与 BC 交于 R, $\angle ARC \leqslant 90°$. 若 $\angle ABD$ 与 $\angle ADB$ 中有一个不小于 $60°$, 或 $\angle BDC \leqslant 120°$, 显然, X 的最小 Steiner 树的长

$$EF \geqslant \frac{\sqrt{3}}{2}(AC + BD) + \frac{\sqrt{3}}{2}\min(AB, AD, BD) \geqslant \frac{\sqrt{3}}{2}L_M(X),$$

故可假定, $\angle ABD < 60°$, $\angle ADB < 60°$, $\angle BDC > 120°$(注意：在我们的命题中, 并没有要求 X 具有 2 棵完全的 Steiner 树, 若 $\angle ABD$ 与 $\angle ADB$ 均小于 $60°$, 容易看出, 此时 X 的 Steiner 树中至多有一棵是完全的), 此时 $\angle ADC > 60°$, 由 $\angle ARC = \angle RDC + \angle RCD \leqslant 90° \leqslant \angle RAC + \angle RCA$, 及 $\angle RDC > 60° > \angle ADB = \angle RAC$, 有 $\angle RCD < \angle RCA = \angle RBD$, 由此得 $CD > BD \geqslant AC$. 另一方面, 由 $\angle ADC \geqslant \angle DAC$, 我们有 $AC \geqslant CD$, 得出矛盾. 故有 $\angle ABD \geqslant 60°$, 或 $\angle ADB \geqslant 60°$, 或 $\angle BDC \leqslant 120°$, 无论哪一种情况, 我们的结论都成立.

(ii) 令 $X' = \{A', B, C, D\}$ 为所给集, 不失其普遍性, 我们可假定 $A'C$ 为四边形 $A'BCD$ 的最短边, 且 $\angle A'CD + \angle CDB > 180°$, 如图 6.2.7(b) 所示. 其中 AC 与 $A'C$ 等长, $AC//BD$, $\triangle AEC$, $\triangle A'E'C$, $\triangle FBD$ 都是正三角形, 现在来证明 $E'F \geqslant FE$, 亦即证明 $\angle FEE' \geqslant \angle FE'E$.

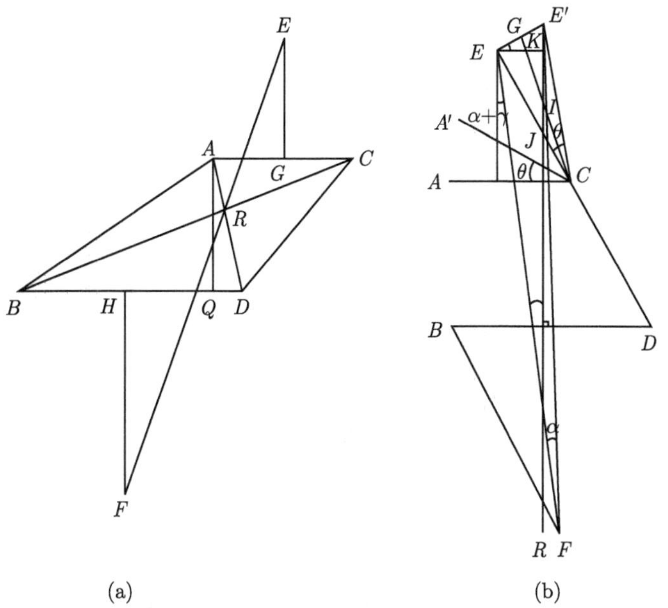

图 6.2.7 Pollak 的结论的证

令 $\angle A'CA=\theta$, 则 $\angle E'CE=\theta$, 作 $E'H\perp AC, EK\perp E'H$, 显然, 有

$$\angle CEK=60^\circ,\quad \angle FEC=30^\circ-\alpha-\gamma.$$

由此即得

$$\angle FEE'-\angle FE'E=30^\circ-\alpha-\gamma+\angle FE'C>0,$$

因 $30^\circ-\alpha-\gamma=\angle FEC>0$, 又因 $A'C=AC\leqslant\min\{CD,BD\}$, $A'C$ 必为 X' 的任何最小生成树的一条边, 故得

$$FE'>FE\geqslant\frac{\sqrt{3}}{2}L_M(X)\geqslant\frac{\sqrt{3}}{2}L_M(X').$$

若 X 的最小生成树为 $\{AB,BC,CD\}$, 则必然有 $AB>AC, BC>AC$, 此时容易证明 $\angle ARC>90^\circ$, 不属于 (i) 中所讨论的情况. 我们现在证明

$$EF\geqslant\frac{\sqrt{3}}{2}(AC+BC+CD),$$

因而有

$$E'F\geqslant\frac{\sqrt{3}}{2}(A'C+BC+CD).$$

显然, $EI\geqslant\dfrac{\sqrt{3}}{2}AC$, 如图 6.2.8 所示. 因 $CB<CD, CB<BD, BD$ 的中垂线 FH

必有 CD 相交, 故 $\angle ACF > 90°$, 因而 $IF > CF$. 因 $\angle BCD > 60°$, 由定理 6.2.1, 有 $CF \geqslant \frac{\sqrt{3}}{2}(BC + CD)$, 由此即得

$$E'F \geqslant EF \geqslant \frac{\sqrt{3}}{2}(AC + BC + CD).$$

此即所要证的. □

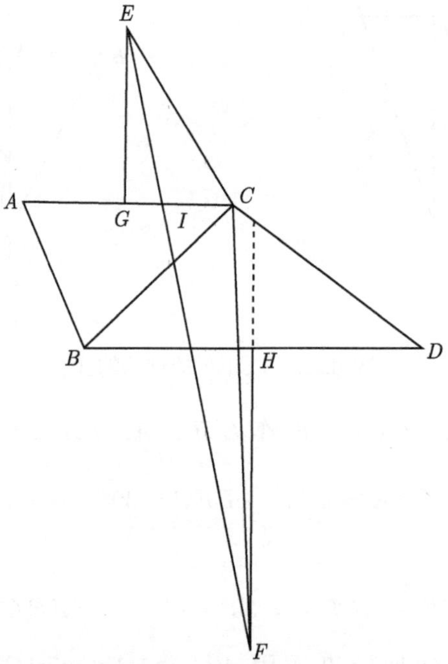

图 6.2.8　最小生成树 $\{AB, BC, CD\}$

6.2.3　$n = 5$

下面关于 $n = 5$ 的证明是由 Friedel 和 Widmayer(1989) 做出的 (包括 $n = 4$ 时的情况), 本节还将对他们的证明作一些简化, 特别是对于 $n = 5$ 的情况, 他们的证明有些遗漏, 用原文的思想是无法补救的, 因此做了必要的修改.

1. $n = 4$

令 $X = \{A, B, C, D\}$, 设 X 使 $\frac{L_S(X)}{L_M(X)} = \rho$ 为最小, $\rho < \frac{\sqrt{3}}{2}$. 我们的目的是构造 $X' = \{A', B', C', D'\}$, 使其 Steiner 比 $< \rho$, 从而得出矛盾.

如图 6.2.9 所示, 我们将 A 和 B 分别沿 $\overrightarrow{AE}$ 和 $\overrightarrow{EB}$ 的方向移动, 使其各缩短 $\varepsilon(> 0)$ 的长, 设 A' 和 B' 为由此得到的点, 过 C 和 D 作 $CC' = BB'$, $DD' = AA'$,

$CC'//BB'$, $DD'//AA'$, 将 EF 沿 $\overrightarrow{EF}$ 的方向延长 ε 到 F', 连接 $C'F'$ 和 $D'F'$, 作 $B'\overline{B}//AA'$, 使 $B'\overline{B}=\varepsilon$, 因 $\overline{B}B=\sqrt{3}\varepsilon$, 有

$$AB \leqslant A'B'+\sqrt{3}\varepsilon,$$
$$BD \leqslant \overline{B}D+\sqrt{3}\varepsilon = B'D'+\sqrt{3}\varepsilon.$$

类似地, 作 $C'\overline{C}//DD'$, 使 $C'\overline{C}=DD'$, 有

$$DC \leqslant D'C'+\sqrt{3}\varepsilon.$$

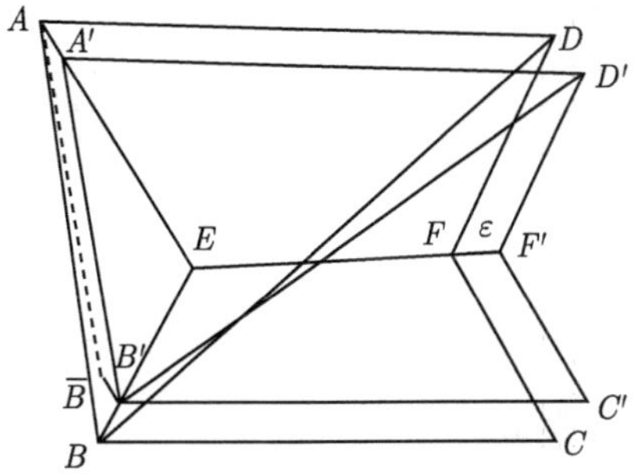

图 6.2.9 $n=4$ 时的最小生成树

显然, $AD=A'D', BC=B'C'$. X 的最小生成树 M 为下列五者之一: $\{AB, BD, DC\}, \{AB, AD, DC\}, \{AB, BC, CD\}, \{AB, AD, BC\}, \{BA, BD, BC\}$, 若 $M=\{AB, BD, DC\}$, 则易看出: $\angle ABD$ 与 $\angle BDC$ 均 $\geqslant 60^\circ$, 设 BD 与 EF 相交于 G, 将 $n=3$ 的结果用于 $\triangle ABG$ 和 $\triangle DGC$, 然后将所得结果相加即得 $\rho \geqslant \dfrac{\sqrt{3}}{2}$. 除了 $\{AB, BD, DC\}$ 之外, X 的所有生成树都必以 AD 或 BC 为其一条边, 因 $AD=A'D', BC=B'C'$, 而且该生成树的任一条边在由 $X=\{A,B,C,D\}$ 到 $X'=\{A',B',C',D'\}$ 的过程中, 至多缩短 $\sqrt{3}\varepsilon$, 因而有

$$\frac{L_S(X')}{L_M(X')} \leqslant \frac{L_S(X)-3\varepsilon}{L_M(X)-2\sqrt{3}\varepsilon} < \frac{L_S(X)}{L_M(X)},$$

从而得出矛盾.

2. $n=5$

先看下面的引理.

引理 6.2.2 如图 6.2.10 所示, 设 $W=\{A,B,C,D,E\}$ 为所给的 5 个点, X,Y,Z 为 W 的最小 Steiner 树的 3 个 Steiner 点, A',B',D',E' 分别为 A,B,D,E 沿 $\overrightarrow{AY}, \overrightarrow{BX}, \overrightarrow{DZ}, \overrightarrow{EZ}$ 的方向缩小 $\varepsilon(>0)$ 的长所得的点. C' 为当 C 沿 $\overrightarrow{XC}$ 的方向伸长 ε 所得的点, $\angle B=\theta, \angle D=\varphi$, 于是有

(i) $$DE - D'E' \leqslant \sqrt{3}\varepsilon\cos(30^\circ - \varphi), \tag{6.2.3}$$

(ii) 如果 $\theta \leqslant 30^\circ$, 则 $BC - B'C' \leqslant \varepsilon\cos(60^\circ + \theta)$; 否则, 则有 $BC \leqslant B'C'$.

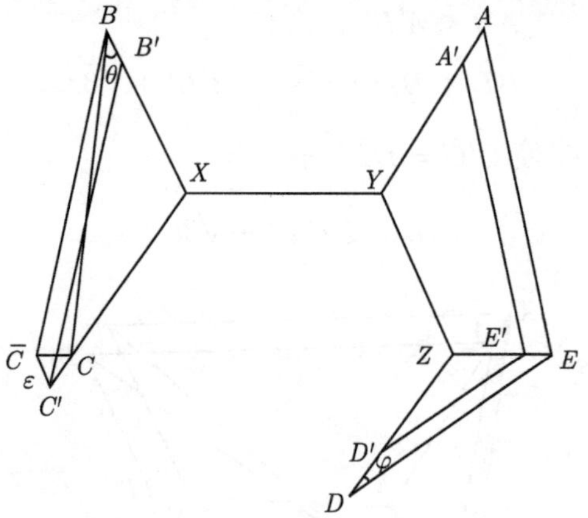

图 6.2.10　$n = 5$ 时最小 Steiner 树

证明　(i) (6.2.3) 式显然成立.

(ii) 作 $C'\overline{C} = \varepsilon$, $C'\overline{C}//BX$, 有

$$\angle\overline{C}CB = 180^\circ - 60^\circ - (60^\circ - \theta) = 60^\circ + \theta,$$

若 $\theta \geqslant 30^\circ$, 则 $BC \leqslant B\overline{C} = B'C'$; 若 $\theta < 30^\circ$, 则 $BC - B'C' \leqslant \varepsilon\cos(60^\circ + \theta)$. □

引理 6.2.3　设 X' 和 Z' 分别表示由 X 和 Y 沿方向 $\overrightarrow{YX}$ 和 $\overrightarrow{YZ}$ 各伸长 ε 所得的点, 见图 6.2.11, 又设 A', B', C', D', E' 分别表示由 A, B, C, D, E 各沿其所在的线段缩小 ε, 然后 (除 A 之外) 完成刚才对 X 和 Z 所施行的伸长手术所得之点, 于是有

(i) $AB = A'B'$;

(ii) $AC > A'C'$;

(iii) $AD \geqslant A'D'$;

(iv) $AE = A'E'$;

(v) $BC > B'C'$;

(vi) $BE \geqslant B'E'$;

(vii) $DE \geqslant D'E'$;

(viii) $CD \leqslant C'D'$;

(ix) $BD \geqslant B'D'$, 若线段 BD 与 XY 不相交, 否则, $BD < B'D'$;

(x) $CE > C'E'$, 若 CE 与 YZ 不相交, 否则, $CE \leqslant C'E'$.

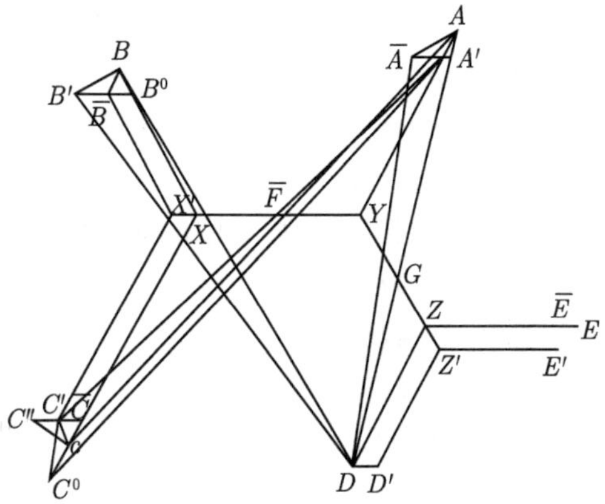

图 6.2.11 对 X 和 Y 施行伸长手术

证明 (i), (iv) 及 (vi) 显然成立.

(ii) 将 XC 沿 $\overrightarrow{XC}$ 方向伸长 ε 到 XC^0, 则有 $AC=A'C^0$, 连接 $C'C^0$, 由

$$\angle A'C'C^0=30^\circ+\angle A'C'C>90^\circ \quad (\angle\overline{C}C'C=90^\circ),$$

我们有 $AC=A'C^0>A'C'$.

(iii) 作 $A'\overline{A}//XY,\overline{A}A'=\varepsilon$, 我们有 $\angle A\overline{A}A'=30^\circ$, 取 ε 甚小, 可使 $\angle\overline{A}DA$ 甚小, 使 $\angle DA\overline{A}>90^\circ$.

(v) 将 B^0B' 伸长与 BX 交于 $\overline{B}$, 则有 $B'C'=\overline{BC}<BC$.

(vii) 与 (v) 同.

(viii) 延长 $\overline{C}C'$ 到 C'' , 使得 $C'C''=\varepsilon$, 则有 $C''D=C'D'$, 连接 $C''C$, 显而易见, $C''C\perp XC$, 由此得 $\angle C''CD>90^\circ$(注意: 若 D 位于 $C'\overline{C}$ 的延长线的上方, 证法相同).

(ix) 作 $B^0C'//XY$, 且使 $B^0C'=\varepsilon$, 在 $\triangle BB^0D$ 中, 我们有

$$\angle BB^0D=30^\circ+\angle B'B^0D.$$

若 BD 与 XY 不相交, 则 $B'D$ 也不与之相交, 此时有 $\angle B^0B'D<120^\circ$, 因此有 $\angle B'B^0D>60^\circ$, 只需取 ε 适当小. 若 BD 与 XY 相交, 只需取 ε 适当小, 则 $B'D$ 与 XY 也相交. 此时有 $\angle B^0B'D>120^\circ$ 和 $\angle B'B^0D<60^\circ$.

(x) 证法与 (ix) 相同. □

定理 6.2.4 Steiner 猜想对 $n=5$ 成立, 即有

$$\frac{L_S(X)}{L_M(X)}\geqslant\frac{\sqrt{3}}{2}. \tag{6.2.4}$$

证明 (i) 先考虑同时有 BD 与 XY 相交和 CE 与 YZ 相交的情况. 在这种情形, 当施行引理 6.2.3 中所说的伸缩手术时, 只有 AC, AD, BC 和 DE 四者之长度受到缩短, 因每条边缩短的量至多为 $\sqrt{3}\varepsilon$ (参看引理 6.2.3 的证明), 而每一最小生成树至多有 4 条边, 我们仅考虑包含 $S=\{AC, AD, BC, DE\}$ 中的 3 条边的那种生成树 $MT(X)$, 此时只有 5 种可能性, 若将其中的对称情况不计, 则只有 4 种, 即

(a) $MT(X)=\{AC, AD, BC, DE\}$;

(b) $MT(X)=\{BC, AC, AD, AE\}$;

(c) $MT(X)=\{BC, AC, AE, DE\}$;

(d) $MT(X)=\{BC, AC, CD, DE\}$.

现在分别讨论:

(a) 设 AC 与 AD 分别与 XY 和 YZ 相交于 F 和 G(图 6.2.12), 考虑 $\triangle BCF$, $\triangle FAG$ 和 $\triangle GDE$, 因 $\angle A, \angle C, \angle D$ 均 $\geqslant 60°$, 将 $n=3$ 的结果用于这些三角形, 再将所得结果相加, 即得所证.

(b) 令 $\angle CBX=\theta$, 由图 6.2.11 容易看出

$$\begin{aligned} BC-B'C' &\leqslant \varepsilon(\cos\theta+\cos(60°-\theta)) \\ &= \sqrt{3}\varepsilon\cos(30°-\theta). \end{aligned} \tag{6.2.5}$$

因 $\angle BCA \geqslant 60°$, 可设 $\angle XCA=\theta+\varphi, \varphi>0$, 由引理 6.2.3 的证明得

$$\begin{aligned} AC-A'C' &= A'C^0-A'C' \\ &\leqslant \sqrt{3}\varepsilon\cos(30°+\theta+\psi). \end{aligned} \tag{6.2.6}$$

因 $\angle CAD > 60°$, 有

$$\begin{aligned} AD-A'D' &= AD-\overline{A}D \\ &\leqslant \sqrt{3}\varepsilon\cos\angle\overline{A}AD \\ &\leqslant \sqrt{3}\varepsilon\cos(30°+\angle YAD) \\ &= \sqrt{3}\varepsilon\cos(30°+\angle CAD-\angle CAY) \\ &\leqslant \sqrt{3}\varepsilon\cos(90°-\theta-\psi). \end{aligned} \tag{6.2.7}$$

由式 (6.2.5) 与式 (6.2.7), 有

$$\begin{aligned} AC-A'C'+AD-A'D' &\leqslant \sqrt{3}[\cos(30°+\theta+\psi)+\cos(90°-\theta-\psi)] \\ &\leqslant \sqrt{3}\cos(30°-\theta-\psi). \end{aligned}$$

因 $AE=A'E'$, 由式 (6.2.5), 式 (6.2.6) 与式 (6.2.7), 即得

$$L_M(X) \leqslant L_M(X')+2\sqrt{3}\varepsilon.$$

利用对称性, 对 $MT(X)=\{BA,CA,AD,DE\}$, 我们也有同样结果.

(c) 对 $MT(X)=\{BC,AC,AE,DE\}$ 这种情形, 根据图 6.2.10 和引理 6.2.1, 有

$$\begin{aligned}
&BC-B'C'\leqslant \varepsilon\cos(60^\circ+\theta),\\
&AC=A'C',\\
&DE-D'E'=\sqrt{3}\cos(30^\circ-\psi),\\
&AE-A'E'=\varepsilon(\cos A+\cos(120^\circ-A))=\varepsilon\cos(60^\circ-A),
\end{aligned}$$

由此即得

$$MT(X)-MT(X')\leqslant \varepsilon\left(\frac{1}{2}+1+\sqrt{3}\right)\leqslant 2\sqrt{3}\varepsilon.$$

利用对称性, 对 $MT(X)=\{BC,BA,AD,DE\}$ 可得同样结果.

(ii) 我们根据 (i) 及对称性, 可假定 CE 与 YZ 不相交, 现设 BD 或 CE 中有一为 X 的生成树的一条边 (不可能两者都是 X 的同一棵生成树的边). 由对称性, 我们只考虑 CE 为 $MT(X)$ 的一条边的情况 (图 6.2.12). 对此, 我们将 YX 沿方向 $\overrightarrow{YX}$ 伸长, 将 ZY 沿 $\overrightarrow{ZY}$ 方向缩短, 将 XB,YA,XC 也加以缩短, 各伸缩的量都为 ε, 显然, 有

$$AB=A'B',\quad CD=C'D',$$

$$CE=C'E',\quad DE=D'E'.$$

因为

$$BC-B'C'\leqslant 2\sqrt{3}\varepsilon,$$

$$AE=A'E^0<A'E'+E'E^0<A'E'+\sqrt{3}\varepsilon,$$

$$AC-A'C'=\overline{A}C'-A'C'<\overline{A}A'=\sqrt{3}\varepsilon,$$

又因 CE 为 $MT(X)$ 的一务边, AC 和 CE 不可能同在一最小生成树上, 由此即得所要证的.

同一图形和同样论证可用于处理 $\{AC,BC,DE,CD\}$ 和 $\{BD,CD,AD,ED\}$ 的情况, 因为 $AD-A'D'\leqslant\sqrt{3}\varepsilon, BD-B'D'\leqslant\sqrt{3}\varepsilon$.

注意：若将 (i) 和 (ii) 的位置互换, 引理 6.2.3 中的 (ix) 和 (x) 是不需要的, 我们把它们放在此处, 是想说明 Friedel 和 Widmayer(1989) 所给的证明是不充分的.

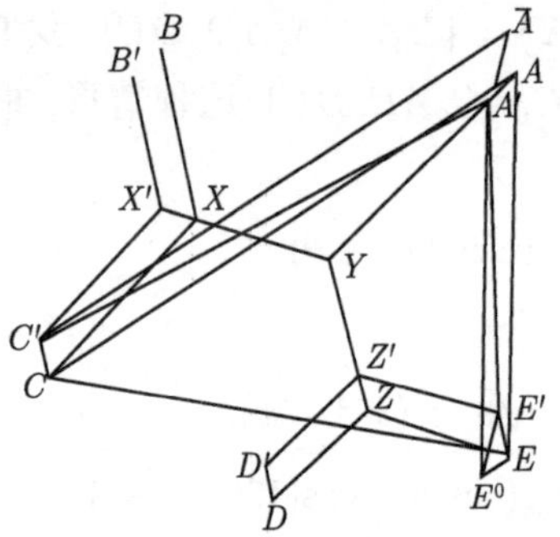

图 6.2.12　CE 为 $MT(X)$ 的一边

6.3　一般情况

6.3.1　问题的提出

自从 1968 年 Gilbert 和 Pollak 提出上文所说的 Steiner 比猜想以来, 已有不少文章发表, 企图证明这一猜想. 据我们所知, 除了有关 $n=3,4,5$ 等特殊情况以及探讨有关 Steiner 树的某些性质之外, 很少有文章直接解决一般 n 情况的 Steiner 树问题. 在这里, 我们要提到的是 Chung 和 Hwang(1978), Chung 和 Graham(1985) 以及 Du 和 Hwang(1992) 的工作. Chung 和 Hwang(1978) 证明了 Steiner 比 $\geqslant 0.74$. 应该说, 该文章的证明只能对某些情况是正确的, 对于另外一些情况则未加考虑. 这些情况用文章中的方法无法处理, 至少对于笔者来说是如此. Chung 和 Graham(1985) 企图证明 $\rho \geqslant 0.82$. 但同样, 该文章中许多情况没有给以考虑, 给出的证明中, 不少地方难于理解. Du 和 Hwang(1992) 声称已证明了 Steiner 比猜想成立, 并企图将此问题表现在一种称之为 "黎曼面" 之上. 实际上, 容易举例说明, 在复变函数论中所说的黎曼面上, 若采用欧氏距离, Steiner 比猜想并不成立. 对此, 只需取通常函数论中常用的 $f(z)=z^{\frac{1}{2}}$ 黎曼面即可说明问题. 有兴趣的读者可以参考笔者在 1995 年和 1996 年《运筹学》杂志上所写的文章. 这里要说的是, 在 6.5 节中, 我们根据该文章中构造黎曼面的方法构造一个例子, 说明那篇文章中引理 1 和引理 3 的结论是不成立的, 而这 2 条引理对整篇文章是关键性的, 因此我们认为该文章的证明是不能接受的.

6.3.2　预备知识

下面将对 Steiner 比猜想的正确性给出一个证明, 我们的方法受到了 (Chung, Huang, 1978) 中所用的方法的影响, 除了需要考虑可能发生的各种情况外, 两者的差别主要在于: (Chung, Huang, 1978) 中所用的归纳法是从 n 到 $n+1$, 即假定猜想对 $1,\cdots,n$ 成立, 再对 $n+1$ 的情况去掉一个点, 然后还原到 $n+1$. 我们的做法是

假定猜想对 $1, \cdots, n$ 成立, 再对 $n+1$ 的情况去掉 2 个点, 然后还原到 $n+1$, 由于从 $n-1$ 到 $n+1$ 的途径较多, 可根据不同的情况选择不同的途径.

图 6.3.1 给出了 n 个点的集 X 的最小 Steiner 树的一部分, 在这里, 像一般处理这一问题的做法一样, 我们假定 X 的最小 Steiner 树是完全的, 即过每一 Steiner 点, 总有 3 条边, 这一假设对所要证明的结论毫无影响.

图 6.3.1 中的 A 和 B, 在有些情况下也包含 P 和 (或)Q, 是 X 中的点 (所给点), S_1, S_2, C, D 为 Steiner 点, a, b, c, d, s 为有关的边的长. 如果 $d \geqslant c$ 做 $DC' \perp CF, DC' = \frac{\sqrt{3}}{2}(c+d)$ (若 $d < c$, 则做 $CD' \perp DG$). 不失其普遍性, 可假定 $b \geqslant a$, $a^2+ab+b^2=1$, 为了简化计算, 我们假定 $PC = tc, DQ = t'd$.

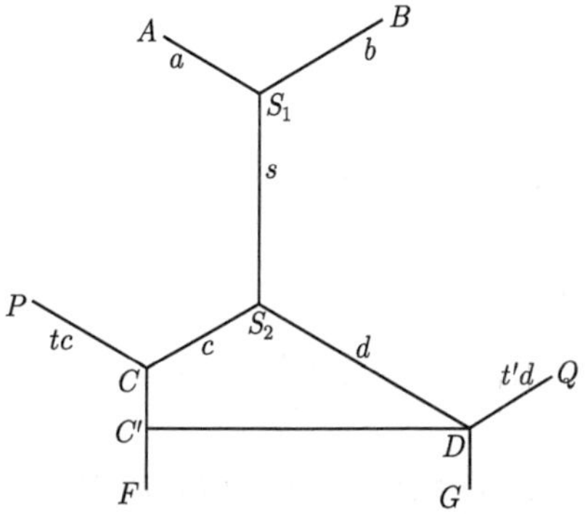

图 6.3.1 n 个点的集 X 的最小 Steiner 树的一部分

定理 6.3.1 对任意给定的 n 点集 X, 我们有

$$\frac{L_S(X)}{L_M(X)} \geqslant \frac{\sqrt{3}}{2}. \tag{6.3.1}$$

我们用的是反证法, 即假定 (6.3.1) 式不成立, 则必存在一个具有点数最少使 (6.3.1) 式不成立的集 X, 使得

$$\frac{L_S(X)}{L_M(X)} < \frac{\sqrt{3}}{2}. \tag{6.3.2}$$

由前面所证, 这种 X 的点数 $|X|$ 必然 $\geqslant 6$, 在此假定之下, 我们要证明形如

$$a+b+c+d+s-CD' \geqslant \frac{\sqrt{3}}{2}(AP+BQ) \tag{6.3.3}$$

的式子成立, 由此得出矛盾, 因为若 (6.3.3) 式成立, 则有

$$\begin{aligned} L_M(X) &> \frac{2}{\sqrt{3}} L_S(X) \\ &\geqslant \frac{2}{\sqrt{3}} \left\{ L_S(X) - a - b - c - d - s + CD' + \frac{\sqrt{3}}{2}(AP+BQ) \right\} \end{aligned}$$

$$
\begin{aligned}
&\geqslant \frac{2}{\sqrt{3}}\left\{L_S(X\setminus\{A,B\})+\frac{\sqrt{3}}{2}(AP+BQ)\right\}\\
&\geqslant \frac{2}{\sqrt{3}}\left\{\frac{\sqrt{3}}{2}L_M(X\setminus\{A,B\})+\frac{\sqrt{3}}{2}(AP+BQ)\right\}\\
&\geqslant L_M(X), \qquad (6.3.4)
\end{aligned}
$$

从而得出矛盾. 显然, (6.3.4) 式中 $L_s(X)-(a+b+c+d+s)+CD'$ 是连接 $X\setminus\{A,B\}$ 中所有点的一连通图的长, 因而由归纳法假设, 这一长度 $\geqslant L_s(X\setminus\{A,B\})\geqslant \frac{\sqrt{3}}{2}L_M(X\setminus\{A,B\})$. 在下面, 我们有时用 AB 或 PQ 代替 AP 或 BQ.

容易证明

$$
\begin{aligned}
AP^2&=a^2+c^2+s^2+sc+a(s-c)-tc[2a+s-(1+t)c],\\
BQ^2&=b^2+d^2+s^2+sd+b(s-d)-t'd[2b+s-(1+t')d].
\end{aligned}\qquad (6.3.5)
$$

下面为了计算的简化, 我们总是假设

$$t\leqslant \frac{2a+s}{c}-1 \qquad (6.3.6)$$

成立. 注意上面的公式对任意的数对 (a,c) 和 (b,d) 都是成立的.

引理 6.3.1(Chuang, Graham, 1985) 我们有

$$(2s+a+d)(2s+b+c)\geqslant 3(a+d)(b+c). \qquad (6.3.7)$$

证明 因为我们的 Steiner 树是最小的, 由对 $n=4$ 时所证: 若两对角线 AD 与 BC 交于 E, 则 $\angle AEB\leqslant 90^\circ$. 现将 S_2 取为坐标原点, 将 S_1S_2 取在 Y 轴上, 则易算出 A,B,C,D 四点的坐标分别为 $A\left(-\frac{\sqrt{3}}{2}a, s+\frac{a}{2}\right), B\left(\frac{\sqrt{3}}{2}b, s+\frac{b}{2}\right), C\left(-\frac{\sqrt{3}}{2}c, -\frac{c}{2}\right), D\left(\frac{\sqrt{3}}{2}d, -\frac{d}{2}\right)$, 于是即得

$$
\begin{aligned}
AD\text{的斜率}&=-\frac{s+\frac{1}{2}(a+d)}{\frac{\sqrt{3}}{2}(a+d)},\\
BC\text{的斜率}&=\frac{s+\frac{1}{2}(b+c)}{\frac{\sqrt{3}}{2}(b+c)}.
\end{aligned}
$$

由此即得

$$\frac{s+\frac{1}{2}(a+d)}{\frac{\sqrt{3}}{2}(a+d)}\times\frac{s+\frac{1}{2}(b+c)}{\frac{\sqrt{3}}{2}(b+c)}\geqslant 1,$$

亦即

$$(2s+a+d)(2s+b+c)\geqslant 3(a+d)(b+c). \qquad \square$$

事实上, 对 $a^{'}\leqslant a,b^{'}\leqslant b,c^{'}\leqslant c,d^{'}\leqslant d$, 我们有 (因上式左边–右边对 a,b,c,d 中任一个都为单降)

$$(2s+a^{'}+d^{'})(2s+b^{'}+d^{'})\geqslant 3(a^{'}+d^{'})(b^{'}+c^{'}).$$

推论 6.3.1 我们有

$$s\geqslant 0.366\min\{a+d,b+c\}.$$

证明 若 $2s+a+d<\sqrt{3}(a+d)$, 则由上式, 必有

$$2s+b+c\geqslant\sqrt{3}(b+c).$$

反之亦然. $\square$

引理 6.3.2(Chaung, Graham, 1985) 当 $a<\frac{1}{\sqrt{3}},b>\frac{1}{\sqrt{3}},a^2+ab+b^2=1$ 时, 有

$$s+c+d<\left(\frac{\sqrt{3}}{2}-b\right)\frac{\left(2a+b-\frac{\sqrt{3}}{2}\right)}{a+2b-\sqrt{3}}. \tag{6.3.8}$$

证明 令 $s'=L_S(A,C,D),X^{'}=X-\{B\}$, 设

$$s+a+b+c+d-s'\geqslant\frac{\sqrt{3}}{2}.$$

显而易见, $L_S(X)-(s+a+b+c+d)+s'$ 是连接 $X^{'}$ 中所有点的网络之长, 由此有

$$L_S(X^{'})\leqslant L_S(X)-(s+a+b+c+d)+s'.$$

因 $|X^{'}|<n$, 由关于 X 的假设, 有 $L_S(X^{'})\geqslant\frac{\sqrt{3}}{2}L_M(X^{'})$, 由此即得 (注意: $a^2+ab+b^2=1$)

$$\begin{aligned}\frac{L_S(X)}{L_M(X)}&\geqslant\frac{L_S(X)-(a+b+c+d+s)+s^{'}+\frac{\sqrt{3}}{2}}{L_M(X^{'})+1}\\&\geqslant\frac{\frac{\sqrt{3}}{2}L_M(X^{'})+\frac{\sqrt{3}}{2}}{L_M(X^{'})+1}=\frac{\sqrt{3}}{2},\end{aligned}$$

从而得出矛盾, 故必有

$$s+a+b+c+d-s' < \frac{\sqrt{3}}{2}.$$

令 $m=s+c+d$, 则上述不等式可写作 $m+a+b-s' < \frac{\sqrt{3}}{2}$, 利用图 6.3.1 直接计算, 可得 $s'=(a^2+am+m^2)^{\frac{1}{2}}$, 于是有

$$\left(m+a+b-\frac{\sqrt{3}}{2}\right)^2 < a^2+am+m^2.$$

由此即得

$$m(a+2b-\sqrt{3}) < \left(\frac{\sqrt{3}}{2}-b\right)\left(2a+b-\frac{\sqrt{3}}{2}\right).$$

由 $a^2+ab+b^2=1$ 和 $b \geqslant a$, 可知 $a \leqslant \frac{1}{\sqrt{3}}, b \geqslant \frac{1}{\sqrt{3}}$, 于是有 $\sqrt{3} < a+2b$, 除非 $a=b=\frac{1}{\sqrt{3}}$, 由此即得 $b<\frac{\sqrt{3}}{2}$ 以及

$$s+c+d < \left(\frac{\sqrt{3}}{2}-b\right)\frac{2a+b-\frac{\sqrt{3}}{2}}{a+2b-\sqrt{3}}.$$

注意: 右边的式子关于 b 为单降. □

引理 6.3.3 若 $c+d+s \geqslant \gamma a$, 则有

$$[(2\gamma+1)a-\sqrt{3}]\sqrt{1-\frac{3}{4}a^2}+1.75 \leqslant \sqrt{3}\left(\gamma+\frac{1}{2}\right)a+1.5a^2. \tag{6.3.9}$$

证明 式 (6.3.9) 显然对 $a=\frac{1}{\sqrt{3}}$ 成立, 故可假定 $a<\frac{1}{\sqrt{3}}$, 由 $a^2+ab+b^2=1$, 有

$$b=-\frac{a}{2}+\sqrt{1-\frac{3}{4}a^2}.$$

将此代入不等式 (6.3.8), 并令 $c+d+s=\gamma a$, 即得上式.

注意: 因 $b<\frac{\sqrt{3}}{2}, a \geqslant 0.2289$, 容易证明, 不等式 (6.3.9) 的左边–右边, 当 $\gamma \leqslant 1.4$ 时, 关于 a 为单降; 若 a 固定, 则对 γ 为单增. 实际上, 由引理 6.3.2, 我们有 $a \geqslant 0.32, b \leqslant 0.80082$. □

6.4 Steiner 比猜想的证明

现在我们引入参数 $\lambda, 0 \leqslant \lambda \leqslant 1$. 由 $a \leqslant b, a^2+ab+b^2=1$, 我们可以把 a 和 b 表示为

$$\begin{aligned} a &= \frac{1}{\sqrt{3}}\left(1-\frac{\lambda^2}{4}\right)^{\frac{1}{2}}-\frac{\lambda}{2}, \\ b &= \frac{1}{\sqrt{3}}\left(1-\frac{\lambda^2}{4}\right)^{\frac{1}{2}}+\frac{\lambda}{2}. \end{aligned} \tag{6.4.1}$$

下面我们对 λ 分情况讨论.

6.4.1 情形 $\lambda \geqslant 0.5$

下面我们令 $a+d=r(b+c)$, 则上面不等式 (6.3.7) 变成

$$\left(2s+\frac{1}{2}(1+r)(b+c)\right)^2 \geqslant \frac{1}{4}(1+10r+r^2)(b+c)^2,$$

所以有

$$\begin{aligned} s &\geqslant \frac{1}{4}((1+10r+r^2)^{\frac{1}{2}}-(1+r))(b+c)=\frac{2r(b+c)}{1+r+\sqrt{1+10r+r^2}} \\ &= r\Psi(r)(b+c)=\Psi(r)(a+d), \end{aligned} \tag{6.4.2}$$

这里 $\Psi(r)=\dfrac{2}{1+r+\sqrt{1+10r+r^2}}$.

令 $f(r)=1+r+r\Psi(r)$, 则我们有如表 6.4.1 所示.

表 6.4.1

r	0.1	0.2	0.3	0.4	0.5	0.6	0.7	0.8	0.9	1
$\Psi(r)$	0.7944	0.6794	0.602	0.5447	0.5	0.4637	0.4335	0.4078	0.3855	0.366
$f(r)$	1.1794	1.3359	1.4806	1.6179	1.75	1.8782	2.0034	2.1261	2.247	2.366

由式 (6.4.2) 我们得

$$a+b+c+d+s \geqslant (1+r+r\Psi(r))(b+c)=f(r)(b+c). \tag{6.4.3}$$

由式 (6.3.8) 我们得

$$\begin{aligned} a+b+c+d+s &< \frac{\left(\dfrac{\sqrt{3}}{2}-b\right)\left(2a+b-\dfrac{\sqrt{3}}{2}\right)}{a+2b-\sqrt{3}}+a+b \\ &= \frac{1}{4(a+2b-\sqrt{3})}. \end{aligned} \tag{6.4.4}$$

由 (6.4.3) 和 (6.4.4) 并注意到 $a+d=r(b+c)$ 得

$$f(r)=1+r+r\Psi(r)<\frac{1}{4(a+2b-\sqrt{3})(b+c)}. \tag{6.4.5}$$

如果 (6.3.2) 成立, 即 Steiner 比猜想不成立, 则 (6.3.7) 在 $a<b$ 和 $a^2+ab+b^2=1$ 的情况下成立, 所以我们有 (6.4.5). 但我们将证明存在一部分 a,b,c,d 和 s, 不存在 r 满足 $a+d=r(b+c)$ 时又满足 (6.4.5), 这意味着这部分的 a,b,c,d 和 s, (6.3.2) 的假设不成立. 至于对其他部分的 a,b,c,d 和 s, 我们采用其他方法来处理这个问题.

记

$$\begin{aligned} c&=\beta a,\\ w(\lambda)&=\frac{1}{4(a+2b-\sqrt{3})},\\ g(\beta,\lambda)&=\frac{1}{4(a+2b-\sqrt{3})(b+\beta a)}\triangleq\frac{1}{4G(\beta,\lambda)}. \end{aligned} \tag{6.4.6}$$

容易证明, 作为 λ 的函数, $w(\lambda)$, a 和 $a+b$ 是单调下降的, b 是单调上升的 (见表 6.4.2), $\Psi(r)$ 是 r 的下降函数, $f(r)$ 是 r 的上升函数 (见表 6.4.1), 这里 λ 和 r 是连续参数.

表 6.4.2

λ	0.1	0.2	0.3	0.4	0.5	0.6	0.7	0.8	0.9	1
a	0.5266	0.4745	4208	0.3657	0.3090	0.2507	0.1908	0.1292	0.0656	0.0
b	0.6266	0.6745	7208	0.7657	0.8090	0.8507	0.8908	0.9292	0.9656	1.0
$a+b$	1.1532	1.1490	1.1416	1.1314	1.1180	1.1014	1.0815	1.0584	1.0312	1.0
$w(\lambda)$	5.2265	2.7377	1.9171	1.5151	1.2821	1.1352	1.0397	0.9789	0.9444	0.9330

现在我们来证明

$$\frac{w(\lambda)}{(b+\beta a)}=\frac{1}{4(a+2b-\sqrt{3})(b+\beta a)}$$

是 λ 的在某个区间 $(0,\lambda_0)$ 的增函数, 这里 $0<\lambda_0\leqslant 1$.

如果 $\lambda\leqslant\dfrac{\sqrt{3}(1-\beta)}{\sqrt{1-\beta+\beta^2}}$, 则由 (6.4.1) 我们有

$$\begin{aligned} b+\beta a&=\frac{1+\beta}{\sqrt{3}}\left(1-\frac{\lambda^2}{4}\right)^{\frac{1}{2}}+\frac{1}{2}(1-\beta)\lambda,\\ \frac{d}{d\lambda}(b+\beta a)&=-\frac{(1+\beta)\lambda}{4\sqrt{3}}\left(1-\frac{\lambda^2}{4}\right)^{-\frac{1}{2}}+\frac{1}{2}(1-\beta)\geqslant 0. \end{aligned}$$

显然如果 $\beta\leqslant\dfrac{1}{2}$ 则 $\sqrt{3}(1-\beta)/\sqrt{1-\beta+\beta^2}\geqslant 1$. 这意味着 $b+\beta a$ 在 $\beta\leqslant\dfrac{1}{2}$ 时

是 $\lambda \leqslant 1$ 的增函数. 另一方面 $a+2b-\sqrt{3}$ 也是 $\lambda \leqslant 1$ 的增函数, 所以

$$G(\lambda, \beta) \triangleq (a+2b-\sqrt{3})(b+\beta a), \tag{6.4.7}$$

在 $\beta \leqslant \frac{1}{2}$ 时是 $\lambda \leqslant 1$ 的增函数, 其中 β 是参数.

现在我们假设 $\beta > \frac{1}{2}$. 记 $x = \left(1-\frac{\lambda^2}{4}\right)^{\frac{1}{2}}$, 这样有 $x' = -\frac{1}{4}\lambda x^{-1}$ 和 $(x^2)' = -\frac{\lambda}{2}$. 由 $a^2+ab+b^2=1$ 得

$$\begin{aligned}
G(\lambda, \beta) =& 1+\beta-\frac{\beta}{2}\lambda^2-\frac{\sqrt{3}}{2}(1-\beta)\lambda+\frac{2-\beta}{\sqrt{3}}\lambda x-(1+\beta)x, \\
\frac{\partial}{\partial\lambda}G(\lambda, \beta) =& -\beta\lambda-\frac{\sqrt{3}}{2}(1-\beta)+x^{-1}\left(\frac{2-\beta}{\sqrt{3}}-\frac{2-\beta}{2\sqrt{3}}\lambda^2+\frac{1+\beta}{4}\lambda\right) \\
=& -\frac{\sqrt{3}}{2}+x^{-1}\left(\frac{2}{\sqrt{3}}+\frac{\lambda}{4}-\frac{\lambda^2}{\sqrt{3}}\right) \\
& +\beta\left(-\lambda+\frac{\sqrt{3}}{2}-x^{-1}\left(\frac{1}{\sqrt{3}}-\frac{\lambda}{4}-\frac{\lambda^2}{2\sqrt{3}}\right)\right), \\
\frac{\partial^2}{\partial\beta\partial\lambda}G(\lambda, \beta) =& -\lambda+\frac{\sqrt{3}}{2}-x^{-1}\left(\frac{1}{\sqrt{3}}-\frac{\lambda}{4}-\frac{\lambda^2}{2\sqrt{3}}\right) \\
=& \frac{\sqrt{3}}{2}-\lambda-\frac{2x}{\sqrt{3}}+x^{-1}\left(\frac{\sqrt{3}}{3}+\frac{\lambda}{4}\right),
\end{aligned}$$

$$\begin{aligned}
\frac{\partial^2}{\partial\lambda^2}G(\lambda, \beta) =& -\beta+\frac{\lambda}{4}x^{-3}\left(\frac{2-\beta}{\sqrt{3}}-\frac{2-\beta}{2\sqrt{3}}\lambda^2+\frac{1+\beta}{4}\lambda\right)+x^{-1}\left(\frac{1+\beta}{4}-\frac{2-\beta}{\sqrt{3}}\lambda\right) \\
=& -\beta+x^{-3}\left(\frac{2-\beta}{4\sqrt{3}}-\frac{2-\beta}{8\sqrt{3}}\lambda^2+\frac{1+\beta}{16}\lambda\right) \\
& +x^{-3}\left(\frac{1+\beta}{4}-\frac{2-\beta}{\sqrt{3}}\lambda\right)\left(1-\frac{\lambda^2}{4}\right) \\
=& -\beta+x^{-3}\left(\frac{1+\beta}{4}-\frac{3(2-\beta)}{4\sqrt{3}}\lambda+\frac{2-\beta}{8\sqrt{3}}\lambda^3\right) \\
=& -\beta+\frac{x^{-3}}{8\sqrt{3}}\left(2\sqrt{3}-12\lambda+2\lambda^3+\beta(2\sqrt{3}+6\lambda-\lambda^3)\right).
\end{aligned}$$

显然当 $\beta \geqslant \frac{1}{2}, 0<\lambda \leqslant 1$ 时, $\frac{\partial^2}{\partial\lambda^2}G(\lambda, \beta) \leqslant 0$. 实际上这个不等式等价于

$$2\sqrt{3}-12\lambda+2\lambda^3 \leqslant \beta(-2\sqrt{3}-6\lambda+\lambda^3+8\sqrt{3}x^3),$$

或

$$2\sqrt{3}+2\lambda^3 \leqslant 8\sqrt{3}\beta x^3+6\lambda(2-\beta)-2\sqrt{3}\beta+\beta\lambda^3.$$

令

$$F(\lambda,\beta)\triangleq 8\sqrt{3}\beta x^3+6\lambda(2-\beta)-2\sqrt{3}\beta+\beta\lambda^3-2\sqrt{3}-2\lambda^3,$$

则等价于 $F(\lambda,\beta)\geqslant 0$. 由于

$$\frac{\partial}{\partial\beta}F(\lambda,\beta)=8\sqrt{3}x^3-6\lambda-2\sqrt{3}+\lambda^3,$$

$$\frac{\partial^2}{\partial\lambda\partial\beta}F(\lambda,\beta)=-6\sqrt{3}\lambda x-6+3\lambda^2<0,$$

所以

$$\begin{aligned}\frac{\partial}{\partial\beta}F(\lambda,\beta)&=8\sqrt{3}x^3-6\lambda-2\sqrt{3}+\lambda^3\\&\geqslant(8\sqrt{3}x^3-6\lambda-2\sqrt{3}+\lambda^3)|_{\lambda=1}>0,\end{aligned}$$

因而有 $F(\lambda,\beta)\geqslant F\left(\lambda,\frac{1}{2}\right)$, 易知

$$\frac{\partial}{\partial\lambda}F\left(\lambda,\frac{1}{2}\right)=-3\sqrt{3}\lambda x+9-\frac{9}{2}\lambda^2\geqslant 0,$$

所以

$$F\left(\lambda,\frac{1}{2}\right)\geqslant F\left(0,\frac{1}{2}\right)\geqslant 0.$$

因而 $F(\lambda,\beta)\geqslant 0$ 成立, 即 $\frac{\partial^2}{\partial\lambda^2}G(\lambda,\beta)\leqslant 0$. 这意味着 $\frac{\partial}{\partial\lambda}G(\lambda,\beta)$ 是关于 λ 的减函数. 由于 $\frac{\sqrt{3}}{2}\leqslant x<1$, 所以, $0<\beta<2$ 时, 有

$$\begin{aligned}\frac{\partial}{\partial\lambda}G(\lambda,\beta)|_{\lambda=0}&=-\frac{\sqrt{3}}{2}(1-\beta)+\frac{2-\beta}{\sqrt{3}}x^{-1}\\&\geqslant\frac{2-\beta}{\sqrt{3}}-\frac{\sqrt{3}}{2}(1-\beta)\\&=\frac{2}{\sqrt{3}}-\frac{\sqrt{3}}{2}+\beta\left(\frac{\sqrt{3}}{2}-\frac{1}{\sqrt{3}}\right)>0\end{aligned}$$

和 $\beta\geqslant\frac{1}{2}$ 时, 有

$$\begin{aligned}\frac{\partial}{\partial\lambda}G(\lambda,\beta)|_{\lambda=1} &= -\frac{\sqrt{3}}{2}+x^{-1}\left(\frac{1}{\sqrt{3}}+\frac{1}{4}\right)+\beta\left(-1+\frac{\sqrt{3}}{2}-x^{-1}\left(\frac{1}{2\sqrt{3}}-\frac{1}{4}\right)\right)\\ &\leqslant -\frac{\sqrt{3}}{2}+x^{-1}\left(\frac{1}{\sqrt{3}}+\frac{1}{4}\right)+\frac{1}{2}\left(-1+\frac{\sqrt{3}}{2}-x^{-1}\left(\frac{1}{2\sqrt{3}}-\frac{1}{4}\right)\right)\\ &= -\frac{\sqrt{3}}{4}-\frac{1}{2}+\left(\frac{3}{4\sqrt{3}}+\frac{3}{8}\right)x^{-1}\\ &\leqslant -\frac{\sqrt{3}}{4}-\frac{1}{2}+\left(\frac{3}{4\sqrt{3}}+\frac{3}{8}\right)\frac{2}{\sqrt{3}}=0,\end{aligned}$$

所以最多存在一点 $\lambda_0\in(0,1)$ 使得$\frac{\partial}{\partial\lambda}G(\lambda_0,\beta)=0$. 因 $\frac{\partial}{\partial\lambda}G(\lambda,\beta)|_{\lambda=0}>0$, 所以 $G(\lambda,\beta)$ 在 $[0,\lambda_0)$ 是关于 λ 的增函数, 在 $[\lambda_0,1)$ 是关于 λ 的减函数, 也就是说 $w(\lambda)/(b+\beta a)\triangleq g(\lambda,\beta)=\frac{1}{4G(\lambda,\beta)}$ 在 $[0,\lambda_0)$ 是关于 λ 的减函数, 在 $[\lambda_0,1)$ 是关于 λ 的增函数.

由于对任意 $\lambda\in(0,1)$, $g(\lambda,\beta)$ 是关于 β 的单调下降函数, 且

$$g(\lambda_0,\beta)\leqslant g(1,\beta)=0.933<0.935=g(0.46,2)\leqslant g(0.46,\beta),$$

所以对任意 $\beta\in(0,2)$, 有 $0.46<\lambda_0\leqslant 1$. 因而对任意 $\lambda\in[0.5,1],\beta\in(0,2)$ 可得

$$\begin{aligned}g(\lambda,\beta)&\leqslant\max\{g(0.46,\beta),g(1,\beta)\}\\ &=g(0.46,\beta)\leqslant g(0.46,0)=1.7199.\end{aligned}$$

下面我们假设 $r\leqslant 1,\beta\leqslant 2$ 和 $c=\beta a$, 则由 r 的定义, 我们有 $d<b-(1-\beta)a$. 由于 $\beta\geqslant 0,a\leqslant b$, 不等式 $d<b-a$ 无意义, 所以我们假定 $d\geqslant b-a$. 由此可得当 $\lambda\geqslant 0.5$ 时有 $r\geqslant\frac{a+d}{b+c}\geqslant\frac{b}{b+c}\geqslant\frac{1}{2}$. 由表 6.4.1 知 $r\geqslant 0.5$ 时有 $f(r)\geqslant 1.75$, 所以由 (6.4.5) 和 (6.4.6) 得

$$1.75\leqslant f(r)\leqslant g(\lambda,\beta)\leqslant 1.7199,$$

矛盾, 即不存在使 (6.4.5) 成立的 $r\geqslant 0.5$ 和 $\lambda\geqslant 0.5$. 这意味着 (6.3.2) 不成立, 也即 Steiner 比的猜想成立.

6.4.2 情形 $\lambda<0.5$

下面我们假设 $\lambda<0.5$. 我们仍然假设 (6.3.2) 成立且 $n_0=|X|$ 是所有这些使 (6.3.2) 成立的 n 的最小值. 我们现在转向证明

$$a+b+c+d+s-C'D\geqslant\frac{\sqrt{3}}{2}\min\{AB+AP,AB+BQ\}. \tag{6.4.8}$$

由前所述, (6.4.8) 的成立等价于 (6.3.2) 成立. 下面为了计算的简便, 我总是假设 $t \leqslant \frac{1}{c}(2a+s-c)$ 且 $c \leqslant 2a$.

在这些假设下, 注意到 $a^2+ab+b^2=1$, $a \leqslant b$ 和 (6.3.5), 我们通过证明存在 s_0, 当 $s \geqslant s_0$ 时下面的不等式成立来代替 (6.4.8):

$$\left(a+b+\left(1-\frac{\sqrt{3}}{2}\right)(c+d)+s-\frac{\sqrt{3}}{2}\right)^2 \geqslant \frac{3}{4}(s^2+a^2+c^2-ac+s(a+c)),$$

其中 s_0 的值为 $3\sqrt{ac}=3\sqrt{\beta}a$. 重新改写上述不等式为

$$(H+s)^2 \geqslant \frac{3}{4}\left(\left(a+c+\frac{s}{2}\right)^2+\frac{3}{4}(s^2-4ac)\right), \tag{6.4.9}$$

其中$H=a+b+\left(1-\frac{\sqrt{3}}{2}\right)(c+d)-\frac{\sqrt{3}}{2}$. 下面我们证明 (6.4.9) 在 $s^2 \geqslant 9ac$ 即 $s > 3\sqrt{\beta}a$ 时成立. 记

$$h(\lambda,s)=(H+s)^2-\frac{3}{4}\left(a+c+\frac{s}{2}\right)^2-\frac{9}{16}(s^2-4ac).$$

若 $s > \sqrt{3\beta}a$ 且 $\beta < 2$, 注意到 $d \geqslant b-a$, 则有

$$\begin{aligned}\frac{\partial}{\partial s}h(\lambda,s) &= 2H+\frac{s}{2}-\frac{3}{4}(a+c)\\ &\geqslant 2a+2b+(2-\sqrt{3})(\beta a+b-a)-\sqrt{3}+\frac{\sqrt{3\beta}}{2}a-\frac{3}{4}(a+\beta a)\\ &=\left(\frac{5}{4}\beta-\sqrt{3}\beta+\frac{\sqrt{3\beta}}{2}-\frac{3}{4}+\sqrt{3}\right)a+(4-\sqrt{3})b-\sqrt{3}\\ &\geqslant \left(\frac{7}{4}-\sqrt{3}+\frac{\sqrt{6}}{2}\right)a+(4-\sqrt{3})b-\sqrt{3}\\ &> 2b+a-\sqrt{3} \geqslant 0.\end{aligned}$$

因而 $s > \sqrt{3\beta}a$ 且 $c < 2a$ 时 $h(\lambda,s)$ 是 s 的增函数.

我们通过数值计算验证了下式在 $0.16 \leqslant \beta \leqslant 2$ 时成立

$$(H+3\sqrt{\beta}a)^2 \geqslant \frac{3}{4}\left(a+c+\frac{3}{2}\sqrt{\beta}a\right)^2+\frac{9}{16}(9ac-4ac). \tag{6.4.10}$$

所以 (6.4.9) 在 $0.16 \leqslant \beta \leqslant 2, s^2 \geqslant 9ac$ 时成立.

最后我们得到如下结论: Steiner 比猜想在 $\lambda \leqslant 0.5$ 且 $s^2 \geqslant 9ac$ 或 $\lambda \geqslant 0.5$ 时成立.

6.4.3 其他情形

在上面的证明中, 我们还遗留了 $s^2 < 9ac$, $\lambda \leqslant 0.5$ 的情况未予证明. 这种情况还需一些细致的分析, 其正确性我们只好留给更具耐心的读者去考虑.

6.5 评　注

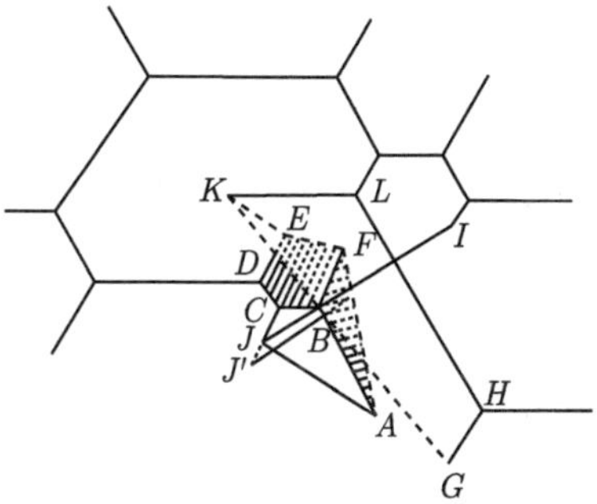

图 6.5.1　集 $X = \{A, E, F, G, I, J, K, \cdots\}$ 的一 Steiner 树

图 6.5.1 表示由 14 个正则点所成的集 $X = \{A, E, F, G, I, J, K, \cdots\}$ 的一 Steiner 树, 它的 Steiner 点共计 12 个, 我们只标出有关的 $\{B, C, D, L, H, \cdots\}$, X 的生成树的边来自 X 的 $\dfrac{1}{2} \times 14 \times 15$ 个点对, 我们可以假定:

将集 X 中的点作适当选择, 使得这些点对的长各不相同, 如图 6.5.1 所示, 点集 $\{J, B, I\}$ 和 $\{K, B, G\}$ 中的点分别在直线上, 连接 K 与 G, E 与 F, F 与 A, 共得 3 个特征域 (Du, Huang, 1992). 在图 6.5.1 中, 域 $EFBCDE$ 和域 $FABF$ 的并组成一层, 位于域 $KLHGK$ 的下方, 于是, A, E, 和 F 不可能用直线与 I 相连, 注意, 所有的连接都是按上述文献所说的 "特征域" 上来实现的. 因为 J, B, I 三点是在同一平面的直线上, 故 J 与 I 可用直线段 JI 相连, 我们将 J 沿 $\overrightarrow{CJ}$ 的方向延伸一 ε 的长度到 J' , 则 CJ 即变成 CJ', 因为域 ABG 不属于我们所作的 X 的特征域, 如果想将 J' 与 I 用直线段相连, 则当从 J' 沿 $\overrightarrow{J'I}$ 的方向出发, 到达与 BA 相遇时, 它只能在 $\triangle ABF$ 内进行直至与 AF 相遇, 而不能再向前进行. 这就是说, $J'I$ 不可能是集 $X' = (X \setminus \{J\}) \cup \{J'\}$ 的任何内生成树的一条边, 不管 ε 如何小. 如图 6.5.1 所示, 取 K 和 G, 使得 IK 与 IG 都大于 IJ, 因而 IJ 必为 X 的任何最小内生成树的一条边, 这就表示 X 的最小内生成树关于 X 不连续, 这与上述文献中引理 1 的结论相矛盾. 因为我们已经假定 X 中任何 2 个点的连线的长都各不相同, 由 Kruskal 算法, 此最小内生成树是唯一的, 由于该文献中引理 1 来自引理 2, 引理 2 也不可能是对的, 又因为 $J'I$ 不是 X' 的最小内生成树的一条边, 故引理 3 也不成立.

第7章 多重算法

本章继续 4.7 节中用装箱的算法来解决排序问题的多重算法 (MF 算法), 并给出此算法的紧界.

7.1 引 言

7.1.1 简单回顾

在 4.7 节中, 我们讨论了经典的、最简单的装箱问题, 令 $\mathscr{I} = \{I_1, \cdots, I_n\}$ 为一组给定的物件, I_j 的量 (尺寸)$l(I_j) \leqslant C$, 这里 C 为一给定常数, 所谓装箱, 就是将 $\mathscr{I}$ 作一划分 $\mathscr{P} = \{P_1, \cdots, P_m\}$, 使得 $l(P_i) \leqslant C, i = 1, \cdots, m$. 令 $\mathrm{OPT}[\mathscr{I}, C]$ 表示要将 $\mathscr{I}$ 全部装下所需的必不可少的箱子数. 记

$$\mathscr{I}_m^* = \min\{C|\mathrm{OPT}[\mathscr{I}, C] \leqslant m\}.$$

由引理 4.7.1, 我们记

$$R_m(A) = \sup\{\frac{\mathscr{P}_A[\mathscr{I}, m]}{\mathscr{I}_m^*}, \forall \mathscr{I}\};$$

$$r_m = \min\{r|\mathrm{FFD}[\mathscr{I}, r\mathscr{I}_m^*] \leqslant m, \forall \mathscr{I}\}.$$

在本章中, 由于我们着重讨论的是与 FFD 算法有关的问题, 我们先假定对于所讨论的 $\mathscr{I}$, 满足 $l(I_1) \geqslant l(I_2) \geqslant \cdots \geqslant l(I_n)$.

在 4.7 节中, 我们证明了 $r_m \leqslant 1.2$, 也就是说, 若容量为 C 的箱子在最优装箱方法之下, 可用 m 个箱子将 $\mathscr{I}$ 全部装下, 则将此箱子的容量放大 1.2 倍, 在 FFD 装箱方法之下也可以用 m 个容量为 $1.2C$ 的箱子将 $\mathscr{I}$ 全部装下. 前面已经看到, 要证明 $r_m \leqslant \dfrac{4}{5} = 1.25$ 是比较容易的, 但要证明 $r_m \leqslant 1.22$, 即将上述结果改进到 1.22, 推进了 0.03, Coffman 等却做了相当多的工作, 其后, 越民义等将 1.22 改进到 1.2. 但要得到这一问题的最终结果, 并非易事, 我们曾见到两篇企图证明 $r_m \leqslant 1.22$ 的文章, 但它们都有着不可克服的错误.

在本章中, 我们主要是证明 $r_m = \dfrac{13}{11}$. 我们首先介绍 Coffman 等 (1978) 所提出的 Multifit 算法 (简称 MF 算法或多重算法), 并介绍他们的有关结果.

引理 7.1.1　设 $C_L[\mathscr{I},m]=\max\left\{\frac{1}{m}l(\mathscr{I}),\max\{l(I_i)|i=1,2,\cdots,n\}\right\}$, 则有

$$\mathrm{FFD}[\mathscr{I},C]>m,\quad \forall C<C_L[\mathscr{I},m].$$

证明　显然有 $\mathscr{I}_m^*\geqslant C_L[\mathscr{I},m]$, 故得证. □

引理 7.1.2　设 $C_U[\mathscr{I},m]=\max\left\{\frac{2}{m}l(\mathscr{I}),\max\{l(I_i)|i=1,2,\cdots,n\}\right\}$, 则有

$$\mathrm{FFD}[\mathscr{I},C]\leqslant m,\quad \forall C\geqslant C_U[\mathscr{I},m].$$

证明　假设 $C\geqslant C_U[\mathscr{I},m]$ 且 $\mathrm{FFD}[\mathscr{I},C]>m$. 设 I_j 是第一个被放入 P_{m+1} 的物件. 显然 $j\geqslant m+1$. 如果 $l(I_j)>C/2$, 则根据假设有 $l(I_i)>C/2(i=1,2,\cdots,m+1)$. 于是有

$$l(\mathscr{I})>\frac{mC}{2}\geqslant\frac{mC_U[\mathscr{I},m]}{2}\geqslant l(\mathscr{I}),$$

矛盾. 所以有 $l(I_j)\leqslant C/2$. 因 I_j 放不进 $P_1,\cdots,P_m$, 故每一箱中物件总量大于 $C/2$, 因而也有

$$l(\mathscr{I})>\frac{mC}{2}\geqslant\frac{mC_U[\mathscr{I},m]}{2}\geqslant l(\mathscr{I}),$$

仍然矛盾, 故得证. □

下面我们给出 MF[k] 算法, 其中的 $C_L[\mathscr{I},m]$ 和 $C_U[\mathscr{I},m]$ 分别由引理 7.1.1 和引理 7.1.2 给出, k 是事先给定的正整数.

MF[k] 算法:

1. $C_L(0):=C_L[\mathscr{I},m]$;
   $C_U(0):=C_U[\mathscr{I},m]$;
   $i:=1$.
2. 如果 $i>k$, 终止; 否则令
   $C:=[C_L(i-1)+C_U(i-1)]/2$.
3. 如果 $\mathrm{FFD}[\mathscr{I},C]\leqslant m$, 则令
   $C_U(i):=C$; $C_L(i):=C_L(i-1)$;
   $i:=i+1$.
   转 2.
4. 如果 $\mathrm{FFD}[\mathscr{I},C]>m$, 令
   $C_L(i):=C$;
   $C_U(i):=C_U(i-1)$;
   $i:=i+1$.
   转 2.

下面的定理 7.1.1 显示, 当 $k>3$ 时, 此算法比 4.3 节中介绍的 LFD 算法要好, Multifit 算法是一种简便易行的算法.

定理 7.1.1 对所有 $m \geqslant 2, k \geqslant 0$, 我们有

$$R_m(\mathrm{MF}[k]) \leqslant r_m + \frac{1}{2^k},$$

其中 k 表示迭代次数.

证明 假设定理不成立, 则存在 $m \geqslant 2$ 和 $k \geqslant 0$ 使得

$$R_m(\mathrm{MF}[k]) > r_m + \frac{1}{2^k}.$$

由 $R_m(A)$ 的定义 (这里 $A = MF(k)$), 上式意味着存在实例 $\mathscr{I}$ 使得将 MF(k) 运用于 $\mathscr{I}$ 与 m 时所产生的排序的完工时间超过 $\left(r_m + \dfrac{1}{2^k}\right)\mathscr{I}_m^*$. 因为算法 MF($k$) 产生的完工时间不可能超过 $C_U(k)$, 故显然有

$$C_U(k) \geqslant \left(r_m + \frac{1}{2^k}\right)\mathscr{I}_m^*.$$

现在来考虑最终值 $C_L(k)$, 因为 $C_U[\mathscr{I}, m] \leqslant 2C_L[\mathscr{I}, m]$ 和 $C_L[\mathscr{I}, m] \leqslant \mathscr{I}_m^*$ 成立, 由上述的二分搜索算法 MF(k) 易知下式成立

$$C_U(k) - C_L(k) = \frac{1}{2^k}(C_U[\mathscr{I}, m] - C_L[\mathscr{I}, m]) \leqslant \frac{1}{2^k}\mathscr{I}_m^*,$$

于是有 $C_L(k) \geqslant r_m\mathscr{I}_m^*$. 但这样一来, 因为 $r_m \geqslant 1, m \geqslant 2$, 就有 $C_L(k) > C_L[\mathscr{I}, m]$. 这表示在某一次以箱子容量为 $C_L(k)$ 而执行 FFD 算法时出现 FFD$[\mathscr{I}, C_L(k)] > m$. 但由 $C_L(k) \geqslant r_m\mathscr{I}_m^*$ 知这是不可能的, 因为这与引理 4.7.1 矛盾. 故得证. □

7.1.2 最小反例

定理 7.1.2 对所有 $m \geqslant 2$, 我们有

$$r_m = \frac{13}{11} = 1.1818\cdots.$$

定理 7.1.2 的证明分为两个部分, 一部分证明

$$r_m \geqslant \frac{13}{11};$$

另一部分证明

$$r_m \leqslant \frac{13}{11}.$$

在有关文献中, 对于下确界的证明 $\left(\text{如本书中的 } r_m \geqslant \dfrac{13}{11}\right)$, 通常是构造一个

例子来说明. 如图 7.1.1 所示, 是由 Coffman 等 (1978) 设计出来的. 图 7.1.1 说明, 当 $m \geqslant 4$ 时, 有 $r_m \geqslant \frac{20}{17} = 1.176\cdots$, 于是, 他们便提出一个猜想 $r_m = \frac{20}{17}$. 其后, Friesen 又设计出一个例子说明 $r_m \geqslant \frac{13}{11}$. 下面, 我们将直接证明 $r_m = \frac{13}{11}$. 这一证明与 4.7 节中关于 $r_m \leqslant 1.2$ 的证明类似, 但要精确得多, 而且有许多情况在证明 $r_m \leqslant 1.2$ 时并不出现, 在这里却必须加以克服. 从 1.22 改进到 1.2, 取得的进展为 $0.02 = \frac{1}{50}$, 由 1.2 到 $\frac{13}{11}$, 则为 $\frac{1}{55}$, 由于论证的结果已到最后, 每一细小的差异都必须花费相当大的精力才能克服. 下面详细介绍这一结果, 希望能对读者在今后处理类似问题时有所帮助.

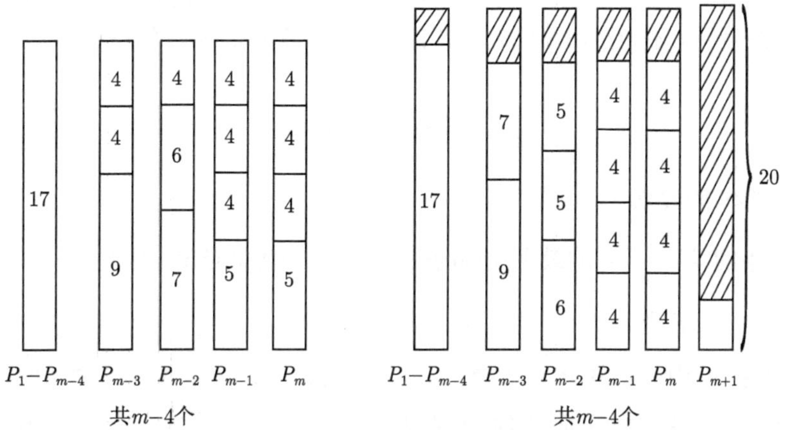

图 7.1.1 下界证明的例子

引理 4.7.1 表明, 设所与的物件集 $\mathscr{I} = \{I_1, \cdots, I_n\}$ 对所与的 m 个容量为 C 的箱子, 如果在最优装法下可以完全装下, 则将箱子的容量扩大 $\frac{13}{11}$ 倍之后, 用 FFD 算法也可以将 $\mathscr{I} = \{I_1, \cdots, I_n\}$ 全部装下.

最小反例的定义仍与 4.7 节相同, 即

定义 7.1.1 设 $\mathscr{I}$ 为物件组 $\mathscr{I} = \{I_1, \cdots, I_n\}$, 并设 $l(I_1) \geqslant l(I_2) \geqslant \cdots \geqslant l(I_n)$, m 为一正整数, 若 $(\mathscr{I}, m)$ 满足关系:

(i) $\text{FFD}(\mathscr{I}, p) > m \geqslant \text{OPT}(\mathscr{I}, q)$;

(ii) 对于所有满足 (i) 之 $\mathscr{I}'$, 有 $|\mathscr{I}'| \geqslant |\mathscr{I}|$;

(iii) $r'_m \leqslant \frac{p}{q}$ 对所有 $m' = 1, 2, \cdots, m-1$ 成立, 则称 $(\mathscr{I}, m)$ 为一最小 $\frac{p}{q}$ 反例.

4.7 节中的引理, 凡是直接由定义 7.1.1 推出的, 如引理 4.7.2 至引理 4.7.8, 在下面的论述中我们将直接引用.

7.1.3 k 件箱

在本章中, 设 δ 为一固定数, 我们将在后面引理 7.2.5 中证明 $\delta \leqslant \dfrac{20}{33}$. 取 $p = 120 - 3\delta, q = 100$, 并假定 $(\mathscr{I}, m)$ 为一最小 $\dfrac{p}{q}$ 反例, 令 $\mathcal{B} = \{B_1, \cdots, B_{m+1}\}$ 为将 $\mathscr{I}$ 按 FFD 算法装入容量为 p 的各个箱子, $\mathcal{B}^* = \{B_1^*, \cdots, B_m^*\}$ 为将 $\mathscr{I}$ 按最优装箱方法装入容量为 $q = 100$ 的各个箱子, 由引理 4.7.6, 我们可令 $l(I_n) = 20 + \Delta - 3\delta$, 其中 $\Delta > 0$, 由引理 4.7.3, 任一 B_i^* 必含有不少于 3 个物件, 因此有 $l(I_i) \leqslant 60 - 2\Delta + 6\delta, i = 1, 2, \cdots, n$. 显然, 当 $\Delta > 2.5\delta$ 时, 每一 B_i^* 至多包含 4 个物件. 即当 $\Delta > 2.5\delta$ 时, 所有 B_i^* 都用 3 件箱或 4 件箱; 当 $\Delta \leqslant 2.5\delta$ 时, 为 3 件箱、4 件箱或 5 件箱. 对于 FFD 算法, 则当 $\Delta > 2.5\delta$ 时, 为 3 件箱到 5 件箱; 当 $\Delta \leqslant 2.5\delta$ 时, 为 3 件箱到 6 件箱. 在不引起混淆的情况下, 我们常将 k 件箱称为 k-箱.

7.2 若干引理

7.2.1 对 Δ 的分划

在最小的 $\dfrac{120 - 3\delta}{100}$ 的最小反例的假设下, 我们将推导出: 对于任一 $\delta < \dfrac{20}{33}$, 必得出矛盾 (一般表现为 $I_n < 20 + \Delta - 3\delta$), 因而有 $r_m = \dfrac{13}{11}$.

我们将 $\mathscr{I}$ 中的物件分为 2 类: D 和 D', 尺寸 $> 40 + \Delta - 6\delta$ 的物件属于 D, 其余属于 $D' = \mathscr{I} \backslash D$, 下面, 将假定 δ 为小于 $\dfrac{20}{33}$ 的正的常数, 我们的论证将按 Δ 的尺寸大小分成下列 3 个部分:

$$\Delta > 7.5\delta, \quad 2.5\delta < \Delta \leqslant 7.5\delta, \quad \Delta \leqslant 2.5\delta.$$

如前所述, $\mathscr{I}$ 中的物件恒按降序排列, 即 $l_1 \geqslant l_2 \geqslant \cdots \geqslant l_n$, 这里, $l_i = l(I_i)$ 为 I_i 尺寸, 令 I_r 为 D 中最后一个物件, I_p 为 D' 中最初一个物件.

7.2.2 $\Delta \geqslant \dfrac{15}{4}\delta$ 和 $\Delta > 5\delta$

引理 7.2.1 即 4.7 节中引理 4.7.8.

1. $\Delta \geqslant \dfrac{15}{4}\delta$

引理 7.2.2 若 $\Delta \geqslant \dfrac{15}{4}\delta$, 则 I_r 与 I_p 在 FFD 算法中不可能属于同一箱子.

证明 (i) 因 $40 + \Delta - 6\delta + 3(20 + \Delta - 3\delta) > 100$, I_r 不可能属于 OPT 件 -4 箱.

(ii) 因 $\Delta > \dfrac{15}{4}$, 故不存在回落 1-箱.

(iii) 分下列两种情况:

(a) 令 $B=\{I_a,I_r,I_p\},B^*=\{I_b,I_r,f\},\overline{B}^*=\{I_d,I_a,c\}$, 其中的物件满足关系: $I_b\geqslant I_r\geqslant f,I_d\geqslant I_a\geqslant c$(否则 B 必高于 B^* 或 $\overline{B}^*$), 容易验证, I_b 和 I_d 均 $\leqslant 40-2\Delta+9\delta$. 根据对称性, 我们可设 $I_b\geqslant I_d$. 注意: 任何回落 2-箱必高于 B^*, 于是可设 $\overline{B}_1=\{I_{b+1},\cdots\}$ 为 I_{b+1} 所落入的 FFD 箱, 因 $I_b\geqslant I_{b+1}\geqslant I_d$, $\overline{B_1}$ 必为一 3- 物件箱, 且高于 $\overline{B}^*$.

(b) 设 $B=\{I_r,I_p,\cdots\},B^*=\{I_a,I_r,I_c\}$. 如前, 我们有 $I_a\leqslant 40-2\Delta+9\delta$, 令 $\overline{B}=\{I_{a-2},I_{a-1},\cdots\}$, 若 $\overline{B}$ 为一 3- 物件箱, 它必高于 B^*, 否则, 令 $\overline{B'}=\{I_a,I_{a+1},\cdots\}$, $\overline{B'}$ 必高于 B^*. □

引理 7.2.3 若 $\Delta\geqslant\dfrac{15}{4}\delta$, 则

(i) 在最优装箱中, 不存在 3- 物件箱, 使得其中所有物件属于 D';

(ii) 对于任一 $I\in D'$, 有 $l(I)\leqslant 40-2\Delta+9\delta$, 即 $l(I)\leqslant\min\{40-2\Delta+9\delta,40+\Delta-6\delta\}$.

证明 (i) 可由引理 7.2.2 及消去原理可直接得出.

(ii) 设 $l_p>40-2\Delta+9\delta$ 则 $l_p+3(20+\Delta-3\delta)>100+\Delta$, 因此, 在最优装箱中, l_P 必与某一属于 D 的物件装在一起, 于是有

$$l_p\leqslant 100-(40+\Delta-6\delta+20+\Delta-3\delta)=40-2\Delta+9\delta,$$

从而得出矛盾, 引理得证. □

由引理 7.2.2 及引理 7.2.3, 即得下面的结论.

系 7.2.1 若 $\Delta\geqslant\dfrac{15}{4}\delta$, 则在 FFD 装箱中, 每一个 2-箱中的前 2 个物件必属于 D, 每一 3-箱, 4-箱或 5-箱中的物件必都属于 D'.

对于 3-箱的情况, 还需要作一些解释, 令 $B=\{X_1,X_2,X_3\}$ 为 FFD 装箱中一 3-箱, 其中 $X_1\in D$, 若 X_1 在 $\mathscr{I}$ 中的后继者 X_1' 为一回落物件, 则 X_1' 所在的 FFD 箱必高于 X_1 所在的最优箱, 故可设 $X_2=X_1',X_3=X_1''$, 此箱仍高于 X_1 所在的最优箱.

现在我们引入一些记号: 设 $x_2+\delta$ 为 FFD 装箱中正则 2-箱的个数. 若最后一个正则 2-箱中有物件, 其尺寸 $<\dfrac{1}{2}(100-\Delta)$, 则令 $\delta=1$, 否则, 令 $\delta=0$. 设 y_2,t,s 和 v 分别表示 FFD 装箱中回落 2-箱, 正则 3-箱, 4- 物件箱和 5- 物件箱的个数. 令 $s+w$ 表示最优装箱中 4- 物件箱的个数.

2. $\Delta>5\delta$

引理 7.2.4 若 $\Delta>5\delta$, 则有

$$v+1=t-y_2. \tag{7.2.1}$$

证明 因 $\Delta > 5\delta$, 在最优装箱中不存在 5-箱, 而且 D 中没有 2 个物件可以同在一个最优箱中, 由引理 7.2.2 和引理 7.2.3, 有

$$\begin{aligned} n &= 2(x_2+\delta)+3(y_2+t)+4s+5v+1 \\ &= 6(x_2+\delta+y_2)+4(s+w), \end{aligned}$$

或

$$4(x_2+\delta+y_2) = 3t+5v+y_2-4w+1. \tag{7.2.2}$$

另一方面, 有

$$\begin{aligned} m &= (x_2+\delta+y_2)+t+s+v \\ &= 2(x_2+\delta+y_2)+s+w, \end{aligned}$$

或

$$t+v = w+(x_2+\delta+y_2). \tag{7.2.3}$$

由 (7.2.2) 式与 (7.2.3) 式即得 (7.2.1) 式. □

7.2.3 $\Delta \geqslant 7.5\delta$

引理 7.2.5 若 $\Delta \geqslant 7.5\delta$, 则有 $\Delta \leqslant 2.5+\dfrac{27}{8}\delta$.

证明 我们先证明当 $l_{p+1} > 40-3\Delta+9\delta$, 在 FFD 装箱中不存在正则 3-箱或回落 2-箱, 因而由引理 7.2.4 即得出矛盾.

设 $l_{p+1} > 40-3\Delta+9\delta$, 注意 l_{p+1} 不可能落入一回落 2-箱. 否则, 设此箱为 $B=\{Y_2,Y_2',I_{p+1}\}$, 其中 $l(Y_2) > 40+\Delta-6\delta$, 则 B 必高于 Y_2 所落入的最优箱. 今设 I_p, I_{p+1} 和 I_q 共同做成一 FFD 箱 B_1, 其中 $l_p \geqslant l_{p+1} \geqslant l_q$, 因 $l_{p+1}+3(20+\Delta-3\delta) > 100$, I_{p+1} 不可能落入一最优 4-物件箱, 于是 I_p 和 I_{p+1} 必分别落入一 3- 物件箱. 若 $B^*=\{I_p,I_{p+1},X\}$, 则有 $X \leqslant 20+6\Delta-18\delta$, 因 $l_p+I_{p+1} < 2(40-2\Delta+9\delta)$, 我们有 $120-3\delta-I_p-I_{p+1} > 40+4\Delta-21\delta \geqslant 40-2\Delta+9\delta$. 于是, 有 $I_q \geqslant I_{p+2}$, B_1 必高于 B^*. 设 X, I_p 和 I_a 做成一箱 B_1^*, 而 X', I_{p+1} 和 I_b 做成 B_2^* ,$X, X' \in D$ (引理 7.2.3 (i)). 设 $l(X) \leqslant l(X')$, 又设在 B_2 中, X 先被装入, X'' 第二个被装入 (图 7.2.1), 我们不可能有 $l_f \geqslant l_a$, 否则 B_2 必高于 B_1^*, 若 $l_f < l_a$ 由

$$l(X)+l(X')+l_a \geqslant l(X)+l(X'')+l_a \geqslant 120-3\delta,$$

及

$$l_p+l_{p+1}+l_q > 100-\Delta,$$

我们有

$$200 \geqslant l(B_1^*)+l(B_2^*) \geqslant 120-3\delta+l_p+l_{p+1}+l_b.$$

由此即得

$$200 + l_q \geqslant 220 + l_b - \Delta - 3\delta.$$

因而有

$$l_q > 20 + \Delta + l_b - 3\delta \geqslant 40 - 6\delta \geqslant 40 - 2\Delta + 9\delta.$$

从而得出矛盾.

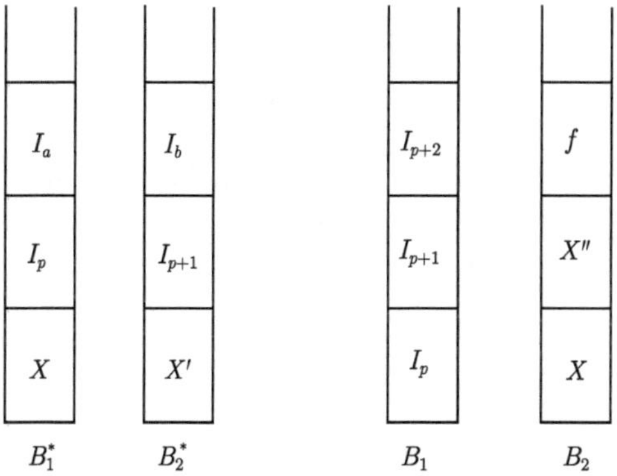

图 7.2.1 X, X' 和 X'' 落入箱中

今设 X'' 为第一个被装入 B 的物件, X 为第二个, 有

$$l(X') + l(X) + l_a \geqslant l(X'') + l(X) + l_a \geqslant 120 - 3\delta.$$

(因 $l(X') \geqslant l(X)$, 若 $l(X'') > l(X')$, 则 X' 必为一回落物件, 但 $X' \in D$, $l(X') \geqslant 40 + \Delta - 6\delta > 40 - 1.5\delta$, X' 不可能成为回落物件), 由此我们同样得到 $l_q \geqslant 40 - 3\delta$. $l(X) > l(X')$ 的情况可以同法处理, 于是有

$$l_{p+1} \leqslant 40 - 3\Delta + 9\delta. \tag{7.2.4}$$

今设 $\Delta \geqslant 2.5 + \dfrac{27}{8}\delta$, 于是 $3(40 - 3\Delta + 9\delta) \leqslant 100 - \Delta$. 此即表示: 我们只能有一个正则 3-箱, 即 $t = 1$. 由引理 7.2.4, 有 $y_2 = 0$, $v = 0$, 由 (7.2.3) 式, 有 $\omega + x_2 + \delta = 1$, 我们现来证明这是不可能的.

事实上, 没有一个 X_2 能落入一最优 4-箱中, 否则包含 2 个 X_2 的箱子 B_1^* 和 B_2^* 共有 7 个物件, 因而当 $\Delta \geqslant \dfrac{15}{4}\delta$ 时, 它们的全部尺寸 $> 100 - \Delta + 5(20 + \Delta - 3\delta) \geqslant 200$, 因此至多可能出现下列 3 种情况:

(i) 在此 3 个 X_3 中, 有 2 个落入 $B_1^* \cup B_2^*$;

(ii) 只有一个 X_3 落入 $B_1^* \cup B_2^*$;

(iii) 所有 X_3 都落入 4-箱.

我们只考虑情况 (ii), 因 (i) 和 (iii) 相对简单一些, 在情况 (ii), 我们考虑 4 个箱子: B_1^* 和 B_2^* 及 2 个 4-箱 B_3^* 和 B_4^*, 这 4 个箱子均包含了 3 个 X_3, 因而共有 14 个物件.

设 B 为 I_p 所落入的 FFD 箱, 由引理 7.2.3(ii) 和 (7.2.4) 式, 有

$$120 - 8\Delta + 27\delta \geqslant l(B) > 100 - \Delta,$$

即

$$\Delta < \frac{1}{7}(20 + 27\delta).$$

由假设, $\Delta \geqslant 7.5\delta$, 我们有 $20 > 3\Delta + 3\delta$, 此即表示: $B_1^*, \cdots, B_4^*$ 这 4 个箱子的总尺寸 $\geqslant 4(100 - \Delta) + 20 + \Delta - 3\delta > 400$, 当 $x_2 + \delta = 0$ 时, 即 $\omega = 1$, 可以完全类似处理 (此时只有一个正则 3-箱, s 个 4-箱和最后一个单件箱, 最优装箱由 $s + 1$ 个 4- 物件箱组成, 只需考虑其中包含诸 X_3 的箱子即可), 由此可知, 情况 (ii) 不可能发生. 于是, 有

$$\Delta \leqslant 2.5 + \frac{27}{8}\delta. \qquad \square$$

系 7.2.2 我们有

$$\delta \leqslant \frac{20}{33}.$$

7.2.4 $\Delta > 2.5\delta$ 时的权函数

下面假定 δ 为一小于但非常接近 $\frac{20}{33}$ 的数, 在这个假定之下, 区间 $\left(7.5\delta, 2.5 + \frac{27}{8}\delta\right)$ 可以忽略不计.

1. 权函数的定义

现在对 $\Delta > 2.5\delta$ 的情况定义权函数, 我们将 $\mathscr{I}$ 中物件分成 7 类:

在 2-箱中, 除了最后一个之外, 每个箱中的 2 个物件的尺寸都 $> \frac{1}{2}(100 - \delta)$, 它们属于 X_2-型, 若最后一个箱中的 2 个物件都 $> \frac{1}{2}(100 - \Delta)$, 它们都属于 X_2-型, 否则归入 Z-型.

由引理 7.2.3, 第一回落 2-箱中的前 2 个物件的总的尺寸必 $> 80 - 2\delta$(若 $\Delta \geqslant 5\delta$, 则总的尺寸 $\geqslant 80 + 2\Delta - 12\delta$, 因 $Y_2 \geqslant 40 + \Delta - 6\delta$), 它们都属于 Y_2-型, 除了最后一个正则 3-箱之外, 每一正则 3-箱中的 3 个物件的尺寸都 $> \frac{1}{3}(100 - \Delta)$, 它们都属于 X_3-型. 若最后一个箱中的 3 个物件的尺寸都 $> \frac{1}{3}(100 - \Delta)$, 它们也都属于 X_3-型, 否则都归为 Z-型.

每一回落 3-箱中的前 3 个物件的总的尺寸必然 $> 90 - \frac{3}{4}\delta$, 它们都属于 Y_3-型,

第一正则 4 箱中的 4 个物件, 除了可能落入最后一个正则 4-箱中之外, 其尺寸都 $> \frac{1}{4}(100-\Delta)$ 它们都属于 X_4-型. 最后一个箱中的物件若都 $> \frac{1}{4}(100-\Delta)$, 它们也都属于 X_4-型, 否则都是 Z-型.

其余的物件都 $\geqslant 20+\Delta-3\delta$, 包括所有回落物件在内, 都属于 X_5-型.

我们称包含有 Z-型物件的箱子为编外箱.

在上述的分类之下, 权函数 $\omega(X)$ 的定义见表 7.2.1.

表 7.2.1 权函数 $\omega(X)$ 的定义

物件型	X_2	$Y_2^{(1)}$	X_3	$Y_3^{(2)}$
权	$\frac{1}{2}(100-\Delta)$	$\max\left\{40-\frac{2}{5}\Delta, l-\Delta\right\}$	$\frac{1}{3}(100-\Delta)$	$l-\Delta$
物件型	X_4	X_5	Z	—
权	$\frac{1}{4}(100-\Delta)$	$\frac{1}{5}(100-\Delta)$	l	—

注: 表中的 l 表示有关物件的尺寸.

2. **权函数定义的说明**

下面分两个方面对上述权函数定义加以说明

(1) Y_2 的定义适用于 $\Delta \geqslant \frac{30}{7}\delta$. 由引理 7.2.2 及引理 7.2.3(ii), 每一物件 Y_2 的尺寸 $\geqslant 40+\Delta-6\delta > 40-\frac{2}{5}\Delta$. 当 $\Delta < \frac{30}{7}\delta$ 时, 对于最后一个 Y_2 箱, 若其中有物件的尺寸 $< 40-\frac{2}{5}\Delta$ 时, 此定义需有所修改.

令 $B=\{Y,Y',f\}$ 为此箱子. 设 $l(Y)>l(Y')$, 且 $l(Y')<40-\frac{2}{5}\Delta$. 若 $l(Y,Y')>80+\frac{6}{5}\Delta$ 或 $l(Y,Y')\leqslant 80+\frac{6}{5}\Delta$, 而 $l(f)\geqslant\frac{1}{4}(100-\Delta)(=\omega(X_4))$ 时, 我们定义

$$\omega(Y)=l(Y)-\Delta,\quad \omega(Y')=l(Y')-\Delta.$$

此时不管在哪种情况, 容易验证 $\omega(B)\geqslant 100-\Delta$. 若 $l(Y,Y')<80+\frac{6}{5}\Delta$ 且 $l(f)<\frac{1}{4}(100-\Delta)$, 则 B 箱在装入 Y 和 Y' 之后, 所遗留的空缺 $\geqslant 120-3\delta-\left(80+\frac{6}{5}\Delta\right)=40-\frac{6}{5}\Delta-3\delta$. 按照 FFD 装法, 在将 Y 和 Y' 装入后, 没有尺寸属于区间 $\left[\frac{1}{4}(100-\Delta), 40-\frac{6}{5}\Delta-3\delta\right]$ 的物件, 因而不存在 Y_3-箱和 X_4-箱的物件. 这

时, Z 中物件的个数 $\leqslant 5$, 于是我们定义

$$\omega(Y)=l(Y),\quad \omega(Y')=l(Y').$$

将它们纳入 X 中, 由引理 7.2.5 和后面的不等式 (7.2.5), 有

$$\omega(I_n)\leqslant 7\Delta<20-\frac{1}{5}\Delta=\omega(I_n),\quad \Delta\leqslant\frac{40}{7}\delta,$$

从而得出矛盾.

(2) 对于 Y_3 可能会有某一回落 3-箱, 设为 $B=\{Y_3,Y_3',Y_3'',f\}$, 它的总的权 $<100-\Delta$, 也就是说,

$$l(Y_3,Y_3',Y_3'')-3\Delta+20-\frac{1}{5}\Delta<100-\Delta,$$

设 $Y_3\geqslant Y_3'\geqslant Y_3''$, 对此, 我们有 $l(Y_3,Y_3',Y_3'')\leqslant 80+\dfrac{11}{5}\delta$, 由 $l(Y_3,Y_3',Y_3'')>90-\dfrac{3}{4}\delta$, 我们有 $\Delta\geqslant 7.1591\delta\left(\delta=\dfrac{20}{33}\right)$, 因此要考虑的情形为 $7.1591\delta<\Delta<7.5\delta$, 现设 $l(Y_3,Y_3',Y_3'')-3\Delta+20-\dfrac{1}{5}\Delta=100-\alpha\Delta$, 容易验证, 当 Δ 从 7.1591δ 变成 7.5δ 时, α 则从 1 变成 1.1, 对于 B 中之 Y_3, 我们定义 $\omega(Y_3)=l(Y_3)-\Delta+\dfrac{1}{30}\Delta$, 于是有 $\omega(B)\geqslant 100-\Delta,\Delta\in(7.1591\delta,7.5\delta)$, 我们现来证明, 对于刚才所定义的权函数, Y_3, Y_3' 和 Y_3'' 所落入的 3 个最优箱一起有总的权 $\leqslant 3(100-\Delta)$, 设 B_1^*,B_2^* 和 B_3^* 为此 3 个箱子, 记 $B^*=B_1^*\cup B_2^*\cup B_3^*$, 若有一 $X_5\in B^*$, 则显然有 $\omega(B^*)\leqslant 3(100-\Delta)$, 这是因为 $\omega(Y_3,Y_3',Y_3'')=l(Y_3,Y_3',Y_3'')-3\Delta+\dfrac{1}{10}\Delta$, 而 $l(X_5)-\omega(X_5)\geqslant\dfrac{6}{5}\Delta-3\delta>\dfrac{1}{10}\Delta$, 现设 B^* 中没有 X_5, 因 $Y_3>30-\dfrac{1}{4}\Delta$, B_1^* 必为一 3-箱, 由引理 7.2.3(i), B_1^* 中必有属于 D 的物件, 设为 I_0, 因

$$\frac{1}{2}(100-\Delta)+30-\frac{1}{4}\Delta+\frac{1}{4}(100-\Delta)>100,$$

I_0 必为一 Y_2, 仍有 $\omega(B^*)\leqslant 3(100-\Delta)$.

3. 权函数的条件

根据上述说明, 我们容易看出权函数 $\omega(X)$ 满足下述条件:

(1) $\omega(X)\leqslant l(X),\forall X\in\mathscr{I}$;

(2) $\omega(B)\geqslant 100-\Delta$ 对 FFD 装法的所有箱子成立, 但 X_2-型、X_3-型和 X_4-型的最后 3 个箱子可能有些或全部须除外, 另予考虑 (总计至多 9 个物件);

(3) $\omega(B^*)\leqslant 100-\Delta$ 对于最优箱中所有的箱子成立, 但对包含最后 3 个 Y_3 的箱子可能除外, 这 3 个箱子的总的权 $\leqslant 3(100-\Delta)$.

事实上, 只有条件 (3) 需要核对, 对于包含来自 Y_3-箱中的物件, 或来自 Y_2 箱中其尺寸 $> 40+\frac{3}{5}\Delta$, 或属于最后一个 Y_2 箱中的物件, 此条件显然成立, 若 B^* 包含一物件 Y_2, 其尺寸属于 $\left[40-\delta, 40+\frac{3}{5}\delta\right)$, 只有 $\{Y_2, X_3, X_4\}$ 和 $\{Y_2, X_5, X_5, X_5\}$ 这两种组合需要核对, 因为其他的组合或低于 $\{Y_2, X_3, X_4\}$(即为其所控制), 或根本不可能, 而对于这 2 种组合, 条件的真实性则易于验证, 至于不包含 Y- 型物件的 B^*, 我们只需考虑包含一个 X_3 的情况, 对此, 容易验证 $\{X_3, X_4, X_4, X_5\}$ 是不可能的, 而 $\omega(X_3, X_4, X_5, X_5) < 100-\Delta$, 其他情况也容易核对.

由 (1), (2) 和 (3), 即得不等式

$$(100-\Delta)m+\omega(I_n) \leqslant \omega(\mathscr{I}) \leqslant (100-\Delta)m+9\Delta. \tag{7.2.5}$$

7.2.5 最优箱

下面给出关于 X_k 箱多重计算的若干引用.

1. 包含 X_2 和 X_2^0 的最优箱

引理 7.2.6 设 X_2 与 X_2^0 为最后一个 2-箱的 2 个物件, $l(X_2) > l(X_2^0)$, 且 $l(X_2^0) < \frac{1}{2}(100-\Delta)$, 设 B_1^* 和 B_2^* 分别为包含 X_2 和 X_2^0 的 2 个最优箱, 于是, 若 $\Delta > \frac{15}{4}\delta$, 且除 X_2 和 X_2^0 之外没有别的非正则物件落入 $B_1^* \cup B_2^*$ 中, 则有

$$\omega(B_1^*) < 100-\frac{6}{5}\Delta+3\delta,$$

及

$$\omega(B_2^*) \leqslant 100-\frac{6}{5}\Delta+3\delta,$$

若无正则的 X_4 使得 $l(X_4) \leqslant \frac{80}{3}-\frac{2}{3}\Delta+6\delta$ 成立的话.

证明 由引理 7.2.2, $l(X_2^0) \geqslant 40+\Delta-6\delta$, 且 $l(X_4) > \frac{80}{3}-\frac{2}{3}\Delta+6\delta$, 我们有 $100-l(X_2^0, X_4) < \frac{1}{3}(100-\Delta)$, 于是, 不可能有 X_2^0, X_3 和 X_4 同在一个箱中, 因此, $B_1^*=\{X_2^0, X_4, X_4\}$ 或 $B_1^*=\{X_2^0, X_3, X_5\}$, 由此即得 $\omega(B_1^*) \leqslant 100-\frac{6}{5}\Delta+3\delta$, 因为 $\omega(X_5) \leqslant l(X_5)-\frac{6}{5}+3\delta$, 关于 $\omega(B_2^*)$, 结论显然成立 (这时 $\{X_2, X_3, X_5\}$ 不可能出现). □

引理 7.2.7 若存在一 X_4, 其尺寸 $\in \left[\frac{1}{4}(100-\Delta), \frac{80}{3}-\frac{2}{3}\Delta+6\delta\right]$, 则任何 Y_3-箱, 其权必 $\geqslant 100-\frac{4}{5}\Delta=100-\Delta+\frac{1}{5}\Delta$; 任何 Y_2-箱, 其权必 $\geqslant 105-\Delta-\frac{1}{20}\Delta$, 仅

当 $\Delta < 5\delta$ 时最后一个 Y_2-箱除外.

证明　令 $B = \{Y, Y', f\}$ 为一 Y_2-箱, 因存在一 X_4, 其尺寸 $\in \left[\frac{1}{4}(100-\Delta), \frac{80}{3} - \frac{2}{3}\Delta + 6\delta\right]$, 则有

$$\begin{aligned} l(B) &\geqslant l(Y, Y') + \frac{80}{3} - \frac{2}{3}\Delta + 6\delta \\ &\geqslant 80 - 2\delta + \frac{80}{3} - \frac{2}{3}\Delta + 6\delta \\ &= 100 + \frac{20}{3} - \frac{2}{3}\Delta + 4\delta, \end{aligned}$$

而且

$$\omega(B) \geqslant 80 - \frac{4}{5}\Delta + 25 - \frac{1}{4}\Delta \geqslant 105 - \Delta - \frac{1}{20}\Delta,$$

或在 B 中, 当 Y 与 Y' 装入之后 (对于 Y_3 箱来说, 当 Y, Y' 和 Y'' 装入之后), 所余的空间已经不够容纳 X_4, 即当 $\Delta \leqslant 7.5\delta, \delta \leqslant \frac{20}{33}$ 时,

$$\begin{aligned} l(Y, Y', Y'') &\geqslant 120 - 3\delta - \left(\frac{80}{3} - \frac{2}{3}\Delta + 6\delta\right) \\ &= \frac{280}{3} + \frac{2}{3}\Delta - 9\delta. \end{aligned}$$

于是, 当 $\Delta \leqslant 7.5\delta, \delta \leqslant \frac{20}{33}$ 时,

$$\begin{aligned} \omega(B) &\geqslant \frac{280}{3} + \frac{2}{3}\Delta - 9\delta + 20 - \frac{1}{5}\Delta - 3\Delta \\ &\geqslant \frac{340}{3} - \frac{38}{15}\Delta - 9\delta > 100 - \frac{4}{5}\Delta. \end{aligned}$$

若 B^* 为 Y_2-箱, 则当 $\Delta \leqslant 7.5\delta, \delta \leqslant \frac{20}{33}$ 时, 我们有

$$\begin{aligned} \omega(B) &\geqslant \frac{280}{3} + \frac{2}{3}\Delta - 9\delta + 20 - \frac{1}{5}\Delta - 2\Delta \\ &\geqslant 105 - \Delta - \frac{1}{20}\Delta, \end{aligned}$$

只有当 $\Delta \leqslant 6.0638\delta$ 时, 最后一个 Y_2-箱除外. □

引理 7.2.8　假设 X_2 与 X_2^0 为 X_2-箱的最后一个箱的 2 个物件, $l(X_2) > l(X_2^0)$, 且 $l(X_2^0) < \frac{1}{2}(100-\Delta)$, 又设 B_1^* 与 B_2^* 为 X_2^0 与 X_2 分别落入的 2 个最优箱, 则当 $l(X_2) < 50$ 时, 有 $\omega(B_1^*) < 100 - \Delta$.

证明　由假设, $l(X_2) < 50$, 故必有 $l(X_2^0) > 50 - \Delta$, 因而 X_2^0 不可能与任何 X_3-箱的物件属于同一最优箱, 故必有 $\omega(B_1^*) \leqslant 100 - \Delta$. □

2. Y-型物件

引理 7.2.9 在最优装箱中存在 3 个箱子, 其中有 3 个正则物件 X_3, X_3' 和 X_3'' 及 4 个 Y-的物件 Y_1, Y_2, Y_3 和 Y_4, 使得当 $\Delta \geqslant 5\delta$ 时, 有

$$l(Y_1, Y_2, Y_3, Y_4) \leqslant 100 - 4\Delta + 15\delta.$$

证明 我们来考虑 X_3-箱, 若此类箱子的数目 $t = 1$, 则如在引理 7.2.5 的证明中所看到的那样, 即得出矛盾 (注意: 这里仅用到条件 $\Delta \geqslant 5\delta$), 现设 $t > 1$, 此类的 X_3, 至多除 2 个之外, 其尺寸都 $\geqslant \frac{1}{3}(100 - \Delta)$, 由消去准则, 除了可能与 X_2-型的最后一个物件 (其尺寸 $< \frac{1}{2}(100 - \Delta)$) 之外, 它们不可能落入一最优 3-箱 (设 $B = \{X_3, Y_2, X\}$ 为一最优 3-箱, $\{Y_2, Y_2', f\}$ 为 Y_2 所在回落 2-箱, 又设 $l(X) > l(f)$, 由 FFD 算法, 有 $l(Y_2, Y_2', X) > 120 - 3\delta > l(Y_2, X_3, X) + 20 - 3\delta$, 于是, $l(Y_2') > \frac{1}{3}(100 - \Delta) + 20 - 3\delta > \frac{1}{2}(100 - \Delta)$, 得出矛盾), 它们中也不可能有 2 个物件落入同一最优箱, 于是在最优箱中, 存在 3 个 4-箱, 它们一起包含了 3 个 X_3-箱的物件, 其尺寸都 $\geqslant \frac{1}{3}(100 - \Delta)$, 并包含了 4 个不是来自 5-箱的物件, 若不然, 则有 $v > t - 1$, 与引理 7.2.4 矛盾, 设这 4 个物件为 Y_1, Y_2, Y_3 和 Y_4 (其中可能有些回落物件), 若 $l(Y_1, Y_2, Y_3, Y_4) > 100 - 4\Delta + 15\delta$, 则此 3 个箱子的总尺寸 $> 100 - \Delta + 100 - 4\Delta + 15\delta + 5(20 + \Delta - 3\delta) = 300$, 故必有

$$l(Y_1, Y_2, Y_3, Y_4) \leqslant 100 - 4\Delta + 15\delta. \qquad \square$$

显然, 当 $\Delta \geqslant 5\delta$ 时, $l(Y_1, Y_2, Y_3, Y_4) < 100 - \Delta$, 故其中必有一回落物件, 下面, 我们作总的约定:

约定 7.2.1 若这种 Y 的数目$\geqslant 5$, 我们总假设引理 7.2.9 中的 Y_1, Y_2, Y_3, Y_4 为它们当中的最大者.

3. X_k-箱的组合

引理 7.2.10 设 $l(X_3^0) < \frac{1}{3}(100 - \Delta)$, $l(X_4^0) < \frac{1}{4}(100 - \Delta)$, 则 $\{X_3^0, X_2, X_5\}$ 和 $\{X_3, X_4^0, X_4, X_5\}$ 这两种组合中必有一种, 当 $\Delta \geqslant 5\delta$ 时, 其总的尺寸 > 100.

证明 设 $l(X_3^0, X_2, X_5) \leqslant 100$, 则有 $l(X_3^0) \leqslant 30 - \frac{1}{2}\Delta + 3\delta$, 在组合 $\{X_3, X_4^0, X_4, X_5\}$ 中, 令 $l(X_3) = \frac{1}{3}(100 - \Delta) + \beta\Delta$, 其中 $\beta > 0$, 若 $l(X_3, X_4^0, X_4, X_5) \leqslant 100$, 则有

$$l(X_4^0) \leqslant \frac{65}{3} - \left(\frac{5}{12} + \beta\right)\Delta + 3\delta.$$

显然, 当

$$\frac{5}{3} < \left(\frac{17}{12} + \beta\right)\Delta - 6\delta \tag{7.2.6}$$

时, 有

$$\frac{65}{3} - \left(\frac{5}{12} + \beta\right)\Delta + 3\delta < 20 + \Delta - 3\delta.$$

此即表示, 若 β 满足 (7.2.6) 式, 则 $l(X_3, X_4^0, X_4, X_5) > 100$, 取 β_0, 使 $\frac{5}{3} + 6\delta = \left(\frac{17}{12} + \beta_0\right)\Delta$, 则 (7.2.6) 式当 $\beta > \beta_0$ 时成立.

现设 $\beta \leqslant \beta_0$(这时可能有 $l(X_3, X_4^0, X_4, X_5) \leqslant 100$), 对于这种 β, 我们有

$$\frac{5}{3} + 6\delta \geqslant \left(\frac{17}{12} + \beta\right)\Delta. \tag{7.2.6$'$}$$

因 $l(X_3) = \frac{1}{3}(100 - \Delta) + \beta\Delta$, 且 X_3 与 X_3^0 不在同一箱中, 因而我们有 $l(X_3^0) \geqslant \frac{1}{3}(100 - \Delta) - 2\beta\Delta$, 现在证明

$$30 - \frac{1}{2}\Delta + 3\delta < \frac{1}{3}(100 - \Delta) - 2\beta\Delta, \tag{7.2.7}$$

或与之等价的

$$20 > (12\beta - 1)\Delta + 18\delta. \tag{7.2.8}$$

由 $(7.2.6)'$ 式, 有

$$(12\beta - 1)\Delta + 18\delta \leqslant 20 + 90\delta - 18\Delta.$$

因 $\Delta \geqslant 5\delta$, 故 (7.2.8) 式成立, 因而 (7.2.7) 式也成立, 此即表示 $l(X_3^0, X_3, X_5) > 100$.

容易证明: 在最优箱中, 当 $l(X_3^0) > 25 + \frac{3}{4}\Delta$ 时, 除了 $\{X_3^0, X_2, X_5\}$ 和 $\{X_3, X_4^0, X_4, X_5\}$ 这 2 种组合之外, 其他那些包含 X_3^0 或 X_4^0 的组合或者是不可能的, 或者其权 $\leqslant 100 - \Delta$, 因至少有一 X_3^0, 其尺寸 $> 25 + \frac{3}{4}\Delta$, 于是我们有引理.

引理 7.2.11 当 $\Delta \geqslant 5\delta$, 在 Z- 型物件中, 至少存在一对 (X_3, X_4), 它们当中至少有一个落入权 $\leqslant 100 - \Delta$ 的最优箱中.

引理 7.2.12 若不存在 X_4, 其尺寸 $\in \left[\frac{1}{4}(100 - \Delta), \frac{80}{3} - \frac{2}{3}\Delta + 6\delta\right]$, 我们定义 $\omega(X_4) = \frac{80}{3} - \frac{7}{6}\Delta + 6\delta$, 于是, 当 $\Delta \leqslant 7.5\delta$, $\delta = \frac{20}{33}$ 时, 我们有 $\omega(B) > 100$, 其中 B 是任何异于最后一个的 X_4-箱.

证明 容易验证上述定义是可行的, 至于引理的结论, 只需经过简单的计算即可得出.

注意：若在 FFD 装法中只有一个 X_4-箱, 引理 7.2.12 可能失效, 这时, 引理 7.2.6 中包含 X_2 的箱子, 或包含一个 X_4, 或包含一个 X_5, Z-箱的个数也从 9 降到 8; 或者包含 2 个 X_5, 这时就有 $\omega(B_2^*) \leqslant 100 - 2\left(\frac{6}{5}\Delta - 3\delta\right)$. 特别, 当 $\Delta > \frac{30}{7}\delta$ 时 $\omega(B_2^*) < 100 - \Delta$. □

7.3 无 X_4-型物件或 Y_2-箱

7.3.1 无 X_4-型物件

我们现设 $5\delta < \Delta \leqslant 7.5\delta$, 并假定在 $\left[\frac{1}{4}(100-\Delta), \frac{80}{3} - \frac{2}{3}\Delta + 6\delta\right]$ 中无 X_4-型物件, 在这种情况下, 引理 7.2.9 成立, 而且至少有一 Y_i, 其尺寸 $< \frac{1}{4}(100-\Delta)$, 因 $\frac{1}{3}(100-\Delta) + \frac{80}{3} - \frac{5}{3}\Delta + 6\delta + 2(20+\Delta-3\delta) = 100$, 故没有 Y_i 其尺寸 $> \frac{80}{3} - \frac{5}{3}\Delta + 6\delta$, 因为当 $\Delta > \frac{105}{17}\delta (\approx 6.17\delta)$ 时, $\frac{80}{3} - \frac{5}{3}\Delta + 6\delta < \frac{1}{4}(100-\Delta)$, 因此在 $B_1 \cup B_2 \cup B_3$ 中没有非正则物件时, 我们有

$$\omega(B_1, B_2, B_3) \leqslant 100 - \Delta + 9\left(20 - \frac{1}{5}\Delta\right)$$

$$= 280 - \frac{14}{5}\Delta = 300 - 3\Delta - 20 + \frac{1}{5}\Delta.$$

于是, 由引理 7.2.11, 有

$$\omega(I_n) < 8\Delta - 20 + \frac{1}{5}\Delta < 20 - \frac{1}{5}\Delta, \quad 5\delta < \Delta \leqslant 7.5\delta. \tag{7.3.1}$$

若在 $B_1 \cup B_2 \cup B_3$ 中有非正则物件, 则不等式 (7.3.1) 变成

$$\begin{aligned}
&\omega(B_1, B_2, B_3) \\
\leqslant &100 - \Delta + \frac{80}{3} - \frac{5}{3}\Delta + 6\delta + 8\left(20 - \frac{1}{5}\Delta\right) \\
= &300 - 2\Delta - 20 + \frac{1}{5}\Delta + \left(\frac{80}{3} - \frac{5}{3}\Delta + 6\delta - \Delta\right) - 20 + \frac{1}{5}\Delta \\
< &20 - \frac{1}{5}\Delta
\end{aligned}$$

和

$$\begin{aligned}
\omega(I_n) &\leqslant 8\Delta - 20 + \frac{1}{5}\Delta + \left(\frac{80}{3} - \frac{5}{3}\Delta + 6\delta - \Delta\right) - 20 + \frac{1}{5}\Delta \\
&< 20 - \frac{1}{5}\Delta.
\end{aligned}$$

于是, 引理 7.2.11 对 $B_1 \cup B_2 \cup B_3$ 中有非正则物件的情形也成立.

现设 $\Delta \leqslant \frac{105}{17}\delta$, 令 α 为 $B_1 \cup B_2 \cup B_3$ 中非正则物件的个数, 由假设, 其物件的尺寸都 $< \frac{1}{4}(100-\Delta)$; 又令 β 为其中 Y_i 的物件尺寸 $\geqslant \frac{1}{4}(100-\Delta)$ 者 (回落物件) 的个数, 有

$$\begin{aligned}&\omega(B_1, B_2, B_3)\\ \leqslant&\frac{1}{4}(\alpha+\beta)(100-\Delta)+(9-\alpha-\beta)(20-\frac{1}{5}\Delta)+100-\Delta\\ \leqslant&3(100-\Delta+\frac{\alpha+\beta}{20}(100-\Delta))-20+\frac{1}{5}\Delta.\end{aligned}\tag{7.3.2}$$

对于尺寸 $\geqslant \frac{1}{4}(100-\Delta)$ 的回落 Y_i 来说, 由定义, 相应的 Y_2-箱若存在, 则

$$尺寸 > 80-\frac{4}{5}\Delta+\frac{1}{4}(100-\Delta)=100-\Delta+5-\frac{1}{20}\Delta,$$

而相应的 Y_3 箱, 若存在, 则

$$\begin{aligned}尺寸 &> 90-\frac{3}{4}\delta+\frac{1}{4}(100-\Delta)-3\Delta\\ &=100-\Delta+15-\frac{9}{4}\Delta-\frac{3}{4}\delta\\ &>100-\Delta+5-\frac{1}{20}\Delta,\end{aligned}$$

于是, 由引理 7.2.12(及其后面的注释), 当 $\alpha, \beta \geqslant 0, 5\delta < \Delta \leqslant \frac{105}{17}\delta$ 时, 有

$$\begin{aligned}\omega(I_n) \leqslant&8\Delta-\beta(5-\frac{1}{20}\Delta)-\alpha\Delta+\frac{\alpha+\beta}{20}(100-\Delta)-20+\frac{1}{5}\Delta\\ <&20-\frac{1}{5}\Delta.\end{aligned}$$

7.3.2 无 Y_2-型物件

设 $\Delta > \frac{15}{4}\delta$, 而且假定无 Y_2-箱存在, 设 $\{X_3, X_3', X_3''\}$ 为最后一个 X_3-箱, $l(X_3) \geqslant l(X_3') \geqslant l(X_3'')$, 且 $l(X_3'') < \frac{1}{3}(100-\Delta)$, 现考虑 X_3, X_3' 和 X_3'' 分别落入的最优箱 B_1, B_2, B_3, 因无 Y_2-箱存在, B_1, B_2 和 B_3 不可能全是 3-箱.

1. 若有落入 $B_1 \cup B_2 \cup B_3$ 的 X_2-型物件且均为正则的

这时, 只有图 7.3.1 情形 (a) 和 (b) 的情况需要考虑:

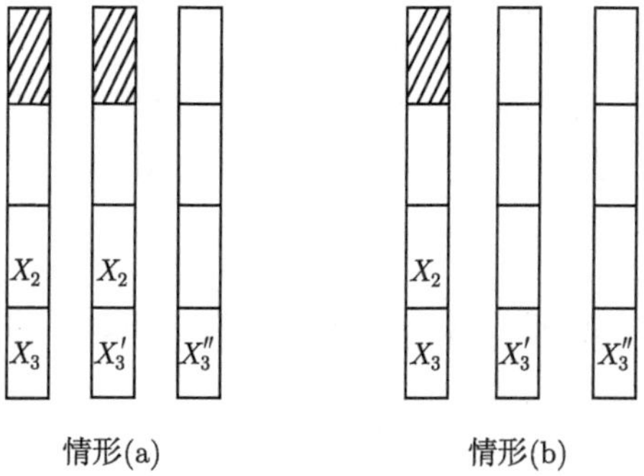

图 7.3.1 落入 $B_1 \cup B_2 \cup B_3$ 的 X_2-型物件

在情况 (a), 至多有一个 X_4-物件其尺寸 $> \frac{1}{4}(100-\Delta)$, 否则, 有

$$\begin{aligned} l(A) &\geqslant 2(100-\Delta)+\frac{1}{2}(100-\Delta)+3(20+\Delta-3\delta) \\ &= 310+\frac{1}{2}\Delta-9\delta > 300. \end{aligned} \tag{7.3.3}$$

于是, 在 $B_1 \cup B_2 \cup B_3$ 中, 至少有 4 个 X_5-型物件, 因而有

$$\begin{aligned} \omega(A) &\leqslant 300-4\left(\frac{6}{5}\Delta-3\delta\right) \\ &= 300-4\Delta-\frac{4}{5}\Delta+12\delta. \end{aligned}$$

注意: 在 $B_1 \cup B_2 \cup B_3$ 中, 至多有 3 个 X_4-型物件, 否则, 将有 $l(A) \geqslant 3(100-\Delta)+20+\Delta-3d > 300$, 若其中有 3 个 X_4-型物件, 则必有 2 个的尺寸 $< \frac{1}{4}(100-\Delta)$, 即它们必然是非正则的, 对此, 有

$$\omega(A) \leqslant 300-2\left(\frac{6}{5}\Delta-3\delta\right) = 3(100-\Delta)+\frac{3}{5}\Delta+6\delta,$$

其中至少有 2+3=5 个非正则物件, 因而 (7.2.5) 式右边的 9Δ 下降成 4Δ, 因当 $\Delta \leqslant 7.5$ 时有

$$3(100-\Delta)+\frac{3}{5}\Delta+6\delta-2\Delta \leqslant 300-4\Delta-\frac{4}{5}\Delta+12\delta,$$

我们仍得到同样的结论, 上述推理也适用于其他情况.

完全类似, 我们有

$$\begin{aligned} \omega(B) &\leqslant 300-5\left(\frac{6}{5}\Delta-3\delta\right) \\ &= 3(100-\Delta)-3\Delta+15\delta. \end{aligned} \tag{7.3.4}$$

2. 诸 X_2 中有非正则物件存在时的组合

若在上述诸 X_2 中, 有非正则物件存在, 需要考虑的组合如下:

当 $\Delta > 5\delta$ 时, 在图 7.3.2 的 4 个箱子中, 至多有 4 个 X_4-型物件, 否则, 当 $\Delta > 5\delta$ 时, 有

$$\begin{aligned} l(C) &\geqslant 2(100-\Delta)+\frac{5}{4}(100-\Delta)+4(20+\Delta-3\delta) \\ &= 405+\frac{3}{4}\Delta-12\delta > 400, \end{aligned}$$

于是, 我们有

$$\omega(C) \leqslant \begin{cases} 400-5\left(\dfrac{6}{5}\Delta-3\delta\right)=400-6\Delta+15\delta, & \Delta > 5\delta, \\ 400-4\left(\dfrac{6}{5}\Delta-3\delta\right)=400-4\Delta-\frac{4}{5}\Delta+12\delta, & \Delta \leqslant 5\delta, \end{cases} \tag{7.3.5}$$

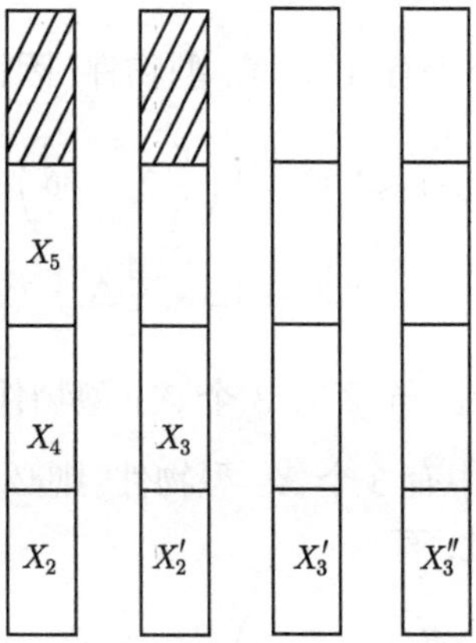

情形(c)

图 7.3.2　物件的组合

注意: 在图 7.3.2 中, 有 5 个非正则物件, 于是有

$$\omega(I_n) \leqslant \begin{cases} 8\Delta-6\Delta+15\delta < 20-\dfrac{1}{5}\Delta, & \Delta > 5\delta, \\ 8\Delta-4\Delta-\dfrac{4}{5}\Delta+12\delta < 20-\dfrac{1}{5}\Delta, & \Delta \leqslant 5\delta, \end{cases}$$

完全类似, 对于图 7.3.1(b), 有

$$\omega(I_n) < 20-\frac{1}{5}\Delta, \quad \Delta \leqslant 7.5\delta.$$

3. 没有 X_2 型物件与一非正则的 X_3 在同一箱中

这时, 由消去法则, X_3, X_3' 和 X_3'' 中每一个必落入一 4-箱或 5-箱, 但 5-箱是不可能的, 因为如此的三元组当 $\Delta > \frac{10}{3}\delta$ 时,

$$\begin{aligned}\text{其总的尺寸} &\geqslant 100-\Delta+10(20+\Delta-3\delta)\\ &=300+9\Delta-30\delta>300.\end{aligned}$$

$\left(\text{若 } \Delta \leqslant \frac{10}{3}\delta \text{ , 则有 } 9\Delta+\frac{1}{5}\Delta \leqslant \frac{46}{5}\times\frac{10}{3}\delta<20\right)$, 于是, 所有的 X_3 都落入 4-箱, 设为 B_1, B_2 和 B_3, 如前, 有

$$\omega(B_1,B_2,B_3)\begin{cases}\leqslant 300-6\left(\frac{6}{5}\Delta-3\delta\right)\\ =300-7\Delta-\frac{1}{5}\Delta+18\delta, \quad \Delta>5\delta,\end{cases}$$

$$\omega(B_1,B_2,B_3)\begin{cases}\leqslant 300-5\left(\frac{6}{5}\Delta-3\delta\right)\\ =300-6\Delta+15\delta, \qquad \Delta\leqslant 5\delta.\end{cases}$$

因此, 当 $\Delta \leqslant 7.5\delta, \delta < \frac{20}{33}$ 时, 我们有 $\omega(I_n) < 20-\frac{1}{5}\Delta$, 由此即得下面的结论.

引理 7.3.1 设 $\Delta > \frac{15}{4}\delta$, 且无 Y_2-箱存在, 则当 $\Delta \leqslant 7.5\delta, \delta \leqslant \frac{20}{33}$ 时, 有 $\omega(I_n) < 20-\frac{1}{5}\Delta$, 但图 7.3.1 (a) 的情形除外, 对此, 由引理 7.2.9 和引理 7.2.11, 若 $\Delta \leqslant \frac{105}{17}\delta, \delta \leqslant \frac{20}{33}$ 有 $\omega(I_n) < 20-\frac{1}{5}\Delta$ 及 $\omega(A) \leqslant 300-4\Delta-\frac{4}{5}\Delta+12\delta$, 且在图 7.3.1 (a) 中至少存在 3 个非正则物件.

若引理 7.2.8 中 X_2 的尺寸 $\geqslant$50, 则任何正则的 X_2 都$\geqslant$ 50, 因此有

$$\begin{aligned}l(A) &\geqslant 200-\Delta+5(20+\Delta-3\delta)\\ &=300+4\Delta-15\delta>300, \quad \Delta\geqslant\frac{15}{4}\delta.\end{aligned}$$

因 $\frac{15}{4} < \frac{105}{17}$, 可假定引理 7.2.8 中最后一个 X_2 的尺寸小于 50, 即引理 7.3.1 当 $\Delta > \frac{105}{17}\delta$ 时成立, 只有图 7.3.1(a) 的情形需要考虑, 对此, 由引理 7.2.8 和引理 7.2.9, A 有 5 个非正则物件, 我们有

$$\begin{aligned}\omega(I_n) &\leqslant 90-4\left(\frac{6}{5}-3\delta\right)-2\Delta\\ &=\frac{11}{5}\Delta+12\delta<20-\frac{1}{5}\Delta.\end{aligned}$$

现设 $\Delta > \frac{105}{17}\delta$, 我们来考虑引理 7.2.9 中的 $Y_1, \cdots, Y_4$, 在引理 7.3.1 的证明中, 我们说 "无 Y_2-型物件存在" 是指没有 Y_2-型物件落入所考虑的箱中, 因 $\Delta > \frac{105}{17}\delta$, 在 Y_1, Y_2, Y_3 和 Y_4 中至少有 2 个, 设为 Y_3 和 Y_4, 其尺寸均 $< \frac{1}{4}(100-\Delta)$, 也就是说, 它成为一非正则的 X_4 或为 X_5 (包括回落物件), 于是, 在 $B_1 \cup B_2 \cup B_3$ 中至多有 3 个非正则物件异于 $Y_i (i=1,2,3,4)$, 按照约定 7.2.1, 其尺寸均 $< \frac{1}{4}(100-4\Delta+15\delta)$, 设 β 为这种非正则的物件的个数, 我们有 $\beta \leqslant 3$, 显然

$$\begin{aligned}\omega(B_1, B_2, B_3) \leqslant & 100-\Delta+100-4\Delta+15\delta-2\left(\frac{6}{5}\Delta-3\delta\right)\\ &+\frac{\beta}{4}(100-4\Delta+15\delta)+(5-\beta)\left(20-\frac{1}{5}\Delta\right)\\ =&3(100-\Delta)-\frac{27}{5}\Delta+21\delta+\beta\left(5-\frac{4}{5}\Delta+\frac{15}{4}\delta\right)\\ =&\begin{cases}3(100-\Delta)-\dfrac{27}{5}\Delta+21\delta, & \beta=0,\\ 3(100-\Delta)-\dfrac{39}{5}\Delta+\dfrac{129}{4}\delta+15\delta, & \beta=3.\end{cases}\end{aligned} \tag{7.3.6}$$

因 (7.3.6) 式关于 β 为线性, 我们只考虑 $\beta=0$ 和 $\beta=3$ 的情形, 由引理 7.2.8, 对 $\beta=0$, 有

$$\begin{aligned}\omega(I_n) &\leqslant 8\Delta-4\Delta-\frac{4}{5}\Delta+12\delta-\frac{27}{5}\Delta+21\delta\\ &=-\frac{11}{5}\Delta+33\delta<20-\frac{1}{5}\Delta, \quad \delta<\frac{20}{33}.\end{aligned}$$

对于 $\beta=3$, 有

$$\begin{aligned}\omega(I_n) &\leqslant 5\Delta-4\Delta-\frac{4}{5}\Delta+12\delta-\frac{39}{5}\Delta+\frac{129}{4}\delta+15\\ &=-\frac{38}{5}\Delta+\frac{177}{4}\delta+15\\ &<20-\frac{1}{5}\Delta, \quad \Delta \geqslant 5\delta.\end{aligned}$$

由上述结果及引理 7.3.1, 即得

引理 7.3.2 若无 Y_2-箱存在, 则当 $5\delta \leqslant \Delta \leqslant 7.5\delta, \delta < \frac{20}{33}$ 时, 有

$$\omega(I_n) < 20-\frac{1}{5}\Delta.$$

7.4 不同数值的 Δ 的多重算法

7.4.1 $\frac{105}{17}\delta < \Delta \leqslant 7.5\delta$

在本节中, $\{X_3, X_3', X_3''\}$ 不一定表示 X_3-型的最后一个箱子, 下面, 我们假定存在 $X_4 \in \left[\frac{1}{4}(100-\Delta), \frac{80}{3}-\frac{2}{3}\Delta+6\delta\right]$, 并假定至少存在一 Y_2-箱, 由引理 7.2.3, 从 (7.2.5) 式右边的 9Δ 可减去一个大小为 $l\left(5-\frac{1}{20}\Delta\right)$ 的量, l 表示 Y_2-箱的个数, 因 $\Delta > \frac{105}{17}\delta$, 上面所给出的关于 $\omega(B_1, B_2, B_3)$ 的估计是有效的, 若 $l \geqslant 2$, 则对 $\beta = 0$, 有

$$\omega(I_n) \leqslant 9\Delta - 2\left(5-\frac{1}{20}\Delta\right) - \frac{27}{5}\Delta + 21\delta < 20 - \frac{1}{5}\Delta, \quad \Delta \leqslant 7.3\delta.$$

在引理 7.2.9 中, 当 $\Delta > 6.818$ 时, 在 $Y_i (i=1,\cdots,4)$ 中至少有 3 个的尺寸均 $< \frac{1}{4}(100-\Delta)$, 这是因为 $100-4\Delta+15\delta-\frac{1}{2}(100-\Delta) < 40+2\Delta-6\delta$, 于是, 有

$$\begin{aligned}\omega(B_1, B_2, B_3) \leqslant & 100-\Delta+100-4\Delta+15\delta-3\left(\frac{6}{5}\Delta-3\delta\right) \\ & +\frac{\beta}{4}(100-4\Delta+15\delta)+(5-\beta)\left(10-\frac{1}{5}\Delta\right) \\ = & 3(100-\Delta)-\frac{33}{5}\Delta+24\delta+\beta\left(5-\frac{4}{5}\Delta+\frac{15}{4}\delta\right) \\ = & 3(100-\Delta)-\begin{cases}\frac{33}{5}\Delta-24\delta, & \beta=0, \\ 9\Delta-35.25\delta-15, & \beta=3.\end{cases}\end{aligned}$$

容易验证: 当 $5\delta \leqslant \Delta \leqslant 7.5\delta$ 和 $l \geqslant 2$ 时, $\omega(I_n) < 20-\frac{1}{5}\Delta$. 今设 $l=1$, 由引理 7.2.4, 我们有 $t = v+2$, 其中 t 为 X_3-型的箱子数, v 为 X_5-型的箱子数, 设 X_2 和 X_2^0 为引理 7.2.8 中 2 个物件, 由 (7.3.7) 式以及引理 7.2.8 和引理 7.2.7, 当 $X_2 \leqslant 50$ 和 $\beta = 0$ 时, 有

$$\begin{aligned}\omega(I_n) & \leqslant 8\Delta-5+\frac{1}{20}\Delta-\frac{27}{5}\Delta+21\delta-\frac{1}{5}\Delta \\ & < 20-\frac{1}{5}\Delta, \quad 5\delta \leqslant \Delta \leqslant 7.5\delta.\end{aligned}$$

注意: $l=1$ 而且有 $\{Y_1, Y_2, Y_3, Y_4\}$ 中至少有 2 个回落物件, 同理, 对于 $\beta = 3$

和 $\Delta \geqslant \frac{105}{17}\delta$, 有

$$\begin{aligned}\omega(I_n) &\leqslant 8\Delta - 3\Delta - 5 + \frac{1}{20}\Delta - 9\Delta + 35.25\delta + 15 - \frac{1}{5}\Delta \\ &< 20 - \frac{1}{5}\Delta.\end{aligned}$$

现设 $l = 1$, $X_2 > 50$, 因 $t \geqslant 2$, 至少有 2 个 X_3-箱, 因而至少有 4 个 $\geqslant \frac{1}{3}(100-\Delta)$ 的 X_3, 因 $X_2 > 50$, 且 $l = 1$, 由消去准则, 这种 X_3 中, 至少有一个落入 4-箱, 设为 B, 对于 $\Delta > \frac{107}{15}\delta$, 有

$$100 - \left(\frac{1}{3} + \frac{1}{4}\right)(100 - \Delta) < 40 + 2\Delta - 6\delta,$$

故这种箱子只能是 $\{X_3, X_5, X_5, X_5\}$, 其总的权为

$$\omega(B) \leqslant \left(\frac{1}{3} + \frac{3}{5}\right)(100 - \Delta) = \frac{14}{15}(100 - \Delta).$$

由 (7.3.7) 式及引理 7.2.7, 当 $\Delta \leqslant 7.5\delta, \beta = 0$ 时, 有

$$\begin{aligned}\omega(I_n) &\leqslant 9\Delta - \frac{27}{5}\Delta + 21\delta - 5 + \frac{1}{20}\Delta - \frac{1}{15}(100 - \Delta) \\ &= \frac{235}{60}\Delta + 21\delta - \frac{35}{3} - \frac{1}{5}\Delta \\ &< 20 - \frac{1}{5}\Delta.\end{aligned}$$

对于 $\Delta > \frac{105}{17}\delta$ 和 $\beta = 3$ 的情形, 利用与上述完全相似的算法, 同样可得 $\omega(I_n) < 20 - \frac{1}{5}\Delta$.

7.4.2　$5\delta \leqslant \Delta < \frac{105}{17}\delta$

当 $5\delta \leqslant \Delta < \frac{105}{17}\delta$ 时, 由引理 7.2.9, 在 $\{Y_1, Y_2, Y_3, Y_4\}$ 中至少存在一个, 设为 Y_4, 其尺寸 $< \frac{1}{4}(100 - \Delta)$.

1. *若 Y_4 为回落物件*

由引理 7.2.7、引理 7.2.8、引理 7.2.9 和引理 7.2.11, 当 $\Delta < \frac{105}{17}\delta$ 时, 有

$$
\begin{aligned}
\omega(I_n) &\leqslant 9\Delta - 5 + \frac{1}{20}\Delta - 3\Delta + 15\delta - \left(\frac{6}{5}\Delta - 3\delta\right) - 2\Delta \\
&= \frac{61}{20}\Delta + 18\delta - 5 - \frac{1}{5}\Delta \\
&< 20 - \frac{1}{5}\Delta.
\end{aligned}
$$

上述不等式当 Y_2-箱的数目 $l \geqslant 2$ 时显然成立, 对于 $l = 1$ 的情况, 此不等式也成立, 这是由于在此种情况, 存在尺寸 $> \frac{1}{3}(100 - \Delta)$ 的 X_3, 它必落入一最优 4-箱, 此箱当 $\Delta \geqslant 5\delta$ 时, 包含 2 个 X_5, 或一个回落物件及一个 X_5 (参看 7.4.1 节).

2. ***若 Y_4 是非正则物件***

由引理 7.2.7 和引理 7.2.8, 有

$$
\begin{aligned}
\omega(I_n) &< 8\Delta - 5 + \frac{1}{20}\Delta - 3\Delta + 15\delta - \Delta \\
&= \left(4 + \frac{1}{20}\right)\Delta + 15\delta - 5 \\
&< 20 - \frac{1}{5}\Delta, \quad \Delta \leqslant 6.48\delta.
\end{aligned}
$$

7.4.3 $2.5\delta \leqslant \Delta < 5\delta$

引理 7.4.1 设 X_2 和 X_2^0 为最后一个 X_2-型箱中的 2 个物件, 并设 $l(X_2) > l(X_2^0)$, 且 $l(X_2^0) < \frac{1}{2}(100 - \Delta)$, 设 B_1^* 和 B_2^* 分别为 X_2^0 和 X_2 所在的最优箱, 则有

$$\omega(B_1^*, B_2^*) \leqslant 200 - \frac{6}{5}\Delta + 3\delta.$$

而且, 包含 X_3-型的 3 个非正则物件的 3 个最优箱的总的权, 当最后一个 Y_2 的尺寸 $\geqslant 40 - \frac{2}{5}\Delta$ 时, 总的权 $\leqslant 300 - \frac{4}{5}\Delta + 2\delta$, 当此 Y_2 的尺寸 $< 40 - \frac{2}{5}\Delta$ 时, 总的权 $\leqslant 300 - \Delta$, 在后一种情形, 由定义 (参看约定 7.2.1), 我们有 $\Delta \leqslant \frac{15}{4}\delta$.

证明 可假定 $l(X_2, X_2^0) < 100$, 否则将有 $\omega(X_2^0, X_2) = l(X_2^0, X_2) > 100 - \Delta + \Delta$, 在 (7.2.5) 式的左边多出一个 Δ, 对于 $l(X_2^0, X_2) < 100$, 在 $B_1^* \cup B_2^*$ 的物件中, 除了 X_2^0 和 X_2 之外, 可能的结合为

(i) 只含 X_4-型物件, 这时, $\omega(B_1^* \cup B_2^*) \leqslant 200 - \Delta \leqslant 200 - \frac{6}{5}\Delta + 3\delta$.

(ii) 含 X_5-型物件及其他, 这时, $\omega(B_1^* \cup B_2^*) \leqslant 200 - \frac{6}{5}\Delta + 3\delta$.

现在我们来看包含 3 个非正则物件 X_3, X_3' 和 X_3'' 的 3 个最优箱 B_1, B_2 和 B_3, 如前, 假定 $l(X_3, X_3', X_3'') < 100$, 令 $l(X_3) \geqslant l(X_3') \geqslant l(X_3'')$, 而且 $l(X_3'') <$

$\frac{1}{3}(100-\Delta)$, 若 $B_1 \cup B_2 \cup B_3$ 中有一 X_5, 则有

$$l(B_1, B_2, B_3) < 300 - \frac{6}{5}\Delta + 3\delta < 300 - \frac{4}{5}\Delta + 2\delta,$$

若不然, 则由消去准则, X_3 必与某一 Y_2 在同一最优箱, 若有一 $Y_2' \in B_2 \cup B_3$, 由定义, 可设

$$\begin{aligned}\omega(Y_2 + Y_2') &= 80 - \frac{4}{5}\Delta \\ &= 80 - 2\delta + 2\delta - \frac{4}{5}\Delta \\ &< l(Y_2 + Y_2') - \frac{4}{5}\Delta + 2\delta,\end{aligned}$$

此即所求, 若无此 $Y_2' \in B_2 \cup B_3$, 则在 $B_1 \cup B_2 \cup B_3$ 中, 我们有 7 个 X_4, 若其中 4 个为非正则, 我们只需证明 $\omega(I_n) < 5\Delta < 20 - \frac{4}{5}\Delta$, 因 $\Delta < 5\delta$, 此不等式显然成立, 若不然, 则其中必有 4 个, 它的总的权 $\leqslant 100 - \Delta$. □

引理 7.4.2　若 $2.5\delta < \Delta \leqslant 5\delta, \delta < \frac{20}{33}$, 则有

$$\omega(I_n) < 20 - \frac{1}{5}\Delta.$$

证明　若 $\Delta < \frac{15}{4}\delta$, 由引理 7.4.1, 有

$$\begin{aligned}\omega(I_n) &< 8\Delta - \frac{1}{5}\Delta + 3\delta < 33\delta - \frac{1}{5}\Delta \\ &< 20 - \frac{1}{5}\Delta, \quad \delta < \frac{20}{33}.\end{aligned}$$

下面, 我们将假定 $\Delta \geqslant \frac{15}{4}\delta$.

若在 $B_1 \cup B_2 \cup B_3$ 中无 Y_2-型物件, 则由引理 7.3.1(及其后面的说明), 即得所要证明的结果, 于是, 我们假定在 $B_1 \cup B_2 \cup B_3$ 中没有 Y_2-型物件.

若存在一 X_4, 其尺寸 $\in \left[\frac{1}{4}(100-\Delta), \frac{80}{3} - \frac{2}{3}\Delta + 6\delta\right]$, 并设最后一个 Y_2 的尺寸 $\geqslant 40 - \frac{2}{5}\Delta$, 则由引理 7.2.7 和引理 7.4.1, 有

$$\omega(I_n) \leqslant 9\Delta - 2\Delta + 5\delta - 5 + \frac{1}{20}\Delta < 20 - \frac{1}{5}\Delta.$$

若最后一个 $Y_2 < 40 - \frac{2}{5}\Delta$, 由 $\omega(Y_2)$ 的定义及引理 7.4.1, 当 $\Delta = \frac{30}{7}\delta$ 时, 有

$$\begin{aligned}\omega(I_n) &\leqslant 9\Delta - \frac{11}{5}\Delta + 3\delta \\ &= 7\Delta + 3\delta - \frac{1}{5}\Delta < 20 - \frac{1}{5}\Delta, \quad \delta < \frac{20}{33}.\end{aligned}$$

□

注 在我们所讨论的情形, 不可能出现 $\Delta > \frac{30}{7}\delta$, 因为由引理 7.2.2 及引理 7.2.3 (ii), 若 $\Delta > \frac{30}{7}\delta$, 则有 $Y_2 \geqslant 40 + \Delta - 6\delta > 40 - \frac{2}{5}\Delta$.

若无 X_4, 其尺寸 $\in \left[\frac{1}{4}(100-\Delta), \frac{80}{3} - \frac{2}{3}\Delta + 6\delta\right]$, 我们先假定 Y_2 和 X_3' 在同一最优箱 B, 其中 $l(X_3') \leqslant \frac{1}{3}(100-\Delta)$, 此箱必为一 3-箱, 其权为

$$\begin{aligned}\omega(B) &\leqslant \frac{1}{3}(100-\Delta) + 40 - \frac{2}{5}\Delta + \frac{1}{4}(100-\Delta)\\ &= 100 - \frac{5}{3} - \frac{59}{60}\Delta\\ &< 100 - \Delta.\end{aligned}$$

(若 $l(Y_2) \geqslant 40 - \frac{2}{5}\Delta + \Delta$, 结论显然成立), 由此及引理 7.2.6 和引理 7.2.12, 即得

$$\begin{aligned}\omega(I_n) &\leqslant 9\Delta - 2\Delta - 2\left(\frac{6}{5}\Delta - 3\delta\right)\\ &= 5\Delta - \frac{1}{5}\Delta + 6\delta - \frac{1}{5}\Delta\\ &< 20 - \frac{1}{5}\Delta.\end{aligned}$$

若 $l(X_3') > \frac{1}{3}(100-\Delta)$, 令 $B = \{X_3', Y_2, a\}$, 并令 Y_2 所在的 FFD 箱 $B' = \{Y_2', Y_2, f\}$, 由消去准则, 有

$$l(Y_2', Y_2, a) > 120 - 3\delta \geqslant l(X_3', Y_2, a) + 20 - 3\delta,$$

于是, 我们有

$$l(Y_2') > \frac{160}{3} - \frac{1}{3}\Delta - 3\delta,$$

且

$$\begin{aligned}\omega(B') &\geqslant \frac{160}{3} - \frac{1}{3}\Delta - 3\delta - \Delta + 40 - \frac{2}{5}\Delta + 20 - \frac{1}{5}\Delta\\ &= 100 + \frac{40}{3} - \frac{29}{15}\Delta - 3\delta > 100,\end{aligned}$$

仍得同样的结论.

7.4.4 $0 < \Delta < 2.5\delta$

当 $0 < \Delta < 2.5\delta$ 时, 可能出现 FFD-6-箱, 因此权函数需重新定义, 见表 7.4.1.

表 7.4.1 权函数重新定义

物件型	X_2	Y_2	X_3	Y_3	X_4
权	$\frac{1}{2}(100-\Delta)$	$l-\Delta^*$	$\frac{1}{3}(100-\Delta)$	$l-\Delta^*$	$\frac{1}{4}(100-\Delta)$
物件型	Y_4	X_5	X_6	Z	—
权	$l-\Delta^*$	$\frac{1}{5}(100-\Delta)$	$20-3\delta$	l	—

如前, 容易验证:

(1) $\omega(X) \leqslant l(X)$;

(2) 在 FFD 装法中, 除了 Y_2-箱, 所有箱子 B 都有 $\omega(B) \geqslant 100-\Delta$.

设 $B=\{Y,Y',f\}$ 为典型的 Y_2-箱，若 $l(Y,Y') \geqslant 80+3\delta+\Delta$, 则有 $\omega(B) \geqslant 100-\Delta$, 若 $(Y,Y') < 80+3\delta+\Delta$, 且 $l(f) \geqslant \frac{1}{4}(100-\Delta)$, 则有

$$\begin{aligned} l(B) &\geqslant 80-2\delta+25-\frac{1}{4}\Delta \\ &= 105-\frac{1}{4}\Delta-2\delta \end{aligned}$$

和

$$\omega(B) \geqslant 105-\frac{13}{4}\Delta-2\delta > 100-\Delta.$$

这是由于 $\Delta \leqslant 2.5\delta, \delta < \frac{20}{33}$, 若 $l(Y,Y') < 80+3\delta+\Delta$, 且 $l(f) < \frac{1}{4}(100-\Delta)$, 则由 FFD 装法, 在 X_5-型的物件出现之前已无尺寸属于 $\left[\frac{1}{4}(100-\Delta), 40-\Delta-6\delta\right]$ 的物件留下, 因 $3(40-\Delta-3\delta) > 100-\Delta$, 在我们的 FFD 装法中不存在 Y_3-箱或 X_4-箱, 下面将指出, 对于最小反例来说这是不可能的.

现假定, 在 $\mathscr{I}$ 中, 或存在一 Y_3-箱, 或存在一 X_4-箱, 或两者都有, 于是, 每一个 Y_2-箱均有 $\geqslant 100-\Delta$ 的权.

容易验证下面的结论成立:

(3) 由于 $\omega(X_6)=20-3\delta \leqslant l(X_6)-\Delta$, 且每一个只包含 X_2-型、X_3-型、X_4-型、X_5-型的物件的箱子, 都具有与前面 (即 $2.5\delta < \Delta \leqslant 7.5\delta$ 时的) 相应情况的箱子同样的权, 所有的最优箱 B^* 都有 $\omega(B^*) \leqslant 100-\Delta$.

* 对于回落物件, 其权由下式定义:

$$w(f)=\begin{cases} \frac{1}{4}(100-\Delta), & l(f) \geqslant \frac{1}{4}(100-\Delta), \\ 20-3\delta, & \text{否则}. \end{cases}$$

Z 中至多有 14 个物件, 每一包含其中一个或多个物件的箱子的总的权必 $\leqslant 100-\Delta+\Delta$, 若我们能从这 14 个 Δ 中去掉 2 个 Δ, 则当 $\delta<\dfrac{20}{33}$ 时, 有

$$3\delta+\omega(I_n)\leqslant 12\Delta+3\delta\leqslant 33\delta<20.$$

引理 7.4.3 设 X_2 和 X_2^0 为 X_2-型的最后一个箱子中的 2 个物件, 而且 $l(X_2)>l(X_2^0),l(X_2^0)<\dfrac{1}{2}(100-\Delta)$, 又设 B_1^* 和 B_2^* 分别为包含 X_2^0 和 X_2 的最优箱, 则有

$$\omega(B_1^*,B_2^*)\leqslant 200-\Delta.$$

证明 如前, 仅考虑

$$B_1^*=\{X_2^0,X_3,X_5\},\quad B_2^*=\{X_2,X_4,X_5\},$$

其中 X_3 为一正则物件, 这是因为

$$\begin{aligned}&l(X_2^0,X_3,X_4,X_2,X_4,X_5)\\&\geqslant 100-\Delta+\left(\frac{1}{3}+\frac{1}{2}+\frac{1}{5}\right)(100-\Delta)\\&=2(100-\Delta)+\frac{1}{30}(100-\Delta)>200,\end{aligned}$$

且任何其他可以放入其中的物件, 其权都是 $l-\Delta$, 显然, 可假定 $l(X_2,X_2^0)<100$, 因为如果 $\omega(X_2^0,X_2)=l(X_2^0,X_2)\geqslant 100=100-\Delta+\Delta$, 则已得所要证的结果. 于是, 我们有

$$\begin{aligned}\omega(B_1^*,B_2^*)&\leqslant 100+\left(\frac{1}{3}+\frac{1}{4}+\frac{2}{5}\right)(100-\Delta)\\&=200-\Delta-\frac{1}{60}(100-\Delta).\end{aligned}$$

由定理 7.4.3, 可从 14 个 Δ 中去掉一个 Δ, 于是, 下面只限于考虑 $\dfrac{30}{13}\delta<\Delta\leqslant 2.5\delta$ 的情况 (当 $\Delta\leqslant\dfrac{30}{13}\delta$ 时, 有 $13\Delta\leqslant 30\delta=12\times 2.5\delta$, 再将 (7.2.5) 式的 9Δ 改为 13Δ, 得 $\omega(I_n)\leqslant 13\Delta\leqslant 30\delta<20-3\delta$, 从而引出矛盾). 容易验证, 任何 Y_3-箱的权都大于 100, 对于 Y_2-箱, 若存在一 X_4, 其尺寸属于 $\left[\dfrac{1}{4}(100-\Delta),\dfrac{80}{3}-\dfrac{2}{3}\Delta+6\delta\right]$, 也有同样的结论, 因为我们的目的是要根据情况证明

$$\omega(B_1,B_2,B_3)\leqslant 300-\Delta,$$

或

$$\omega(B_1,B_2,B_3,B_4)\leqslant 400-\Delta$$

成立, 我们可以假定有关的组合中不含 X_6-型物件, 对于任一尺寸不属于 $\left[\frac{1}{4}(100-\Delta), \frac{80}{3}-\frac{2}{3}\Delta+6\delta\right]$ 的正则的 X_4, 我们有 $\omega(X_4) < l(X_4)-\Delta$, 因此, 若其在下述的讨论中出现, 则有关的结论自然成立, 在下面的讨论中我们总假定没有 Y- 型物件存在, 且不涉及任何 X_4-型正则物件. □

7.4.5 l_4 的若干情况

令 l_4 为 $\mathscr{I}$ 中最小的正则 X_4-型物件的尺寸, 下面的讨论先按 $l_4 \geqslant \frac{1}{4}(100-\Delta)+\frac{3}{20}\Delta = 25-\frac{2}{20}\Delta$ 或 $l_4 < 25-\frac{2}{20}\Delta$ 分成两种情形, 再介绍物件尺寸不属于 $\left[\frac{1}{4}(100-\Delta), 40-\Delta-6\delta\right]$ 的情形.

1. 第一种情形

当 $l_4 \geqslant 25-\frac{2}{20}\Delta$ 时, 我们考虑 3 个最优箱 B_1, B_2 和 B_3, 它们一起包含 FFD 装法中最后一个 X_3-箱中 X_3, X_3' 和 X_3'', 若无非正则的 X_2 落入其中, 如前, 我们只考虑图 7.4.1(a) 和 (b) 的情形, 其中 α 表示有关的箱子所包含的 X_4-型物件的个数.

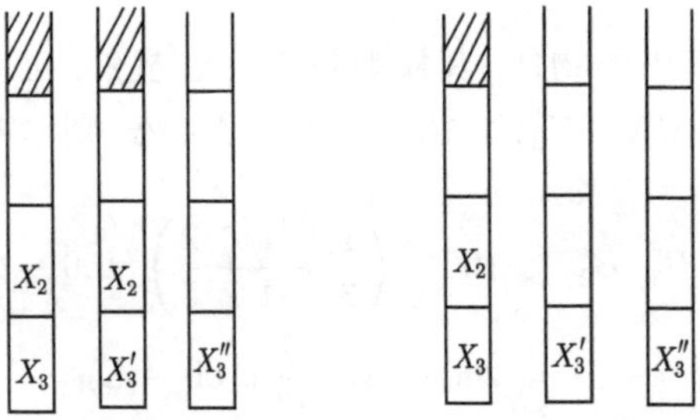

图 7.4.1 两种装箱情形

情形 7.4.1 显然, 若 $\alpha \geqslant 1$, 有

$$\begin{aligned} l(B_1,B_2,B_3) &\geqslant 200-2\Delta+\frac{\alpha}{4}(100-\Delta)+\frac{1}{5}(5-\alpha)(100-\Delta) \\ &= 3(100-\Delta)+\frac{\alpha}{20}(100-\Delta) \\ &> 300, \end{aligned}$$

于是, 有

$$\omega(B_1,B_2,B_3) \leqslant 200+100-\Delta = 300-\Delta.$$

情形 7.4.2 我们有

$$l(B_1, B_2, B_3) \geqslant \left(1 + \frac{1}{2} + \frac{\alpha}{4} + \frac{1}{5}(7-\alpha)\right)(100-\Delta)$$
$$= 3(100-\Delta) + \frac{1}{20}(\alpha-2)(100-\Delta)$$
$$> 300, \quad \alpha \geqslant 3.$$

于是, 得 $(\alpha = 2)$

$$\omega(B_1, B_2, B_3) \leqslant 100 + \left(\frac{1}{2} + \frac{1}{2} + 1\right)(100-\Delta)$$
$$< 300 - \Delta.$$

下面考虑情形 7.4.3, 见图 7.4.2(a), 这里有一非正则 X_2 落入其中, 因而它涉及引理 7.4.3, 且对 $\alpha = 5$, 可能出现这样的情况: 即此 4 个箱子的总的尺寸等于 400.

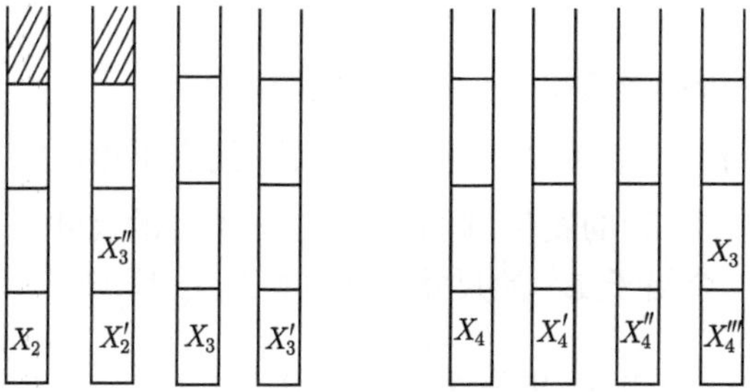

(a) (b)

图 7.4.2 情形 7.4.3 的两种装箱情形

情形 7.4.3 令 $B = B_1 \cup B_2 \cup B_3 \cup B_4$, 由于已假定所有正则 X_4-箱中的物件尺寸都 $\geqslant \frac{1}{4}(100-\Delta) + \frac{3}{20}\Delta$, 对于 $\alpha = 5$, 我们有

$$l(B) \geqslant 200 - 2\Delta + \left(\frac{5}{4} + \frac{4}{5}\right)(100-\Delta) + \frac{3}{4}\Delta$$
$$= 400 + 5 - \left(2 + \frac{26}{20}\right)\Delta > 400,$$

$$若\Delta \leqslant 2.5\delta, \quad \delta < \frac{20}{33}.$$

于是, 得 $(\alpha = 4)$

$$\omega(B) = 200 + 2(100-\Delta) < 400 - \Delta.$$

2. 第二种情形

$l_4 < 25 - \frac{2}{20}\Delta$, 这里, 最后一个 X_4-箱的尺寸 $< 4\left(25 - \frac{2}{20}\Delta\right) = 100 - \frac{2}{5}\Delta$, 现在考虑箱子 $B' = B_1' \cup B_2' \cup B_3' \cup B_4'$, 它们一起包含了最后一个 X_4-型的 4 个物件 X_4, X_4', X_4'', X_4''' (图 7.4.2), 我们先假定这些箱子全是 4-箱, 这时, 只当 $\alpha = 10$ 且其中仅有一个 X_3-型的正则物件时才较难于处理, 因为

$$l(X_4, X_4', X_4'', X_4''') < 100 - \frac{2}{5}\Delta.$$

当 $\frac{30}{13}\delta < \Delta \leqslant 2.5\delta$, 且 $\frac{20}{33} < \delta < \frac{130}{219}$ 时, 有

$$\begin{aligned} \omega(B') &\leqslant 100 - \frac{2}{5}\Delta + \left(\frac{1}{3} + \frac{5}{2} + \frac{1}{5}\right)(100 - \Delta) \\ &= 400 + \frac{1}{30}(100 - \Delta) - \frac{17}{5}\Delta \\ &< 400 - \Delta. \end{aligned}$$

注意: δ 是一小于但非常接近于 $\frac{20}{33}$ 的定数.

若在 B 中有一箱子, 设为 B_1, 它是一 5-箱, 则它不可能包含一正则的 X_4, 因为由假设, 其中没有 X_6-型的物件, 因此其中任一物件的尺寸 $\geqslant 20 - \frac{1}{5}\Delta$, 显然, 可假定 X_4-箱的最后一个箱子 B^0 的尺寸 $\geqslant 100 - \Delta$, 于是, 有

$$l(X_4') \leqslant 100 - 4\left(20 - \frac{1}{5}\Delta\right) = 20 + \frac{4}{5}\Delta.$$

B^0 总的尺寸为

$$\begin{aligned} L(B^0) &\leqslant 3\left(25 - \frac{1}{10}\Delta\right) + 20 + \frac{4}{5}\Delta \\ &= 95 + \frac{1}{2}\Delta < 100 - \Delta, \end{aligned}$$

从而得出矛盾.

总结上面所证, 即得下面的引理.

引理 7.4.4 对于 $\Delta \leqslant 2.5\delta$, 若存在物件其尺寸属于 $\left[\frac{1}{4}(100-\Delta), 40 - \Delta - 6\delta\right]$, 则有

$$\omega(I_n) < 20 - 3\delta.$$

3. 物件尺寸不属于 $\left[\frac{1}{4}(100 - \Delta), 40 - \Delta - 6\delta\right]$ 的情形

现在考虑没有物件其尺寸属于 $\left[\frac{1}{4}(100 - \Delta), 40 - \Delta - 6\delta\right]$ 的情形, 此即表示不

存在 4-箱, 且每一 X_3-型的物件的尺寸都 $> 40 - \Delta - 6\delta$, 对此, 我们要证明不可能存在最小反例, 容易看出, 在最优装箱中, X_2-箱的物件, 可能除了最后一个之外, 至多能与 2 个物件装在一起, 其各来自 X_5-箱或 Y_6-箱, 并且, 没有 2 个属于 X_2-箱或 X_3-箱, 或 Y_2-箱的物件落入同一最优 4-箱, 因此, 要减少 FFD 装箱方法的箱子的个数, 唯一的途径是将 X_2-箱或 X_3-箱、或 Y_2- 与某些 X_5-箱或 X_6-箱子拆散, 若将一个 X_2-箱 (或 Y_2-箱) 分装到 2 个箱子, 则要求 4 个仅属于 X_5-箱或 X_6-箱的物件与它们合在一起, 构成 2 个最优箱子, 显然, 在将任一 X_5-箱或 X_6-箱拆散并作如此改装之后, 至少有一个物件要留下, 若将一个 X_3-箱一分为三, 它至多需要 9 个物件与之合装, 如果我们不想增加箱子的个数, 至少有 2 个 X_5-箱或 X_6-箱要拆开, 但这样一来, 在如此改装之后, 至少有一个物件要留下, 因为最优箱中没有 6-箱, 从 FFD 装法变成最优装箱方法, 箱子的个数有增无减, 也就不可能存在一 $\mathscr{I}$, 使得它在 FFD 装法中要用 $m+1$ 个箱子, 而在最优装箱方法中则只有 m 个箱子.

参 考 文 献

贝清泉. 1996. 加权 Steiner 问题与加权 GP 猜想. 应用数学学报, 19(2): 316-310.

唐国春, 张峰, 罗守成. 2003. 现代排序论. 上海: 上海科学普及出版社.

Baker B S. 1985. A new proof for the First-Fit decreasing Bin-Packing algorithm. J. algorithms, (6): 49-70.

Baker K R, Lawler E L, Lenstra J K, et al. 1983. Preemptive scheduling of a single machines to minimize maximum cost subject to release dates and precedence constraints. Operations Research, (31): 381-186.

Brucker P. 1981. Minimizing maximum lateness in a two-machine unit-time job shop. Computing, (27): 367-370.

Chung F R K, Grabam R L. 1985. A new bound for Euclidean Steiner minimal trees. Ann. N. Y. Acad. Sci., (440): 328-346.

Chung F R K, Hwang F K. 1978. A lower bound for the Steiner Tree problem. SIAM J. Appl. Mathematics, (34): 27-36.

Coffman E G JR, Garey M R, Johnson D S. 1978. An application of bin-packing to multiprocessor scheduling. SIAM J. Comput, (7): 1-17.

Conway R W, Maxwell W L, Miller L M. 1967. Theory of Scheduling. Addison-Wesley, Reading, Mass.

Courant R, Robbins H. 1941. What is Mathematics? New York: Oxford University Press.

Csirik J. 1993. The parametric behavior of the first-fit decreasing bin packing algorithm. J. Algorithms, (15): 1-28.

Dósa G, Li R, Han X, et al. 2013. Tight absolute bound for First Fit Decreasing bin-packing $\mathrm{FFD}(L) \leqslant \frac{11}{9}\mathrm{OPT}(L)+\frac{6}{9}$. Theoretical Computer Science, 510: 13-16.

Du D Z, Hwang F K. 1992. A proof of the Gilbert-Pollak conjecture to the Steiner ratio. Algorithmica, 1992, (7): 121-135.

Edmonds J. 1965. Minimum partition of a matroid into independent subsets. J. Res. Nat. Bur. Standards, 69B: 67-72.

Fan B Q, Sun Y P, Chen R J, et al. 2012. A revised proof of the optimality for the Kise-Ibaraki-Mine algorithm[J]. Optimization Letters, 6(8): 1951-1955.

Friendel J, Widmayer P. 1989. A simple proof of the Steiner ratio conjecture for 5 points. SIAM J. Appl. Math., 49(3): 960-967.

Friesen D K. 1984. Tighter bounds for the MULTIFIT processor scheduling algorithm. SIAM J. Comput., 13: 179-181.

Fujii M, Kasami T, Niomiya K. 1969. Optimal sequencing of two equivalent processors. SIAM J. Appl. Math., 17: 784-789.

Garey M R, Graham R L, Ullman J D. 1972. Worst-case analysis of memory allocation algorithms. Proc. 4th Annual ACM Symp. on the Theory of Computing: 143-150.

Garey M R, Johnson D S. 1975. Complexity results for multiprocessor scheduling under resource constraints. SIAM J Comput., 4: 397-411.

Garey M R, Johnson D S. 1979. Computers and Intractability: A Guide to the NP-Completeness. San Francisco: Macmillan Higher Education.

Garey M R, Johnson D S, Sethi R. 1976. The complexity of flow shop and job shop scheduling. Math. Oper. Res., 1: 117-129.

Garfinkel R S. 1977. Minimizing wallpaper waste, Part 1: A class of travelling salesman problem. Operations Research, 5(25): 741-751.

Gilbert E N, Pollak H O. 1968. Steiner minimal Tree. SIAM J. Appl. Math., (16): 1-29.

Gonzalez T, Sahni S. 1976. Open shop scheduling to minimize finish time. J. Association for Computing Machinery, (23): 665-679.

Graham R L, Lawler E L, Lenstra J K, et al. 1979. Optimization and Approximation in Deterministic Sequencing and Scheduling: A Survey. Ann. Discrete Math., (4): 287-326.

Graham R L. 1969. Bounds on multiprocessor timing anomalies, SIAM J. Appl. Math., (17): 416-429.

Graham R L. 1976. Bound on the performance of scheduling algorithms. // Coffman. Computer and Job-Shop Scheduling Theory.

Ignail E, Schrage L. 1965. Application of the branch and bound technique to some flow-shop scheduling problems. Oper. Res., 13:400-412.

Jackson J R. 1956. An extension of Johnson's results on job lot scheduling. Naval Research Logistics Quarterly, (3): 201-203.

Jarník V and Kössler O. 1934. O minimálních grafech obsahujících n daných bodu. Ĉas. Pêstování Mat., 63: 223-235.

Johnson S M. 1954. Optimal two- and three-stage production schedules with set up times included. Naval Research Logistics Quarterly, (1): 61-68.

Johnson D S. 1973. Near-optimal Bin Packing Algorithms. Cambridge: Doctorial Thesis, MIT.

Johnson D S, Demers A, Ullman J D, et al. 1974. Worst-case performance bounds for simple one-dimensional packing algorithms. SIAM J.Comput, (3):299-325.

Kise H, Ibaraki T, Mine H. 1978. A solvable case of the one-machine scheduling problem with ready and due times. Operations Research, (26): 121-126.

Korte B, Vygen J. 2005. Combinatorial Optimization-Theory and Algorithms. New York: Springer.

Kuhn H W. 1974. Steiner's Problem revisited. Dantzig G B and Eaves B C. Studies in optimization, The Mathematical Association of America.

Lawler K L. 1973. Optimal sequencing of a single machine subject to precedence constraints. M. S., (19): 544-546.

Lawler E L. 1982. A fully polynomial approximation scheme for the total tardiness problem. Oper. Res. Lett., (1): 207-208.

Lawler E L, Lenstra J K, Rinnooy Kan A H G. 1981. Minimizing maximum lateness in a two-machine open shop. Math. Oper. Res., (6):153-158; Erratum Math. Oper, Res., 1982, (7):635.

Lawler E L, Lenstra J K, Rinnooy Kan A H G, et al. 1993. Sequencing and scheduling: Algorithms and complexity//Graves S C, et al. Handbooks in operations research and management science Volume 4. Elsevier Science Publishers B.V.

Lenstra J K. 1977. Sequencing by Enumerative Methods. Amsterdam Mathematisch Centrum.

Li R, Yue M. 2000. A tighter bound for FFD algorithm. Acta. Math. Appl. Sinica, (16): 337-347.

Li S L, Chen Z L, Tang G C. 2010. A note on the optimality proof of the Kise-Ibaraki-Mine algorithm. Operations Research, 58(2): 508-509.

Li S L, Chen Z L, Tang G C. 2012. Optimality proof of the Kise-Ibaraki-Mine algorithm. Journal of Scheduling, 153: 289-294.

Mcmahon G B. 1969. Optimal production schedule for flow shops, Canad. Oper. Res. Soc. J, 7:141-151.

Moore J M. 1968. An n Job, One Machine sequencing algorithm for minimizing the number of late jobs. Manag. Sci., 15(1): 102-109.

Pollak H O. 1978. Some remarks on the Steiner problem. J. Combinatorial Theory, (24): 278-295.

Sahni S. 1976. Algorithms for scheduling independent tasks. J. ACM, 23(1): 116-127.

Sidney J B. 1973. An extension of Moore's due date algorithm, symposium on the theory of scheduling and its application. New York: Spirnger-Verlag.

Szwarc W. 1973. Optimal elimination methods in the mxn sequencing problem. Oper. Res., 26: 203-206.

Xu K. 2000. The asymptotic worst-case behavior of the FFD heuristic for small items. Journal of Algorithms, (37): 237-246.

Yue M. 1990. On the exact upper bound for the multifit processor scheduling algorithm. Annal of Operations Research, (24): 233-259.

Yue M. 1991. A simple proof of the inequality $\mathrm{FFD}(L) \leqslant \frac{11}{9}(L) + 1, \forall L$, for the FFD Bin-Packing algorithm. Acta. Math. Appl. Sinica, 7(4): 321-331.

Yue M. 2000. A Report on the Steiner ratio conjecture. OR-Transactions, (4): 1-21.

Yue M, Kellerer H, Yu Z. 1992. A simple proof of the inequality $R_M(\mathrm{MF}(k)) \leqslant 1.2 + 1/2^k$ in multiprocessor scheduling. Acta. Math. Appl. Sinica, (8): 321-331.

Yue M Y, Han J Y. 1979. A new method for the $m \times n$ flow-shop sequencing problem. Chinese Science Bulletin, 24(18): 821-824.

王长玉. 1978. 在闭凸集上求 $\min\sum_{i=1}^{n} c_i\|x - a_i\|$ 型最优场址. 应用数学学报, 1(2): 145-150.

索 引

Z

其他